"十四五"职业教育国家规划教材　　高等职业教育计算机类课程
新形态一体化教材

U0685658

SQL Server 数据库技术及应用项目教程（第4版）

主　编　庞英智　郭伟业

智慧职教学习平台 / 微课视频 / 课程标准 / 电子教案 /
教学课件 PPT / 源程序 / 习题答案

"互联网＋"教材
"用微课学"系列

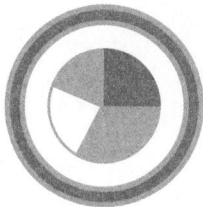

01010010101010
01010010101010
01010010101010

中国教育出版传媒集团
高等教育出版社·北京

内容提要

　　本书是"十四五"职业教育国家规划教材。

　　本书从应用 SQL Server 2019 设计一个完整的数据库管理项目——"学生选课管理"系统出发，从软件工程的角度，按照需求分析、概念结构设计、逻辑结构设计、数据库物理实现、应用程序编写的流程，系统地阐述了整个项目的开发过程，最后通过"门诊预约挂号"数据库的设计与实现再次梳理了一个完整项目的开发过程。

　　本书以"项目导向、任务驱动、工作过程系统化"为原则，围绕应用项目的需求，把该项目共分成 11 个任务，即"学生选课管理"数据库的设计，安装及熟悉"学生选课管理"数据库开发环境，"学生选课管理"数据库的创建与维护，"学生选课管理"数据库中表的创建与维护，"学生选课管理"数据的查询，"学生选课管理"数据库的视图、索引的创建与管理，"学生选课管理"数据库的 T-SQL 程序设计，"学生选课管理"数据库的存储过程、触发器及游标的应用，"学生选课管理"数据库的事务处理，"学生选课管理"数据库的安全管理，"学生选课管理"数据库的日常维护与管理。最后通过"门诊预约挂号"数据库的设计与实现巩固所学知识。

　　本书配有微课视频、课程标准、电子教案、教学课件 PPT、源程序、习题答案等丰富的数字化学习资源。与本书配套的数字课程"SQL Server 数据库技术及应用"在"智慧职教"平台（www.icve.com.cn）上线，学习者可登录平台在线学习及下载资源，授课教师可调用本课程构建符合自身教学特色的 SPOC 课程，详见"智慧职教"服务指南。授课教师如需获得本书配套教辅资源，请登录"高等教育出版社产品信息检索系统"（http://xuanshu.hep.com.cn/）搜索下载，首次使用本系统的用户，请先进行注册并完成教师资格认证。

　　本书可作为高等职业院校计算机类专业数据库技术类课程的教学用书，也可作为各类培训的学员、计算机从业人员和数据库爱好者的参考用书。

图书在版编目（CIP）数据

SQL Server 数据库技术及应用项目教程 / 庞英智，郭伟业主编. --4 版. --北京：高等教育出版社，2024.6

ISBN 978-7-04-061484-8

Ⅰ. ①S… Ⅱ. ①庞… ②郭… Ⅲ. ①关系数据库系统 -高等职业教育-教材 Ⅳ. ①TP311.132.3

中国国家版本馆 CIP 数据核字（2023）第 241247 号

SQL Server Shujuku Jishu ji Yingyong Xiangmu Jiaocheng

| 策划编辑　许兴瑜 | 责任编辑　许兴瑜 | 封面设计　姜　磊 | 版式设计　李彩丽 |
| 责任绘图　黄云燕 | 责任校对　高　歌 | 责任印制　刁　毅 | |

出版发行	高等教育出版社	网　　址	http://www.hep.edu.cn
社　　址	北京市西城区德外大街 4 号		http://www.hep.com.cn
邮政编码	100120	网上订购	http://www.hepmall.com.cn
印　　刷	北京市大天乐投资管理有限公司		http://www.hepmall.com
开　　本	787 mm×1092 mm　1/16		http://www.hepmall.cn
印　　张	18	版　　次	2007 年 12 月第 1 版
字　　数	520 千字		2024 年 6 月第 4 版
购书热线	010-58581118	印　　次	2024 年 6 月第 1 次印刷
咨询电话	400-810-0598	定　　价	47.00 元

"智慧职教" 服务指南

"智慧职教"（www.icve.com.cn）是由高等教育出版社建设和运营的职业教育数字教学资源共建共享平台和在线课程教学服务平台，与教材配套课程相关的部分包括资源库平台、职教云平台和 App 等。用户通过平台注册，登录即可使用该平台。

● 资源库平台：为学习者提供本教材配套课程及资源的浏览服务。

登录"智慧职教"平台，在首页搜索框中搜索"SQL Server 数据库技术及应用"，找到对应作者主持的课程，加入课程参加学习，即可浏览课程资源。

● 职教云平台：帮助任课教师对本教材配套课程进行引用、修改，再发布为个性化课程（SPOC）。

1. 登录职教云平台，在首页单击"新增课程"按钮，根据提示设置要构建的个性化课程的基本信息。

2. 进入课程编辑页面设置教学班级后，在"教学管理"的"教学设计"中"导入"教材配套课程，可根据教学需要进行修改，再发布为个性化课程。

● App：帮助任课教师和学生基于新构建的个性化课程开展线上线下混合式、智能化教与学。

1. 在应用市场搜索"智慧职教 icve"App，下载安装。

2. 登录 App，任课教师指导学生加入个性化课程，并利用 App 提供的各类功能，开展课前、课中、课后的教学互动，构建智慧课堂。

"智慧职教"使用帮助及常见问题解答请访问 help.icve.com.cn。

前言

党的二十大报告提出"加强教材建设和管理",凸显了教材工作在党和国家事业发展全局中的重要地位。教材具有鲜明的意识形态属性和价值传承功能,是教育教学的关键要素和落实立德树人的核心载体,必须坚持正确的政治方向和价值导向,将社会主义核心价值观贯穿在专业课程教学改革中,并在教材中得到落实。

数据库技术是信息处理的核心技术之一,广泛应用于各类信息系统,与人们的学习、工作和生活已密不可分。通过本书的学习,学生能够了解数据库的相关概念,掌握数据库的设计和实施方法,具有在 SQL Server 2019 上创建、管理数据库及其对象,以及对 SQL Server 数据库进行日常管理与维护的能力;熟悉基于 SQL Server 2019 数据库应用系统开发技术。编者在普通高等教育"十一五"国家级规划教材,"十二五""十三五"职业教育国家规划教材的基础上,结合多年教学经验,与企业人员共同探讨编写大纲,完成了修订工作。

本书具有如下特色。

（1）立德树人、弘扬主旋律、传播正能量,推进党的二十大精神进教材

本着全面贯彻党的教育方针,加快推进党的二十大精神和进一步推进习近平新时代中国特色社会主义思想进教材、进课堂、进头脑,树立育人为本、德育为先的理念,认真梳理教材内容体系,将理想信念方面的指引融入知识学习,以"家国情怀、工匠精神、守正创新"为主线,选取合适的思政素材进教材。在日常教学中对学生进行德育教育,创设"科技中国"特色栏目,实现润物细无声的隐性教育,弘扬主旋律,使学习者感受信息科技的巨大魅力,体会到在科学技术特别是信息科技突飞猛进的时代背景下,作为青年学生,必须不断学习,开拓创新,以更加昂扬的斗志,迎接时代的挑战。

（2）项目导学、情境促学、检测督学,进一步突出现代职教特色

以"项目导向、任务驱动、工作过程系统化"为原则,以贯穿全书的数据库管理项目"学生选课管理"为主线,将项目分解成不同的任务,每个任务都按照情境描述→任务分解→相关知识→任务实现的步骤展开,每个任务既相对独立,又有一定的连续性,且每个任务又分成若干个子任务,教学活动的过程就是完成任务的过程。每个任务后面都配有单元测试、单元实训及专业能力测评表。单元测试对应检验学生对知识点的掌握;单元实训对应检验学生的实践技能;专业能力测评表对应评价本单元的学习结果。全书涵盖了职业对应岗位的技术与职业素养要求,具有内容和结构的规范性、制约性、灵活性和学习、操作上的建构性。版式生动化,逻辑工作过程化,充分实现了职业教育为企业培养高素质技术技能人才的培养目标。

（3）素材丰富、资源立体、线上线下、平台支撑,实现优质教学资源共享

本书以一体化教材建设为基点,以智慧职教平台为支撑,推动现代信息技术与教育教学深度融合,对优质教学资源进行整合集成,完成从分散的教学资源到集成的教学资源的整合。为每一个知识点,提供不同教学环节的优质资源,与本书配套的数字课程在智慧职教平台上线,学生可以登录平台在线学习,其他基本教学资源可以在平台资源展示页面下载。

本书由庞英智、郭伟业任主编,仇新红、刘先花、董光任副主编,王强（吉林水利电力职业学院）、陆旭（吉

林省水利信息中心）、王剑平（吉林省净发数字科技有限公司）任参编。其中，庞英智编写任务 4、任务 5、任务 10，郭伟业编写任务 1、任务 7、任务 8，仇新红编写任务 3、任务 11，刘先花编写任务 6，董光编写任务 12，王强编写任务 9，那云飞编写任务 2，王剑平编写全部单元实训及单元评估。在此对高等教育出版社高职事业部计算机分社编辑所给予的支持与帮助，对所参考资料的作者及审稿人的辛勤工作一并表示感谢。

由于水平有限，加之时间仓促，书中难免有不足之处，恳请各位专家、广大读者批评指正并提出宝贵意见，以便使本书得以不断地完善。编者邮箱：164237473@qq.com。

编　者
2024 年 2 月于长春

目录

任务 1 "学生选课管理"数据库的设计　　1

【情境描述】　　2

【任务分解】　　2

子任务 1.1 "学生选课管理"概念模型设计　　3

1.1.1 数据库简介　　3

1.1.2 数据库设计过程　　4

1.1.3 概念模型　　4

1.1.4 绘制"学生选课管理"的 E-R 模型　　6

子任务 1.2 "学生选课管理"关系模型设计　　7

1.2.1 关系模型　　7

1.2.2 关系模型的设计　　11

单元测试　　13

单元实训　　14

专业能力测评表　　14

任务 2 安装及熟悉"学生选课管理"数据库
　　　　开发环境　　15

【情境描述】　　16

【任务分解】　　16

子任务 2.1 SQL Server 2019 的安装　　17

2.1.1 下载 SQL Server 2019 Developer　　17

2.1.2 SQL Server 2019 和管理工具的安装　　17

2.1.3 SSMS 的下载和安装　　23

子任务 2.2 SQL Server 2019 的服务器
　　　　　　配置管理　　25

2.2.1 服务器的启动　　25

2.2.2 SQL Server Management Studio　　26

2.2.3 查询编辑器　　31

2.2.4 联机丛书　　32

单元测试　　34

单元实训　　34

专业能力测评表　　35

任务 3 "学生选课管理"数据库的创建与
　　　　维护　　37

【情境描述】　　38

【任务分解】　　38

子任务 3.1 使用对象资源管理器创建与维护
　　　　　　"学生选课管理"数据库　　39

3.1.1 SQL Server 2019 数据库概述　　39

3.1.2 使用对象资源管理器创建数据库　　41

3.1.3 使用对象资源管理器维护数据库　　42

子任务 3.2 使用 T-SQL 命令创建与维护
　　　　　　"学生选课管理"数据库　　47

3.2.1 使用 CREATE DATABASE 语句
　　　　创建数据库　　47

3.2.2 使用 ALTER DATABASE 语句
　　　　修改数据库　　52

3.2.3 使用 DROP DATABASE 语句删除
　　　　数据库　　55

3.2.4 使用 SP_DETACH_DB 分离
　　　　数据库　　55

3.2.5 使用 SP_ATTACH_DB 附加
　　　　数据库　　55

单元测试　　55

单元实训　　56

专业能力测评表　　57

任务 4 "学生选课管理"数据库中表的
　　　　　创建与维护　　　　　　　59

【情境描述】　　　　　　　　　60
【任务分解】　　　　　　　　　60
子任务 4.1 "学生选课管理"数据库中表结构的
　　　　　创建与管理　　　　　　61
　　4.1.1　使用对象资源管理器创建与管理表
　　　　　结构　　　　　　　　61
　　4.1.2　使用 T-SQL 命令创建表结构　75
　　4.1.3　使用 T-SQL 命令实现数据完整性　75
子任务 4.2 "学生选课管理"数据库中表记录
　　　　　的操作　　　　　　　78
　　4.2.1　使用对象资源管理器操作记录　78
　　4.2.2　使用 T-SQL 命令操作记录　79
子任务 4.3 "学生选课管理"数据库中表的
　　　　　维护　　　　　　　　81
　　4.3.1　使用对象资源管理器维护表　81
　　4.3.2　使用 T-SQL 命令维护表　83
单元测试　　　　　　　　　　84
单元实训　　　　　　　　　　85
专业能力测评表　　　　　　　87

任务 5 学生选课管理数据的查询　89

【情境描述】　　　　　　　　　90
【任务分解】　　　　　　　　　90
子任务 5.1 "学生选课管理"数据的基本查询　91
　　5.1.1　使用 SELECT 查询数据　91
　　5.1.2　使用 WHERE 子句　　94
　　5.1.3　使用 INTO 子句　　　96
　　5.1.4　使用聚合函数　　　　97
　　5.1.5　使用 GROUP BY 与 HAVING 子句
　　　　　对查询结果分组　　　98
子任务 5.2 "学生选课管理"数据的高级查询　100
　　5.2.1　连接查询　　　　　　100
　　5.2.2　子查询　　　　　　　102
　　5.2.3　联合查询　　　　　　104
单元测试　　　　　　　　　　105
单元实训　　　　　　　　　　106

专业能力测评表　　　　　　　106

任务 6 "学生选课管理"数据库的视图、
**　　　　索引的创建与管理　　　107**
【情境描述】　　　　　　　　　108
【任务分解】　　　　　　　　　108
子任务 6.1 "学生选课管理"数据库中视图的
　　　　　创建与管理　　　　　109
　　6.1.1　使用对象资源管理器创建与管理
　　　　　视图　　　　　　　　109
　　6.1.2　使用 T-SQL 命令创建与管理视图　117
子任务 6.2 "学生选课管理"数据库中索引的
　　　　　创建与管理　　　　　121
　　6.2.1　使用对象资源管理器创建与管理
　　　　　索引　　　　　　　　121
　　6.2.2　使用 T-SQL 命令创建与管理索引　124
单元测试　　　　　　　　　　125
单元实训　　　　　　　　　　125
专业能力测评表　　　　　　　126

任务 7 "学生选课管理"数据库的 T-SQL
**　　　　程序设计　　　　　　127**

【情境描述】　　　　　　　　　128
【任务分解】　　　　　　　　　128
子任务 7.1 使用控制语句实现"学生选课管理"
　　　　　数据库的应用逻辑　　129
　　7.1.1　批处理、注释及脚本　129
　　7.1.2　变量　　　　　　　　132
　　7.1.3　运算符及运算符的优先级　133
　　7.1.4　流程控制语句　　　　135
子任务 7.2 "学生选课管理"数据库中函数的
　　　　　定义与应用　　　　　141
　　7.2.1　应用系统提供的函数　141
　　7.2.2　用户自定义函数　　　146
单元测试　　　　　　　　　　152
单元实训　　　　　　　　　　153
专业能力测评表　　　　　　　154

任务 8 "学生选课管理"数据库的存储
**　　　　过程、触发器及游标的应用　155**

【情境描述】 156
【任务分解】 156
子任务 8.1 使用存储过程维护"学生选课管理"
系统的基本信息 157
8.1.1 存储过程概述 157
8.1.2 创建存储过程 158
8.1.3 执行存储过程 162
8.1.4 管理存储过程 163
子任务 8.2 使用触发器维护"学生选课管理"
系统的业务逻辑 168
8.2.1 触发器概述 168
8.2.2 创建触发器 169
8.2.3 管理触发器 174
子任务 8.3 使用游标处理"学生选课管理"
系统中的数据 179
8.3.1 游标概述 179
8.3.2 游标的基本操作 179
单元测试 184
单元实训 186
专业能力测评表 187

任务 9 "学生选课管理"数据库的事务
处理 189

【情境描述】 190
【任务分解】 190
子任务 9.1 "学生选课管理"数据库的显示
事务处理 191
9.1.1 事务概述 191
9.1.2 显示事务处理语句 191
子任务 9.2 "学生选课管理"数据库的隐式
事务处理 198
9.2.1 隐式事务概述 198
9.2.2 隐式事务处理语句 198
单元测试 201
单元实训 202
专业能力测评表 202

任务 10 "学生选课管理"数据库的安全
管理 203

【情境描述】 204
【任务分解】 204
子任务 10.1 "学生选课管理"数据库的登录
管理 205
10.1.1 安全模式概述 205
10.1.2 登录身份验证模式 205
10.1.3 登录账号的创建与管理 207
子任务 10.2 "学生选课管理"数据库的用户
账号管理 214
10.2.1 使用对象资源管理器创建与管理
数据库的用户账号 214
10.2.2 使用 T-SQL 命令创建与管理用户
账户 216
子任务 10.3 "学生选课管理"数据库的角色
管理 217
10.3.1 角色的分类 217
10.3.2 使用对象资源管理器管理角色 219
10.3.3 使用 T-SQL 语句管理角色 225
子任务 10.4 "学生选课管理"数据库的权限
管理 227
10.4.1 权限概述 227
10.4.2 权限设置 228
单元测试 234
单元实训 235
专业能力测评表 235

任务 11 "学生选课管理"数据库的日常
维护与管理 237

【情境描述】 238
【任务分解】 238
子任务 11.1 备份"学生选课管理"数据库 239
11.1.1 数据库备份概述 239
11.1.2 管理备份设备 240
11.1.3 备份的执行 243
子任务 11.2 恢复"学生选课管理"数据库 246
11.2.1 使用对象资源管理器恢复数据库 247
11.2.2 使用 T-SQL 语句恢复数据库 249
子任务 11.3 "学生选课管理"数据库中数据的
导入和导出 252

11.3.1　数据的导出　　252
11.3.2　数据的导入　　256
单元测试　　259
单元实训　　260
专业能力测评表　　260

任务 12　"门诊预约挂号"数据库的设计
　　　　　与实现　　261

【情境描述】　　262

【任务分解】　　262
子任务 12.1　需求分析　　263
子任务 12.2　系统的设计与实现　　263
12.2.1　系统设计　　263
12.2.2　系统实现　　266
专业能力测评表　　272

附录　职业核心能力测评表　　273

参考文献　　274

任务 1 "学生选课管理"数据库的设计

知识目标

- 掌握数据库的基本概念。
- 掌握概念模型、关系模型的基本知识。
- 掌握关系数据库设计的方法。

能力目标

- 能够利用所学知识对关系数据库进行设计。
- 能够根据项目要求，规范化关系模型。

素养目标

- 坚定文化自信，激发学生对党和国家的热爱之情，树立远大的理想和目标。
- "守纪律，讲规矩"一直是我们党的优良传统和独特优势。作为当代大学生，应该时刻牢记并恪守"规矩"二字。
- 鼓励学生努力学习专业知识，作为社会主义建设者、接班人和计算机相关专业的大学生，需要具备数据处理及管理能力，为构建数字中国作出贡献。

【情境描述】

为了方便学生选课，A 学院想开发一个"学生选课管理"系统，信息部门的 3 位员工工作了半年，该系统仍然无法实现。学院新聘请的信息员小张，经过一段时间的调查后，发现所采用的这个数据库的结构并没有设计好，它无法满足每个部门的业务数据需求；此外，数据库的关系模式设计得不够规范，数据的完整性没有处理好。总之，项目失败的一个重要原因就是后台数据库的设计存在问题。于是，小张开始重新设计"学生选课管理"数据库。

【任务分解】

从上述情境描述中可见，数据库设计在整个软件项目开发中起到了举足轻重的作用，数据库是整个软件应用的根基，是软件设计的起点，它起着决定性的作用。一个不良的数据库设计，必然会造成很多问题，轻则增减字段，重则系统无法运行。本任务主要介绍数据库系统的发展与组成、数据库的模型、数据库系统的网络结构，以及关系型数据库的分析与设计等内容，需要完成"学生选课管理"数据库的设计。这里对该任务进行分解，共包括以下两个子任务。

- "学生选课管理"概念模型设计。
- "学生选课管理"关系模型设计。

1.1.1 数据库简介

微课 1-1
数据库简介

人们在使用计算机进行事务处理时，会在计算机系统中存入大量的数据。数据是对客观事物的反映和记录，是承载信息的物理符号。数据不同于数字，数据包括两大类，即数值型数据和非数值型数据。在计算机中，所有能被计算机存储并处理的数字、字符、图形和声音统称为数据。为了有效地使用存放在计算机系统中的大量相关数据，必须对数据进行处理与管理。数据处理是将数据转换为信息的过程，其内容主要包括数据的收集、整理、存储、加工、分类、维护、排序、检索和传输等。数据管理是指对数据的组织、存储、维护和使用等，大体可以分为 3 个阶段，分别是人工管理阶段、文件系统管理阶段和数据库系统管理阶段。

数据库系统管理是数据库管理的高级阶段，此阶段的数据管理有以下特点。

- 数据结构化。在描述数据时，不仅要描述数据本身，还要描述数据之间的联系。数据结构化是数据库的主要特征之一，也是数据库系统与文件系统的本质区别。
- 数据共享性高、冗余少，且易扩充。数据不再针对某一个应用，而是面向整个系统，数据可被多个用户和多个应用共享使用，而且容易增加新的应用，数据共享可大大减少数据冗余。
- 数据由数据库管理系统（Database Management System，DBMS）统一管理和控制。数据库为多个用户和应用程序所共享，对数据的存取往往是并发的，即多个用户可以同时存取数据库中的数据，甚至可以同时存放数据库中的同一个数据。为确保数据库数据的正确、有效及数据库系统的有效运行，数据库管理系统提供了 4 个方面的数据控制功能：一是数据安全性控制，防止因不合法使用数据而造成数据的泄露和破坏，保证数据的安全和机密；二是数据的完整性控制，通过系统设置一些完整性规则，以确保数据的正确性、有效性和相容性；三是并发控制，多用户同时存取或修改数据库时，防止相互干扰而给用户提供不正确的数据，使数据库遭到破坏；四是数据恢复，当数据库被破坏或数据不可靠时，系统有能力将数据库从错误状态恢复到最近某一时刻的正确状态。

数据库（Data Base，DB）是一个长期存储在计算机内的、有组织的、可共享的、统一管理的数据集合。它是一个按数据结构来存储和管理数据的计算机软件系统。

在用数据库系统描述数据时，不仅要描述数据本身，还要描述数据之间的联系。因此，数据库中的数据必须具有一定的结构，这种结构可用数据模型来表示。数据之间的逻辑关系可以归纳为层次模型、网状模型和关系模型 3 种基本模型。每一种模型都有其独立的特点，模型不同，数据的组织方式不同，所对应的数据访问方式也不同。一个数据库有且只有一种模型。层次模型是数据库系统的先驱，网状模型是数据库概念和技术的基础，目前使用较广泛的是关系模型。

关系模型的主要特点是采用表格的方式表示实体之间的关系。在关系模型中，一个表代表一个实体集。表由行和列组成，一行代表一个具体实体（或记录），一列代表实体的一个属性，其形式见表 1-1。当前主流的关系型数据库管理系统有 Oracle、SQL Server、Sybase、DB2 等。

学号	姓名	性别	出生日期	系部编号	地址	电话
0301001	高如月	女	1997-10-02	1001	上海市	13012301234
0301002	楚兴华	男	1996-12-08	1001	吉林省长春市	13112301234
0302001	李娟	女	1996-12-26	1002	辽宁省沈阳市	13212301234
0302006	李赛楠	女	1997-02-23	1002	四川省成都市	13612301234

表 1-1 学生信息表

拓展阅读
东数西算

1.1.2 数据库设计过程

在数据库系统中，数据由 DBMS 进行独立管理，对程序的依赖大为减少，数据库的设计也逐渐成为一项独立的开发活动。一般来说，数据库的设计要经过需求分析、概念设计、逻辑设计和物理设计 4 个阶段。

1. 需求分析

需求分析的目的是分析系统的需求，其主要任务是从数据库的所有用户那里收集对数据的需求和对数据处理的要求，并将这些需求及要求写成用户和设计人员都能接受的说明书。

2. 概念设计

概念设计的目的是将需求说明书中关于数据的需求综合为一个统一的概念模型。首先根据单个应用的需求绘制出能反映每一个应用需求的局部 E-R 模型图。然后将这些 E-R 模型图合并起来，消除冗余和存在的矛盾，得出系统总体的 E-R 模型。

3. 逻辑设计

逻辑设计的目的是将 E-R 模型转换为某一特定的 DBMS 能接受的逻辑模式。对于关系型数据库，主要是完成表的关联和结构的设计。

4. 物理设计

物理设计的目的是确定数据库的存储结构（主要包括数据库文件和索引文件的记录格式和物理结构），选取存取方法，决定访问路径和外存储器的分配策略等。不过这些工作的大部分可由 DBMS 完成，仅有一小部分由设计人员完成，如确定字段类型和数据库文件的长度。

1.1.3 概念模型

微课 1-2
概念模型

概念模型是对现实世界管理对象、属性及联系等信息的描述形式，是对现实世界的建模。概念模型不依赖计算机与 DBMS，是现实世界的真实全面反映，是现实世界的一个中间层次。例如，在"学生选课管理"系统中，一个系有许多学生，每个学生可选择多门课程学习。在这个系统中，不仅要反映学生的一些信息，还要指出学生的选课情况，这些信息有交叉的，有重复的，如何管理这些信息呢？比较好的方法是根据信息的内在联系设计出概念模型，再将它转换为 DBMS 能管理的关系模型。

1. 概念模型的对象

① 实体。客观存在并可相互区别的事物称为实体。实体可以是具体的事物，也可以是抽象的事物。一个实体集合对应于数据库中的一个表，一个实体则对应于表中的一条记录。

② 实体的属性。实体所具有的某一特性称为属性，对应于表中的列。一个实体可由若干个属性来描述。例如，一个学生可以用学号、姓名、性别、出生日期、所在系等属性来描述。如果实体的某个属性或者某些属性的组合能唯一地确定一个实体，则此属性或属性组合称为关键字，若一个关系中有多个关键字，选择一个简洁的为主关键字，即主键。

③ 属性的域。属性的取值范围称为该属性的域。例如，学生的"性别"域为"男"或"女"。

④ 实体结构。实体属性的集合称为实体结构。例如，"系部"的结构为（系部编号，系名，系主任，电话，地址）。

⑤ 实体集。实体结构相同的实体集合称为实体集。例如，"系部"实体集中有多个系部的信息。

⑥ 实体的联系。在现实世界中，事物之间存在着某些关联，反映为实体的内部联系和实体间的联系。实体的内部联系是指组成实体的各属性之间的联系，实体间的联系是指不同实体集间的联系。实体间的联系有一对一、一对多和多对多的联系。

2. 概念模型的表示方法

概念模型的表示方法有很多，其中常用的方法就是用 E-R 图来描述现实世界的概念模型，简称 E-R 方法。E-R 图的描述见表 1-2。

对象类	E-R 图表示方法	E-R 图的表示图示	示例
实体	用矩形表示，矩形内写明实体名	实体名	学生
属性	用椭圆表示，并用无向边将其与对应实体连接起来	属性	姓名
关系	用菱形表示，并用无向边分别与有关实体连接起来，同时在无向边旁标上联系的类型	关系	学习

表 1-2 E-R 图的描述

3. 构造 E-R 模型的方法

① 确定实体：仔细阅读需求，列出所有潜在的实体。

② 除去重复的实体：确保两个实体是不同的实体。

③ 确定实体结构：检查每个实体的属性是否确实需要，或者它们是否为另一个实体的某个属性，如果是，则把它们从实体结构中删除。

④ 确定主关键字：在实体结构中可能有多个关键字，选定一个简洁的为主关键字。在实体中，只能设置一个主关键字。

⑤ 定义关系：描述实体的内部联系（属性间的关系）和实体间的 1∶1（一对一）、1∶N（一对多）、M∶N（多对多）关系，并说明实体间关系的属性，且去除实体间冗余的关系。

> **说明**
>
> 作为"属性"，不能再具有需要描述的性质；"属性"必须是不可分的数据项，不能包含其他属性；"属性"不能与其他实体存在关系，属性间的关系是实体内部的关系，在 E-R 图中所表示的关系是实体间的关系。

1.1.4 绘制"学生选课管理"的 E-R 模型

1. "学生选课管理"的 E-R 模型

学生与课程之间的关系是多对多的关系，一个学生可以学习多门课程，一门课程又可以被多个学生学习，学生和课程间的关系可命名为"选修"，用菱形框表示；班级和学生之间的关系为一对多的关系，一个班级有多个学生，一个学生只属于一个班级，班级和学生间的关系可命名为"拥有"；一个专业有多门课程，一门课程对应多个专业，专业和课程的关系为多对多的关系，专业和课程的关系可命名为"开课"，其他以此类推。"学生选课管理"的 E-R 模型，如图 1-1 所示。

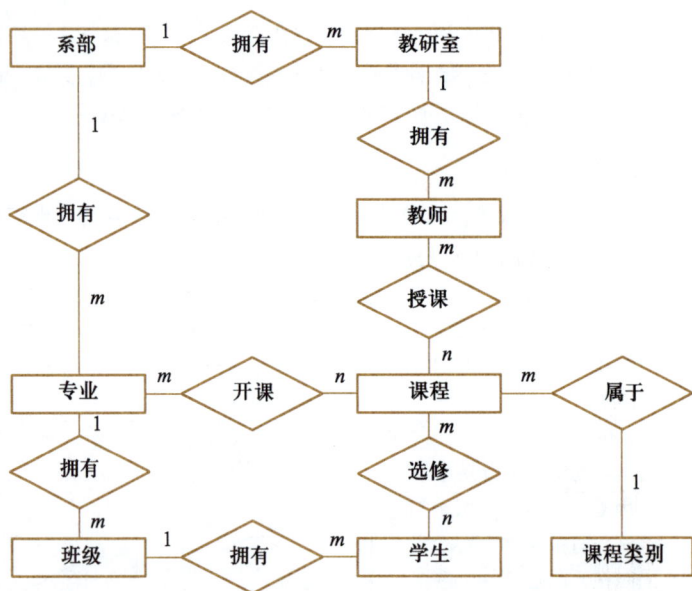

图 1-1
"学生选课管理"的 E-R 模型

2. "学生选课管理" E-R 模型的属性

在"学生选课管理"系统中，包括系部、教研室、教师、专业、班级、学生、课程、课程类别 8 个实体，各实体的属性如下。

- 系部：系部编号、系名、系主任、地址、电话。
- 教研室：教研室编号、教研室名、系部。
- 教师：教师编号、姓名、性别、出生日期、职务、职称、教研室。
- 专业：专业编号、专业名称、系部。
- 班级：班级编号、班级名称、专业。
- 学生：学号、姓名、性别、出生日期、地址、电话、班级。
- 课程：课程编号、课程名称、学时、学分、开课学期、课程类别。
- 课程类别：课程类别编号、课程类别名称。

3. 综合设计的"学生选课管理"的 E-R 模型图

"学生选课管理"系统的 E-R 图如图 1-2 所示。

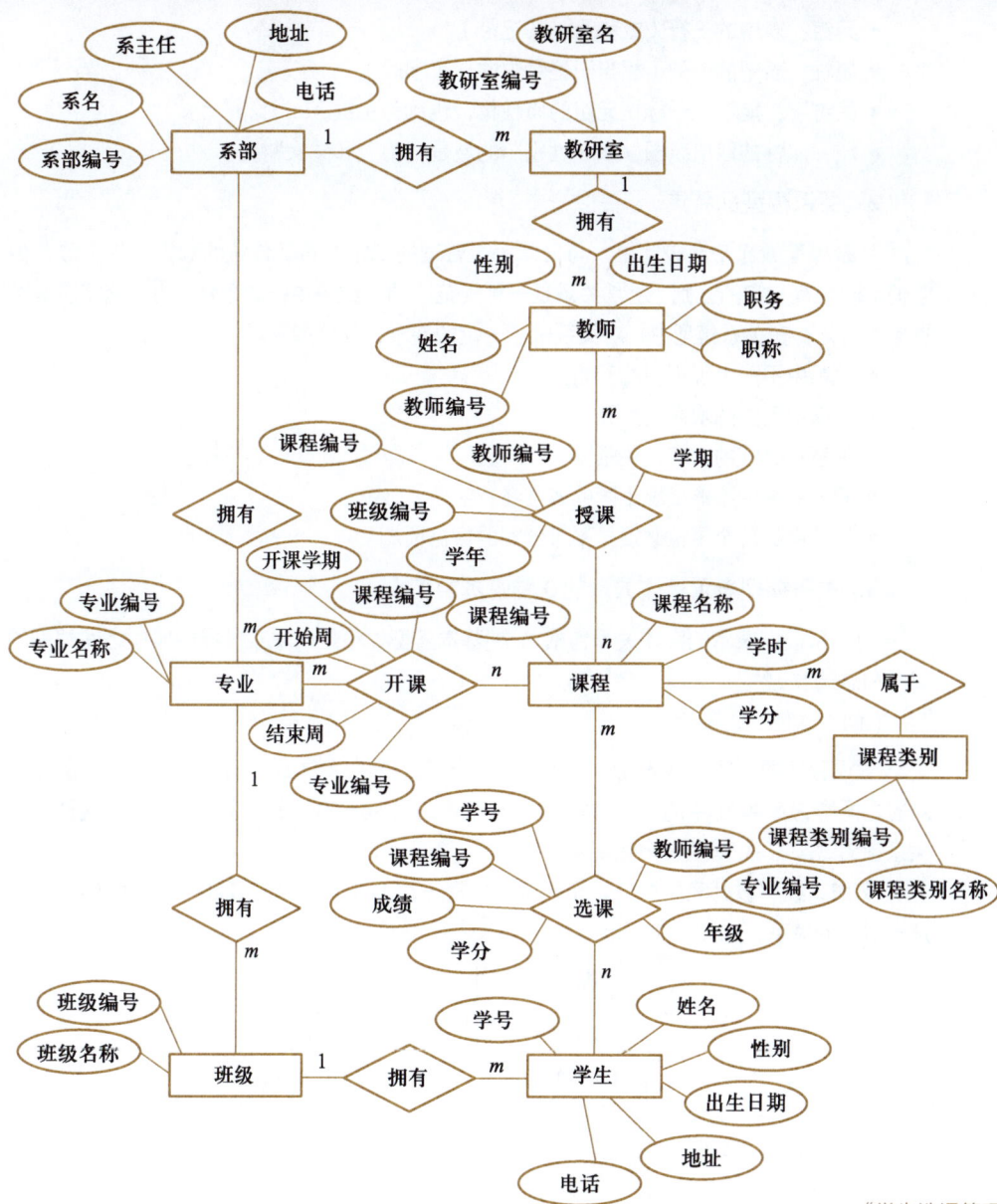

图 1-2
"学生选课管理"系统 E-R 图

子任务 1.2 "学生选课管理"关系模型设计

1.2.1 关系模型

微课 1-4
关系模型

1. 关系模型的基本概念

关系模型是关系数据库的基础，它利用关系来描述现实世界。从用户的角度来看，一个关系就是一个二维表。关系数据库是由多个表和其他数据对象组成的。表是一种最基本的数据库对象。下面是关系模型中的一些主要术语。

● 关系：一个关系对应一个二维表，在 SQL Server 中，关系就是表。

- 元组：表中的一行（或称为一条记录）。
- 属性：表中的一列（相当于记录中的一个字段）。
- 关键字：能够唯一标识元组的属性集，也称为主键。
- 域：属性的取值范围，如"性别"的域是"男"和"女"。

2．关系模型的特点

关系模型看起来比较简单，与日常手工管理的二维表格等传统的数据文件相似，但它们之间又有一定的区别。通常关系是一种规范了的二维表中行的集合。为了使相应的数据操作简化，在关系模型中，对关系做了一定的要求，具体如下。

- 关系中不能出现相同的元组。
- 关系中元组的次序无关紧要。
- 关系中属性的次序无关紧要。
- 同一关系中不能出现相同的属性名。
- 关系中的每个属性必须是不可分割的数据项。

3．关系模型表示实体关系的 3 种基本类型

由关系模型表示的实体关系包括 3 种基本类型，也是对现实世界中实体之间关系的归纳和总结。

（1）一对一

假设存在两个实体 A 和 B，实体 A 中的一个对象在实体 B 中有唯一的一个对象与之对应，同样，实体 B 中的一个对象在实体 A 中也有唯一的一个对象与之对应，这种对应关系称为"A 与 B 一对一"的关系。

例如，在"教师表"中，一个系部只能有一个系主任，系主任和系部之间的关系就是一对一的关系，如图 1-3 所示。

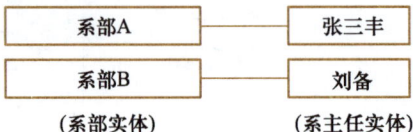

图 1-3
一对一关系模型

（2）一对多或者多对一

假设存在两个实体 A 和 B，实体 A 中的一个对象在实体 B 中存在多个对象与之对应，而实体 B 中的一个对象在实体 A 中只有一个对象与之对应，这种对应关系称为"A 与 B 一对多"或"B 与 A 多对一"的关系。

例如，在"教师表"中，一位教师只属于一个系部，而一个系部可以包括多位教师，教师和系部之间的关系就是多对一的关系，如图 1-4 所示。

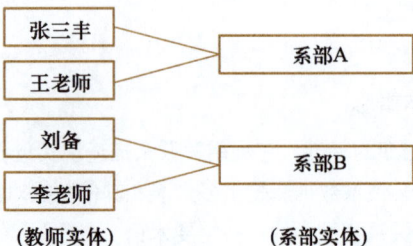

图 1-4
多对一关系模型

（3）多对多

假设存在两个实体 A 和 B，实体 A 中的一个对象在实体 B 中存在多个对象与之对应，同样，实体 B 中的一个对象在实体 A 中也存在多个对象与之对应，这种对应关系称为"A 与 B 多对多"的关系。

例如，一个班级有多位教师授课，一位教师也可以给多个班级授课，教师和班级之间的关系就是多对多的关系，如图 1-5 所示。

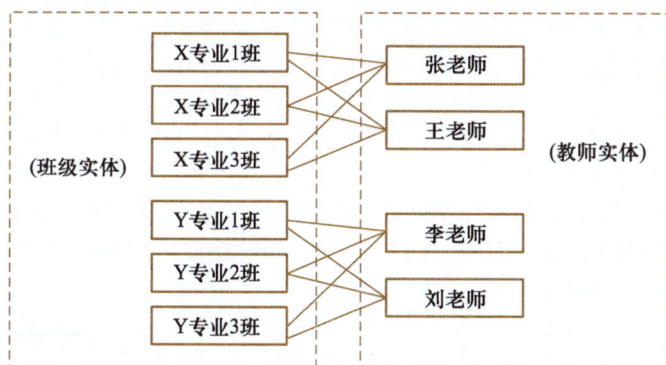

图 1-5
多对多关系模型

4. 关系数据库的设计范式

随着关系数据库的广泛应用，关系数据库设计的规则也日趋完善，只有遵循这些规则，用户才能设计出简洁、有效的数据库模型。目前，关系数据库有 6 个范式级别，分别为第一范式（1NF）、第二范式（2NF）、第三范式（3NF）、BC 范式（BCNF）、第四范式（4NF）和第五范式（5NF）。满足最低要求的关系模式称为第一范式。范式的级别越高，应满足的约束条件也越严格。在实际的数据库设计过程中，将数据库规范到第三范式即可，其他范式可以在积累足够的数据库设计经验后再去研究。下面分别介绍前 3 种范式。

拓展阅读
守纪律讲规矩

（1）第一范式（1NF）

若一个关系模型的所有属性都是不可再分的基本数据项，则称为第一范式。在任何一个关系数据库系统中，所有关系模式必须满足第一范式。不满足第一范式要求的数据库模式就不能称为关系数据库模式。

第一范式是关系模型的最低要求，规则如下。

- 两个含义重复的属性不能同时存在于一个表中。
- 一个表中的一列不能是其他列的计算结果。
- 一个表中某一列的取值不能有多个含义。

例如，表 1-3 所示的内容不是关系模型，不符合第一范式，因为大类还可以细分为大类编号和大类名称。而表 1-4 所示的内容是符合第一范式的。

商品名称	大类		零售价
	编号	名称	
天然皂粉	10	日用产品	5.40
天然皂粉	10	日用产品	2.80

表 1-3　不是关系模型的商品信息

商品名称	大类编号	大类名称	零售价
天然皂粉	10	日用产品	5.40
天然皂粉	10	日用产品	2.80

表1-4　满足第一范式的商品信息

注意

只满足1NF的关系模型不一定是一个好的关系模型。例如，表1-4所示的商品信息（商品名称、大类编号、大类名称、零售价）就满足1NF，但它对应的关系却存在数据冗余过多、删除异常和插入异常等问题。

（2）第二范式（2NF）

第二范式是在第一范式（1NF）的基础上建立起来的，即满足第二范式必须先满足第一范式。2NF要求数据库表中的每个实例或行必须可以被唯一区分。为实现区分，通常需要为表加上一个列，以存储各个实例的唯一标识。例如，为表1-4所示的商品信息加上"条形码"列，因为每个商品的条形码是唯一的，因此每个商品可以被唯一区分，这个属性列被称为主关键字、主键或主码，具体见表1-5。

条形码	商品名称	大类编号	大类名称	零售价
6910019005153	天然皂粉	10	日用产品	5.40
6910019005154	天然皂粉	10	日用产品	2.80

表1-5　满足第二范式的商品信息表

2NF要求实体的属性完全依赖于主关键字。所谓完全依赖，是指不能存在仅依赖主关键字一部分的属性。如果存在这种属性，那么这个属性和主关键字的这一部分应该分离出来，形成一个新实体，新实体与原实体之间是一对多的关系。简而言之，第二范式就是非主属性非部分依赖于主关键字。

（3）第三范式（3NF）

满足第三范式必须先满足第二范式。第三范式要求一个数据库表中不包含在其他表中已包含的非主关键字信息。例如，存在一个商品大类表，其中有大类编号、大类名称等信息。那么，在商品信息表中列出大类编号后，就不能再将大类名称等与商品类别有关的信息加入商品信息表中。如果不存在商品大类表，则根据第三范式来构建，否则就会有大量的数据冗余，具体见表1-6和表1-7。简而言之，第三范式就是属性不依赖于其他非主属性。

条形码	商品名称	大类编号	零售价
6910019005153	天然皂粉	10	5.40
6910019005154	天然皂粉	10	2.80

表1-6　满足第三范式的商品信息表

大类编号	大类名称
09	电子产品
10	日用产品

表1-7　商品大类表

5. 主键和外键

现实世界中的实体不是孤立存在的，实体与实体之间存在关联关系，相应的表与表之间也存在相同的关联关系。表与表之间的关联关系通过定义表的主键和外键来实现。

关系数据库中的表由行和列组成，要求表中的每条记录都是唯一的，不允许出现完全相同的记录。在设计表时，可以通过定义主键（Primary Key）来保证记录的唯一性。关系型数据库中的一条记录有若干个属性，若其中一个属性能唯一标识一条记录，则该属性就可以作为一个主键。主键可以由一个或多个字段组成，其值具有唯一性，且不允许取空值（Null）。例如，在表 1-6 中，"条形码"可以作为该表的主键，因为条形码不可能重复，该字段能唯一标识一条记录。"商品名称"不能作为主键，因为有名称相同的不同商品。若一个表中的所有字段都不能用来唯一标识一条记录，在这种情况下，可以考虑采用两个或两个以上的字段组合作为主键。

假设存在两个表 A 和 B，表 A 中的主键在表 B 中存在，但并不是表 B 的主键，仅作为表 B 的一个必要属性，则称此属性为表 B 的外键。在商品大类表（表 1-7）中，"大类编号"是主键，而"大类编号"是商品信息表（表 1-6）的外键，两个表由此建立了关联关系。

> **说明**
>
> 主键和外键的字段名称可以不一致，但是字段类型必须相同。

1.2.2 关系模型的设计

与层次模型、网状模型相比较，关系模型是目前广为应用的一种重要的数据模型。在关系型数据库中，是基于数学理论的方法来处理数据本身和数据之间的联系的。

1. 概念模型向关系模型的转换

概念（E-R）模型向关系模型转换的方法是，将 E-R 模型中的每个实体集定义为一个关系（即二维表），将每个多对多联系也定义为一个关系，确定关系的主键和外键。

微课 1-5
"学生选课管理"关系模型的设计

> **注意**
>
> 在关系模型中，具有相同主键的关系模式可合并。

2. "学生选课管理"关系模型的逻辑结构

"学生选课管理"关系模型的逻辑结构见表 1-8～表 1-18。

列名	数据类型	长度	小数位	允许空	主键
系部编号	char	2		否	是
系名	varchar	18		否	
系主任	varchar	10		是	
电话	varchar	14		是	
地址	varchar	50		是	

表 1-8 系部信息表

表 1-9 课程信息表

列名	数据类型	长度	小数位	允许空	主键
课程编号	char	10		否	是
课程名称	varchar	20		否	
学时	int			是	
学分	numeric	3	1	是	
课程类别编号	char	2		是	

表 1-10 班级信息表

列名	数据类型	长度	小数位	允许空	主键
班级编号	char	9		否	是
班级名称	varchar	30		是	
专业编号	char	6		是	

表 1-11 专业信息表

列名	数据类型	长度	小数位	允许空	主键
专业编号	char	6		否	是
专业名称	varchar	30		是	
系部编号	char	2		是	

表 1-12 授课信息表

列名	数据类型	长度	小数位	允许空	主键
序号	numeric	18	0	否	是
教师编号	char	6		否	
课程编号	char	10		否	
班级编号	char	9		是	
学年	char	4		是	
学期	char	1		是	

表 1-13 教研室信息表

列名	数据类型	长度	小数位	允许空	主键
教研室编号	char	4		否	是
教研室名	varchar	20		是	
系部编号	char	2		是	

表 1-14 教师信息表

列名	数据类型	长度	小数位	允许空	主键
教师编号	char	6		否	是
姓名	varchar	12		是	
性别	char	2		是	
出生日期	datetime			是	
职务	varchar	12		是	
职称	varchar	16		是	
教研室编号	char	4		是	

列名	数据类型	长度	小数位	允许空	主键
学号	char	7		否	是
姓名	varchar	12		是	
性别	char	2		是	
出生日期	datetime			是	
地址	varchar	100		是	
电话	varchar	20		是	
班级编号	char	9		是	

表 1-15 学生信息表

列名	数据类型	长度	小数位	允许空	主键
序号	numeric	18	0	否	是
学号	char	7		是	
课程编号	char	10		是	
成绩	numeric	5	2	是	
学分	numeric	3	1	是	
教师编号	char	6		是	

表 1-16 选课信息表

列名	数据类型	长度	小数位	允许空	主键
课程类别编号	char	2		否	是
课程类别名称	varchar	20		是	

表 1-17 课程类别表

列名	数据类型	长度	小数位	允许空	主键
专业编号	char	6		是	
课程编号	char	10		是	
开课学期	char	2		是	
起始周	tinyint			是	
结束周	tinyint			是	
序号	numeric	18	0	否	

表 1-18 开课信息表

科技.中国 1

单 元 测 试

一、选择题

1. 一个班级只能有一个班主任,一位教师只能担任一个班级的班主任,则班级与班主任之间的关系是(   )。

    A. 一对一关系   B. 一对多关系   C. 二对二关系   D. 多对多关系

2. 一个教研室中有多位教师,一位教师只属于一个教研室,则教研室与教师之间的关系是(   )。

    A. 一对一关系   B. 一对多关系   C. 二对二关系   D. 多对多关系

3. 一个学生可以选修多门课程,一门课程也可以让多个学生选修,则学生与课程之间的关系是(   )。

    A. 一对一关系   B. 一对多关系   C. 二对二关系   D. 多对多关系

4. 在关系型数据库管理系统中，一个关系对应一个（　　）。

    A. 字段   B. 记录   C. 数据表文件   D. 索引文件

5. 数据库系统主要由（　　）组成。

    A. 硬件   B. 数据   C. 软件   D. 用户

二、填空题

1. 常用的数据模型有_____、_____和_____3 种。

2. 关系表中能唯一确定一条记录的字段为_____。

3. 关系模型中的实体对应关系数据库中的_____，实体属性对应关系数据库表中的_____。

4. 客观存在并可以相互区别的事物称为_____。

5. 实体间的关系可以分为 3 类，即_____关系、_____关系和_____关系。

单 元 实 训

在某银行"活期存款"管理数据库系统中，假定"储户表"包括账号、姓名、电话、地址、存款额。"储蓄所表"包括储蓄所编号、名称、电话、地址。假设一个储户可以在不同的储蓄所存取款，存取款时要填写存取编号、存取日期、存取金额，请完成如下设计。

1. 基本技能要求

① 设计概念（E-R）模型图。

② 将概念模型转换为关系模型。

2. 拓展技能要求

通过上网查找资料理解数据库的实体完整性、域完整性及参照完整性，定义"活期存储"管理数据库的完整性。

单元实训指导 1
"学生选课管理"数据库
的设计

专业能力测评表

（在□中打√，A——掌握，B——基本掌握，C——未掌握）

业务能力	评价指标	自测结果	备注
"学生选课管理"概念模型设计	1. 数据库简介	□A　□B　□C	
	2. 数据库设计过程	□A　□B　□C	
	3. 概念模型	□A　□B　□C	
	4. 绘制学生选课管理的 E-R 模型	□A　□B　□C	
"学生选课管理"关系模型设计	1. 关系模型	□A　□B　□C	
	2. 关系模型的设计	□A　□B　□C	
其他			
教师评语：			
成绩		教师签字	

任务 2　安装及熟悉"学生选课管理"数据库开发环境

知识目标

- 了解 SQL Server 2019 的相关知识。
- 熟悉 SQL Server 2019 安装前的准备。

能力目标

- 能够安装 SQL Server 2019。
- 能够进行服务器的配置。

素养目标

- 树立科技自信，学好专业知识，脚踏实地地建设数字中国，壮大经济发展新引擎。
- 培养学生的责任意识和使命感，鼓励他们为信息安全和国产数据库的发展作出贡献。

【情境描述】

小张将"学生选课管理"数据库设计完成后，学院信息部门的领导让他接着进行"学生选课管理"系统后台数据库的开发。小张选择了 SQL Server 2019 作为数据库开发平台，在学校的一台配置性能较高的计算机上安装了 SQL Server 2019 数据库管理系统，然后开始熟悉这个开发平台，为创建数据库做准备。

【任务分解】

从上述情境描述中可见，要实现用数据库管理数据，首先要学会安装数据库及使用数据库。本任务主要介绍 SQL Server 2019 的安装及服务器配置等知识，要求用户会安装及熟悉"学生选课管理"数据库开发环境。这里对该任务进行分解，共包括以下两个子任务。

- SQL Server 2019 的安装。
- SQL Server 2019 的服务器配置管理。

子任务 2.1 SQL Server 2019 的安装

微课 2-1
SQL Server 2019 的安装

2.1.1 下载 SQL Server 2019 Developer

SQL Server 2019 是一个可信任的、智能的、高效的数据库系统平台，能满足大中型数据库管理系统的需求，其中的 SQL Server 2019 Developer 是一个全功能免费版本，允许用户在非生产环境下用作开发和测试数据库，可将其安装在 Windows 10、Windows Server 等操作系统上。登录官方网站可下载 SQL Server 2019，如图 2-1 所示。

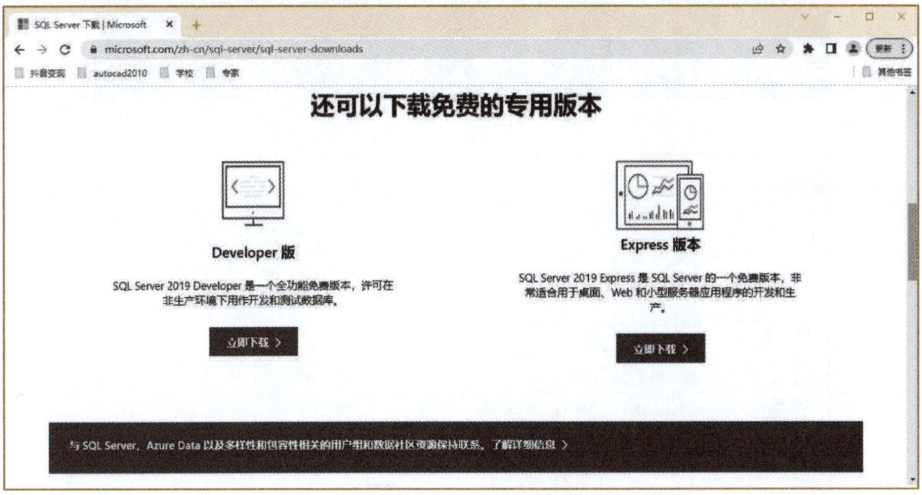

图 2-1
下载 SQL Server 2019

2.1.2 SQL Server 2019 和管理工具的安装

第1步： 找到已下载的 SQL2019-SSEI-Dev.exe 文件，双击运行，选择安装类型包括以下 3 种。

- 基本：选择“基本”安装类型可以安装带默认配置的 SQL Server 数据库引擎功能。
- 自定义：选择“自定义”安装类型可以按照安装向导逐步完成 SQL Server 的安装，并选择要安装的内容。由于这种安装类型是详细安装，因此耗时比运行“基本”安装类型所需时间更长。
- 下载介质：立即下载 SQL Server 安装程序文件，稍后在选定计算机上进行安装。

这里选择“下载介质”选项，在选择下载位置后，单击“下载”按钮，如图 2-2 所示。

第2步： 双击下载的 ISO 文件后，右击 setup.exe 可执行文件，在弹出的快捷菜单中选择“以管理员身份运行”命令，如图 2-3 所示。

第3步： 启动 SQL Server 2019 安装程序，打开“SQL Server 安装中心”界面。在左侧区域中选择“安装”选项后，在右侧区域中选择“全新 SQL Server 独立安装或向现有安装添加功能”选项，如图 2-4 所示。

图 2-2
下载 SQL Server 安装程序

图 2-3
以管理员身份运行 setup.exe

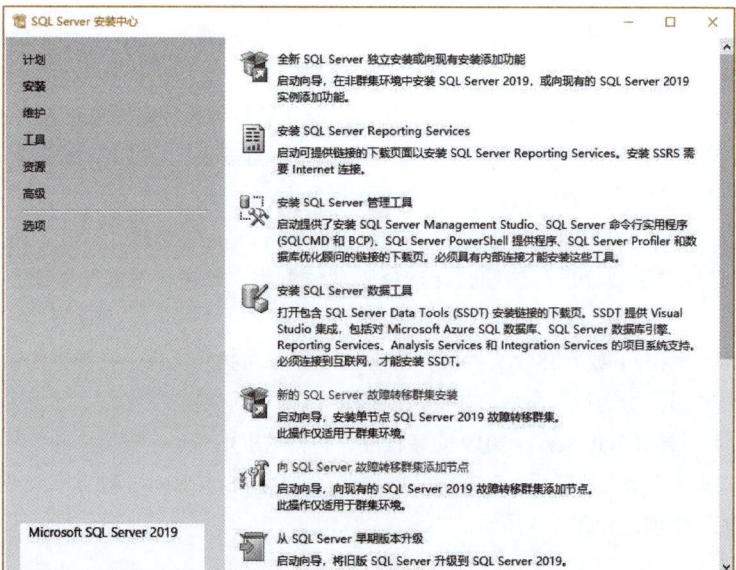

图 2-4
"SQL Server 安装中心"界面

第4步：在"产品密钥"界面中选中"指定可用版本"单选按钮，或者选中"输入产品密钥"单选按钮，并在其下方的文本框中输入正确的产品密钥，如图 2-5 所示。这里选择安装 Developer 版本，单击"下一步"按钮。打开"许可条款"界面，选中"我接受许可条款和隐私声明"复选框，单击"下一步"按钮，如图 2-6 所示。

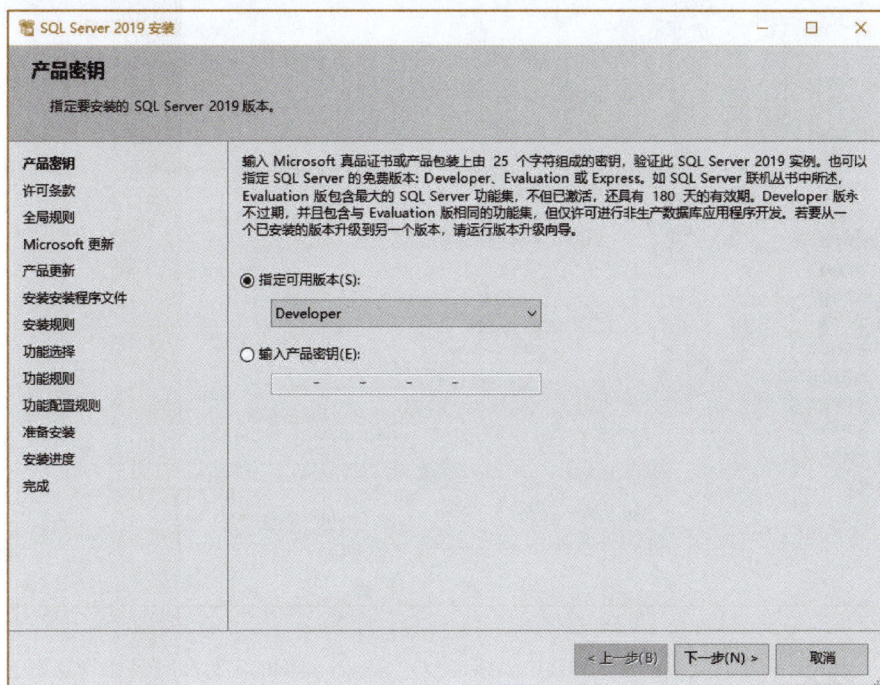

图 2-5
"产品密钥"界面

图 2-6
"许可条款"界面

第5步： 在"功能选择"界面中选择要安装的实例功能，当前只需要"数据库引擎服务"功能，选中该复选框并单击"下一步"按钮，如图 2-7 所示。

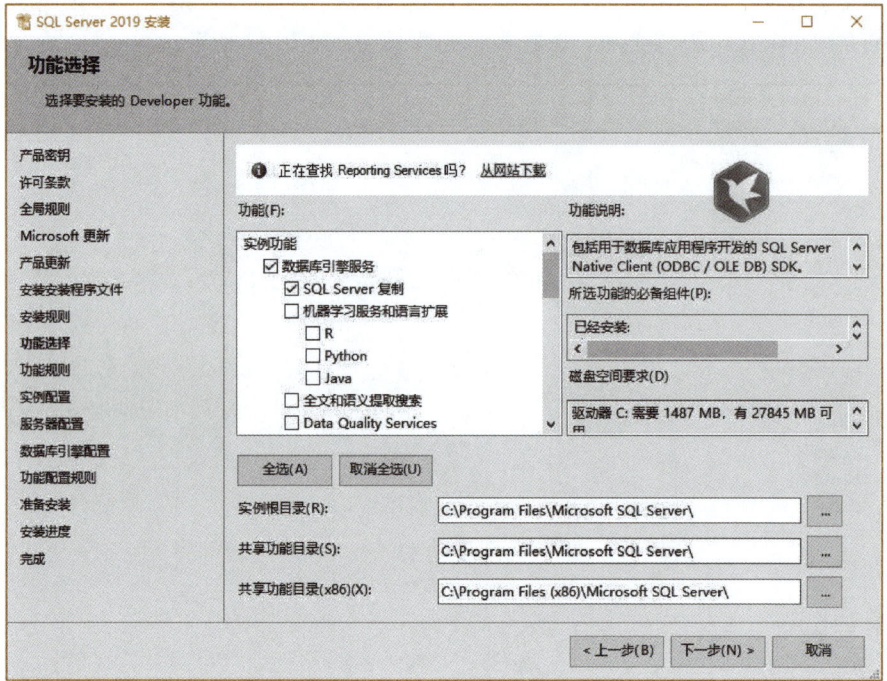

图 2-7
"功能选择"界面

第6步： 在"实例配置"界面中，指定 SQL Server 实例的名称和实例 ID，这里选中"默认实例"单选按钮，单击"下一步"按钮，如图 2-8 所示。

图 2-8
"实例配置"界面

第7步： 在"服务器配置"界面中保持默认选项，单击"下一步"按钮，如图 2-9 所示。

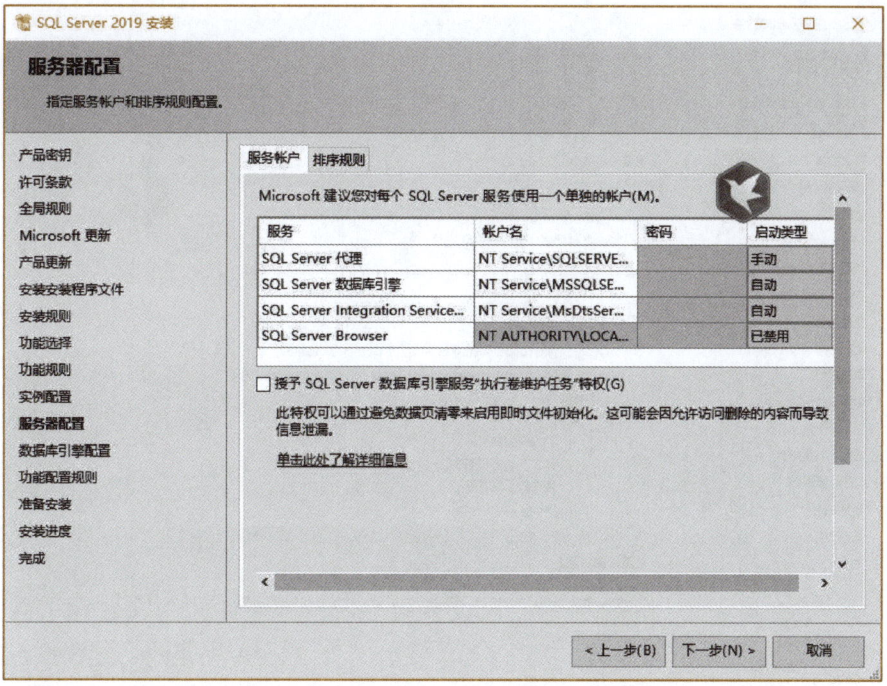

图 2-9
"服务器配置"界面

第8步： 在"数据库引擎配置"界面中进行账户设置，在"身份验证模式"选项区域中选中"Windows 身份验证模式"单选按钮，单击"添加当前用户"按钮，然后单击"下一步"按钮，如图 2-10 所示。

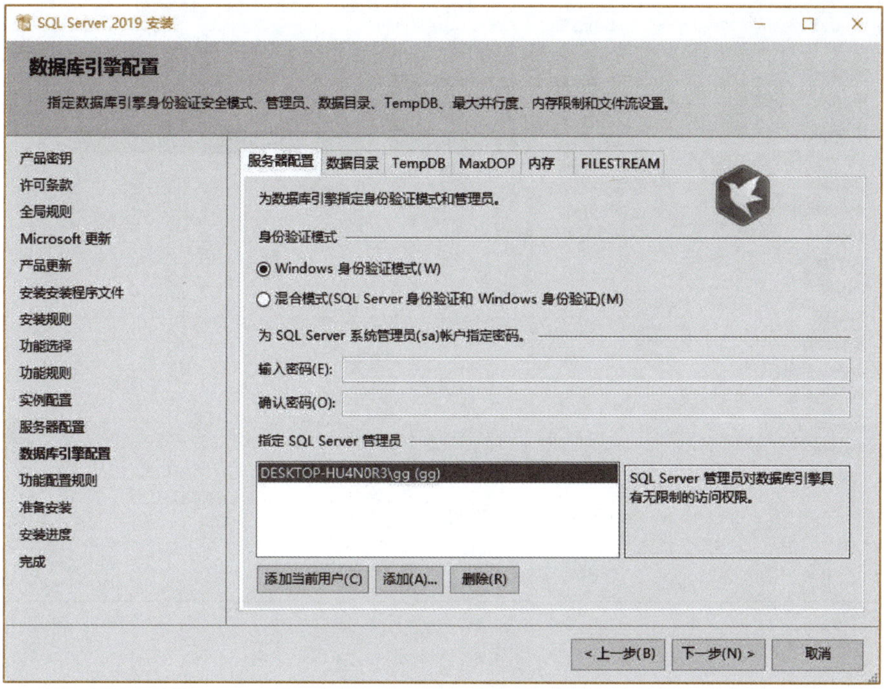

图 2-10
"数据库引擎配置"界面

第9步： 在"准备安装"界面中提供了 SQL Server 安装程序要安装或更改的功能的摘要，单击"安装"按钮，如图 2-11 所示。

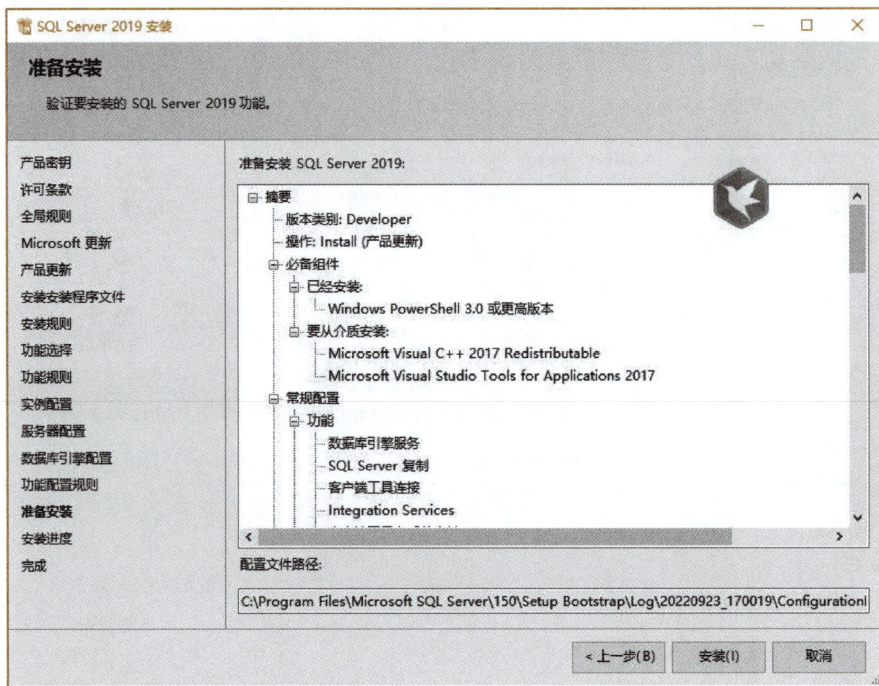

图 2-11
"准备安装"界面

第10步： 完成安装，在"完成"界面中单击"关闭"按钮，如图 2-12 所示。

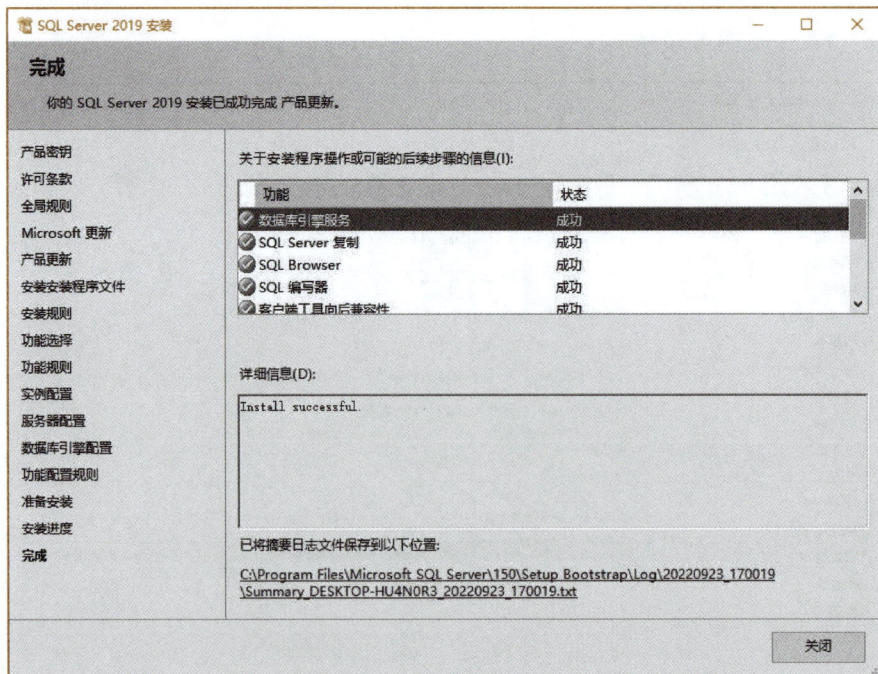

图 2-12
"完成"界面

2.1.3　SSMS 的下载和安装

1. SSMS 的下载

安装完 SQL Server 2019 之后需要安装 SQL Server Management Studio（SSMS）。SSMS 是一种集成环境，用于管理从 SQL Server 到 Azure SQL 数据库的任何 SQL 基础结构，提供用于配置、监视和管理 SQL Server 及数据库实例的工具。选择图 2-4 中的"安装 SQL Server 管理工具"选项后，打开下载界面，如图 2-13 所示。

图 2-13
下载 SSMS 界面

2. SSMS 的安装

下载后以管理员身份运行 SSMS 安装程序，如图 2-14 所示。在打开的界面中单击"安装"按钮，如图 2-15 所示。安装进度界面如图 2-16 所示，安装结束后单击"重新启动"按钮，如图 2-17 所示。

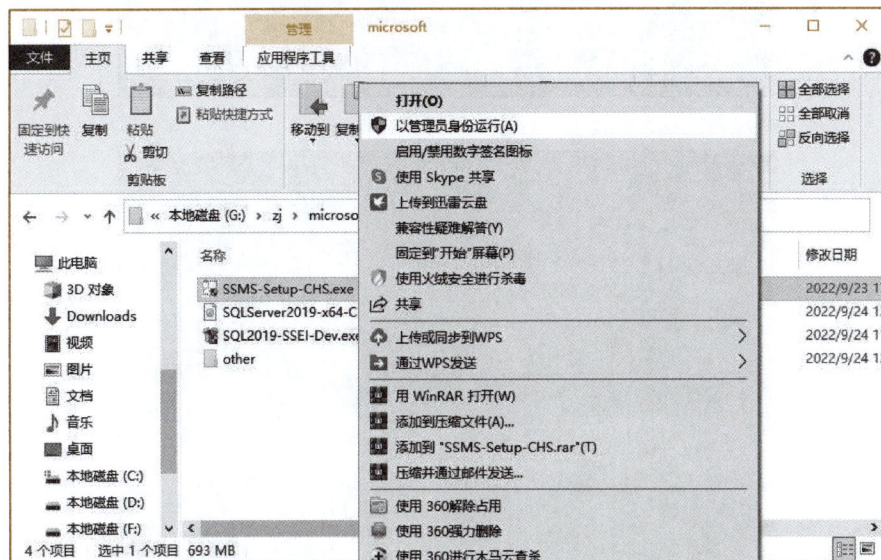

图 2-14
以管理员身份运行
SSMS 安装程序

图 2-15
单击"安装"按钮

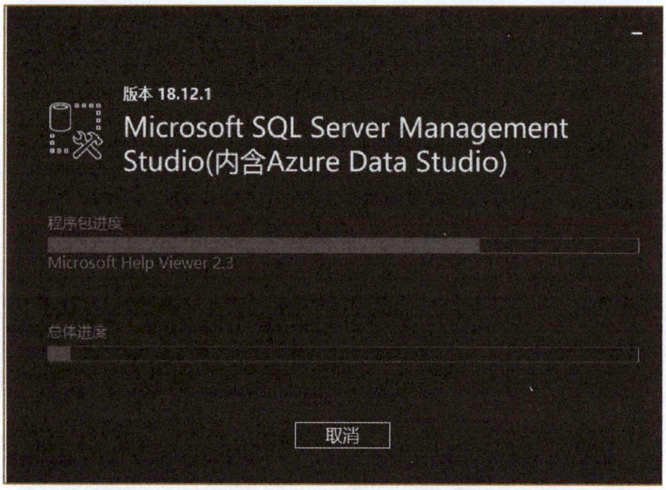

图 2-16
安装进度界面

图 2-17
单击"重新启动"按钮

微课 2-2
SQL Server 服务器配置

2.2.1　服务器的启动

在访问数据库之前，必须启动数据库服务器，只有合法的用户才可以启动数据库服务器。自动启动服务器的方法如下。

第1步： 在"开始"菜单中选择 Micorosoft SQL Server 2019→"SQL Server 2019 配置管理器"命令，如图 2-18 所示。

图 2-18
选择"SQL Server 2019 配置
管理器"命令

第2步： 在 SQL Server 配置管理器中展开"SQL Server 服务"选项，在右侧区域中右击 SQL Server（MSSQLSERVER）选项；在弹出的快捷菜单中选择"启动"命令。SQL Server 服务图标由红变绿，说明启动成功，如图 2-19 所示。也可以在右侧区域中选择 SQL Server（MSSQLSERVER）后，选择"操作"菜单，在其中设置启动服务、停止服务、暂停服务、重启动服务等。

图 2-19
SQL Server 配置管理器

第3步： 在 SQL Server 配置管理器中，可以设置服务为"自动"启动类型。在右侧区域中右击 SQL Server（MSSQLSERVER）选项，在弹出的快捷菜单中选择"属性"命令，如图 2-20 所示。在打开的"SQL Server（MSSQLSERVER）属性"对话框中选择"服务"选项卡，将"启动模式"设置为"自动"，表示该服务在计算机启动时自动启动，如图 2-21 所示。

图 2-20
选择"属性"命令

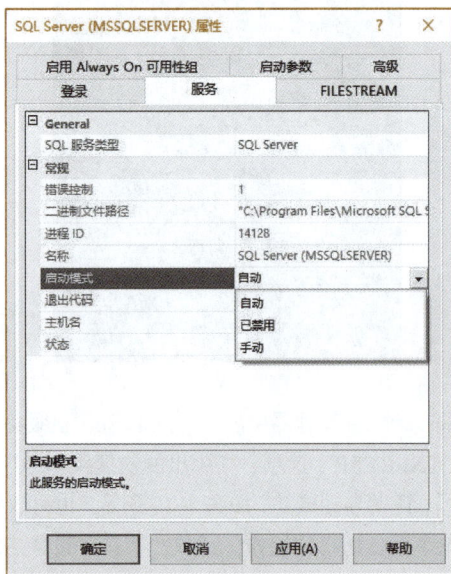

图 2-21
设置服务启动模式

2.2.2 SQL Server Management Studio

微课 2-3
SQL Server Management Studio

SQL Server Management Studio（SSMS）用来管理所有的 SQL Server 数据库，它可以用 Analysis Services 对关系数据库提供集成管理。在 SQL Server 2019 系统中，SQL Server Management Studio 是其核心的管理工具，可以用来配置数据库系统、建立或删除数据库对象、设置或取消用户的访问权限等。

1. 登录

第1步： 在"开始"菜单中选择 Microsoft SQL Server Tools→Microsoft SQL Server Management Studio 命令，如图 2-22 所示。

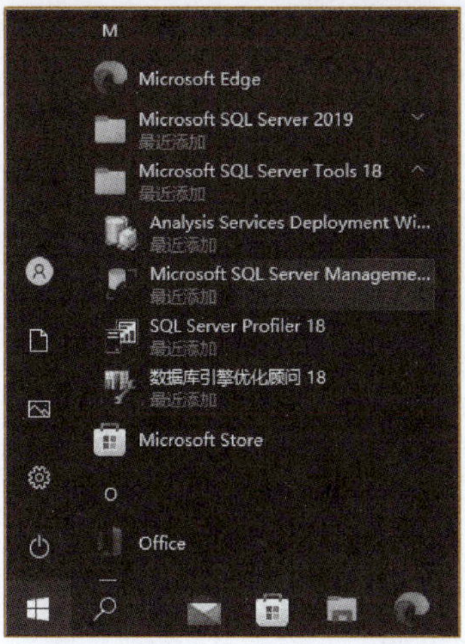

图 2-22
选择 Microsoft SQL Server
Management Studio 命令

第2步： 在"连接到服务器"对话框中，需要设定服务器类型、服务器名称、身份验证，如图 2-23 所示。在"服务器类型"下拉列表框中选择"数据库引擎"选项，"服务器名称"和"身份验证"保持默认设置，单击"连接"按钮，进入 Microsoft SQL Server Management Studio 界面，完成启动，如图 2-24 所示。

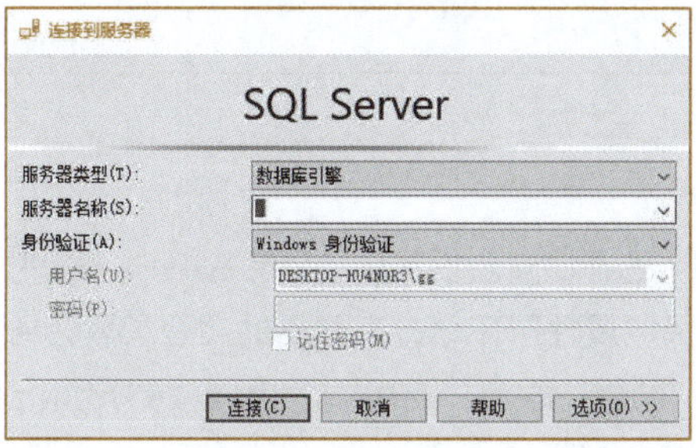

图 2-23
"连接到服务器"对话框

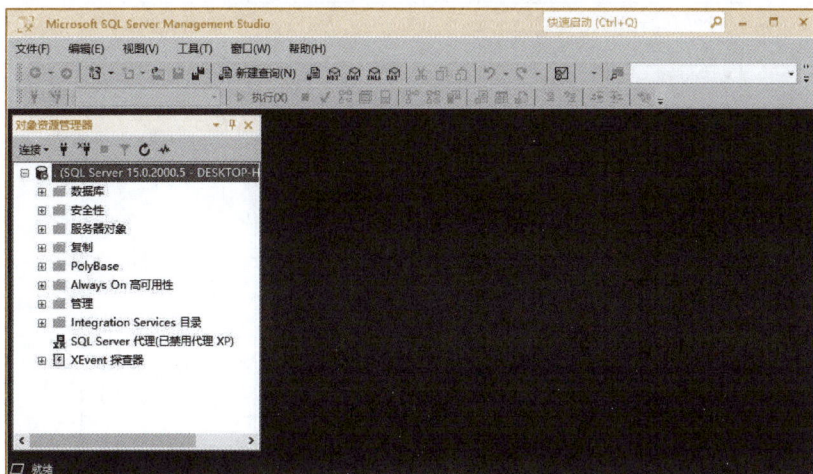

图 2-24
Microsoft SQL Server
Management Studio 界面

2. 更改服务器身份验证模式

以"Windows 身份验证模式"登录后，在对象资源管理器中，右击 SQL 服务器名，在弹出的快捷菜单中选择"属性"命令，在弹出的"服务器属性"窗口中选择"安全性"选项，将"服务器身份验证"由"Windows 身份验证模式"改为"SQL Server 和 Windows 身份验证模式"，单击"确定"按钮，如图 2-25 所示。

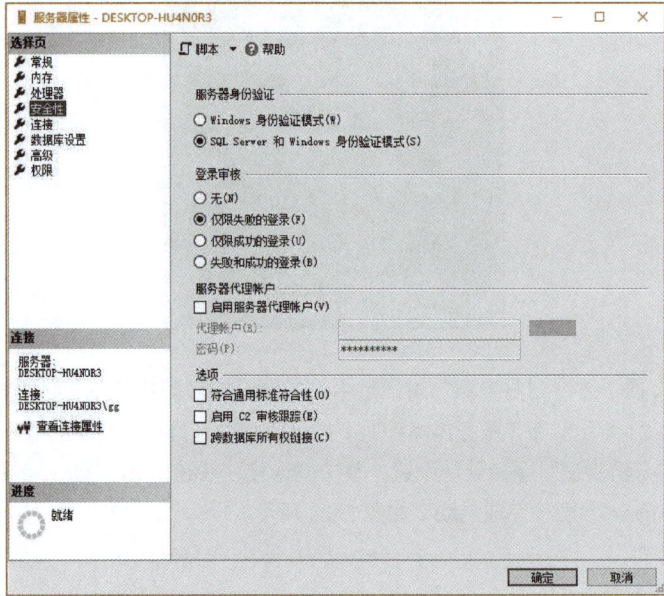

图 2-25
更改服务器身份验证模式

3. 设置服务器账户

在对象资源管理器中选择"安全性"→"登录名"→sa 账户，在 sa 账户名称上右击，在弹出的快捷菜单中选择"属性"命令，在弹出的"登录属性-sa"窗口中选择"状态"选项，将"登录名"由"禁用"改为"启用"，如图 2-26 所示。选择"常规"选项，设置 sa 账户的密码和密码策略，如图 2-27 所示。

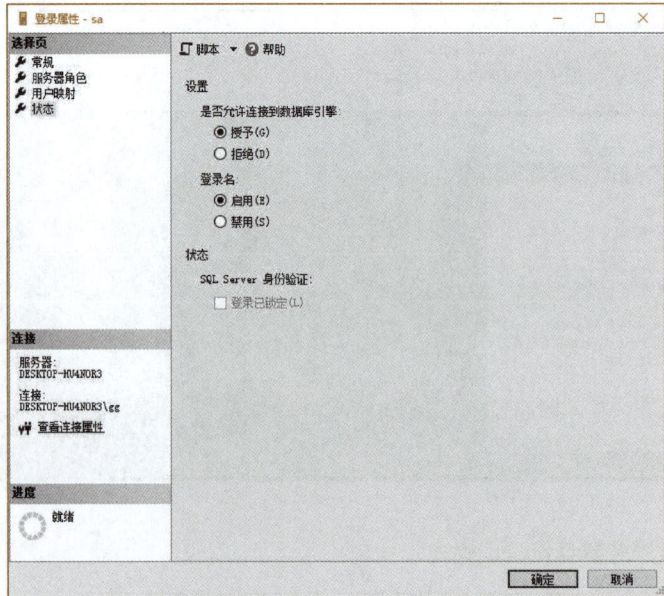

图 2-26
更改登录状态

图 2-27
设置密码和密码策略

4. 创建新服务账户

返回对象资源管理器，选择"安全性"→"登录名"选项，在"登录名"选项上右击，在弹出的快捷菜单中选择"新建登录名"命令，在弹出的"登录名-新建"窗口中设置登录名、服务器身份验证模式、默认数据库等选项后，单击"确定"按钮，如图 2-28 所示。

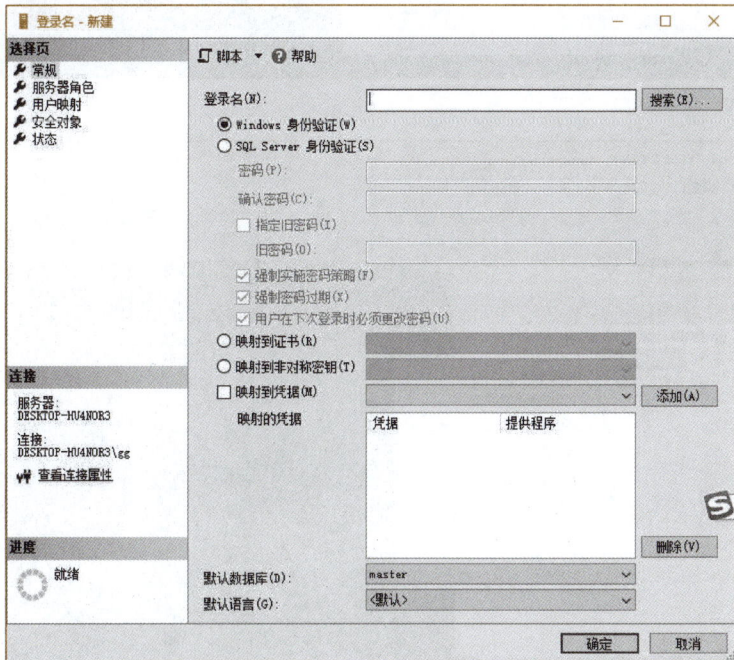

图 2-28
"登录名-新建"窗口

29

5. 注册服务器

SQL Server 2019 可以管理多个服务器,因此需要连接和组织服务器。首先注册服务器,注册成功后,就可以组织成逻辑组。注册服务器就是在对象资源管理器中登记服务器,然后把它加入一个指定的服务器组中。

在对象资源管理器中选择菜单"视图"→"已注册的服务器"命令,如图 2-29 所示,此时会出现"已注册的服务器"面板,在"数据库引擎"→"本地服务器组"选项上右击,在弹出的快捷菜单中选择"新建服务器注册"命令,如图 2-30 所示。在弹出的"新建服务器注册"对话框中输入服务器名称,选择身份验证方式,如图 2-31 所示,单击"测试"按钮进行测试。待提示测试成功之后,单击"保存"按钮,即可完成服务器的注册。

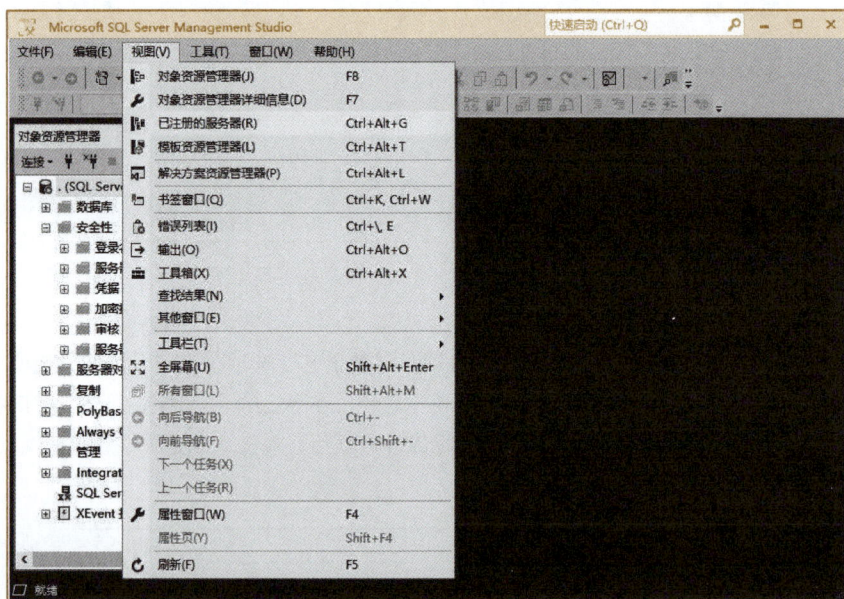

图 2-29
选择"已注册的服务器"
命令

图 2-30
选择"新建服务器注册"
命令

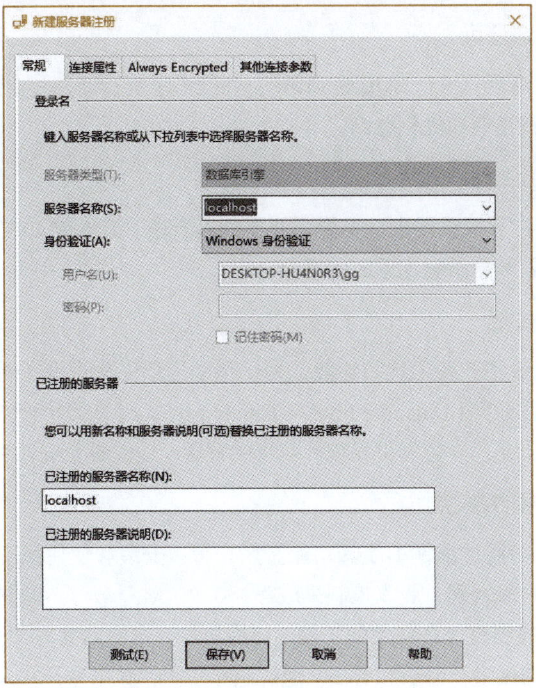

图 2-31
"新建服务器注册"对话框

2.2.3　查询编辑器

查询编辑器是 SSMS 中的一个组件，如图 2-32 所示，它是一个图形化界面工具，用于编写、调试和执行 SQL 查询语句。查询编辑器提供了一个交互式的环境，使用户能够直接与 SQL Server 数据库进行交互。下面介绍查询编辑器的主要功能。

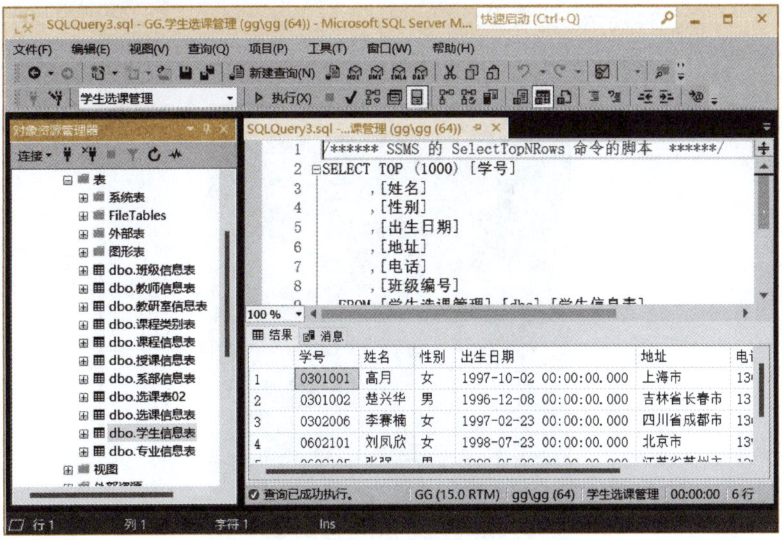

图 2-32
查询编辑器

1.　编写和编辑查询

查询编辑器允许用户编写和编辑 SQL 查询语句。它提供了语法高亮显示、代码自动完成和代码块折叠等功能，以提高查询编写的效率和准确性。

31

2. 执行和调试查询

查询编辑器允许用户执行 SQL 查询语句,并提供了执行计划和查询统计信息等工具,以帮助用户分析查询性能和优化查询。

3. 查看和导出结果

在查询编辑器中可以显示查询结果,并支持以表格、文本或 CSV 等格式导出结果。用户可以轻松地查看和分析查询返回的数据。

4. 优化查询性能

查询编辑器提供了一些工具和功能,用于帮助用户优化查询性能。例如,用户可以使用数据库引擎调优顾问(Database Engine Tuning Advisor)来分析查询并提供性能优化建议。另外,查询编辑器还支持索引和统计信息的管理,以改进查询性能。

5. 扩展性和插件支持

查询编辑器支持通过插件扩展其功能。用户可以安装和使用第三方插件,以满足特定的需求,如代码片段管理、版本控制集成等。

SSMS 查询编辑器是一个强大的工具,使用户能够方便地编写、执行和优化 SQL 查询语句,并对查询结果进行分析和导出。通过这个工具,数据库开发人员和管理员可以更有效地管理和优化 SQL Server 数据库。

2.2.4　联机丛书

SQL Server 2019 的联机丛书为数据库管理员和开发人员提供了丰富的帮助信息。

在"开始"菜单中选择"所有程序"→"SQL Server 2019 安装中心(64 位)"命令,如图 2-33 所示,在打开的"SQL Server 安装中心"界面中选择"SQL Server 2019 联机丛书"选项,如图 2-34 所示。或者在 SSMS 界面中选择菜单"帮助"→"查看帮助"命令,如图 2-35 所示。

图 2-33
选择"SQL Server 2019 安装中心
(64 位)"命令

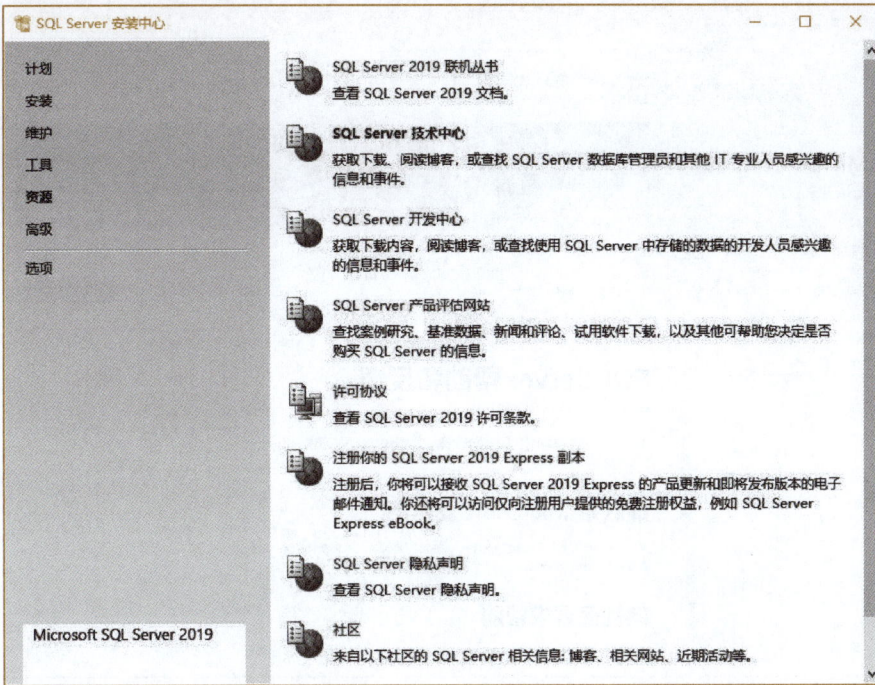

图 2-34
"SQL Server 安装中心"
界面

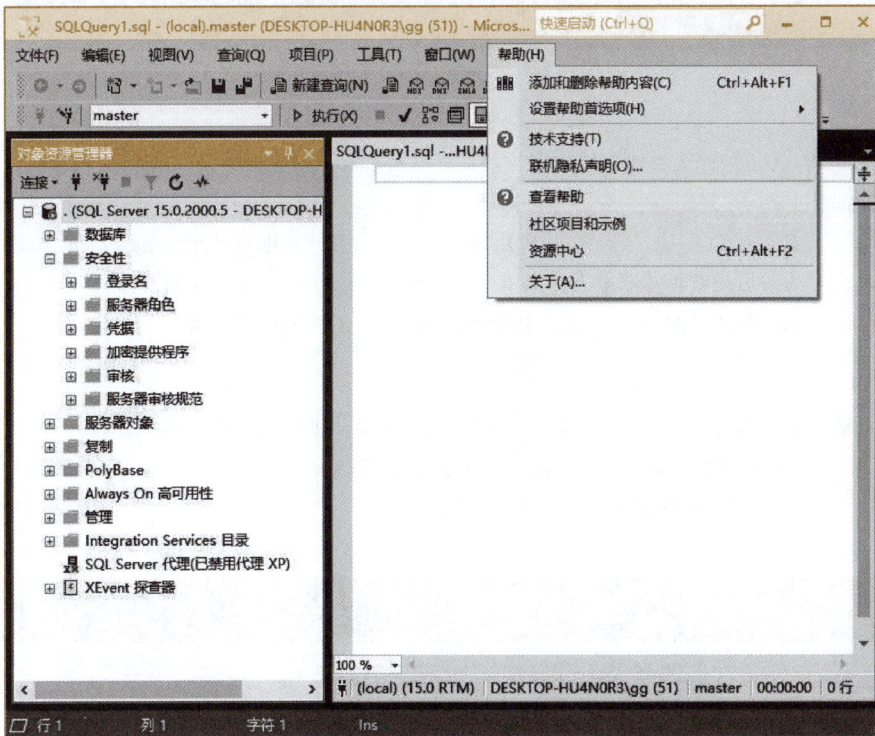

图 2-35
选择"查看帮助"命令

　　在 SQL Server 联机丛书中可以找到相关的主题信息，也可以输入用户想了解的信息，如图 2-36 所示。

33

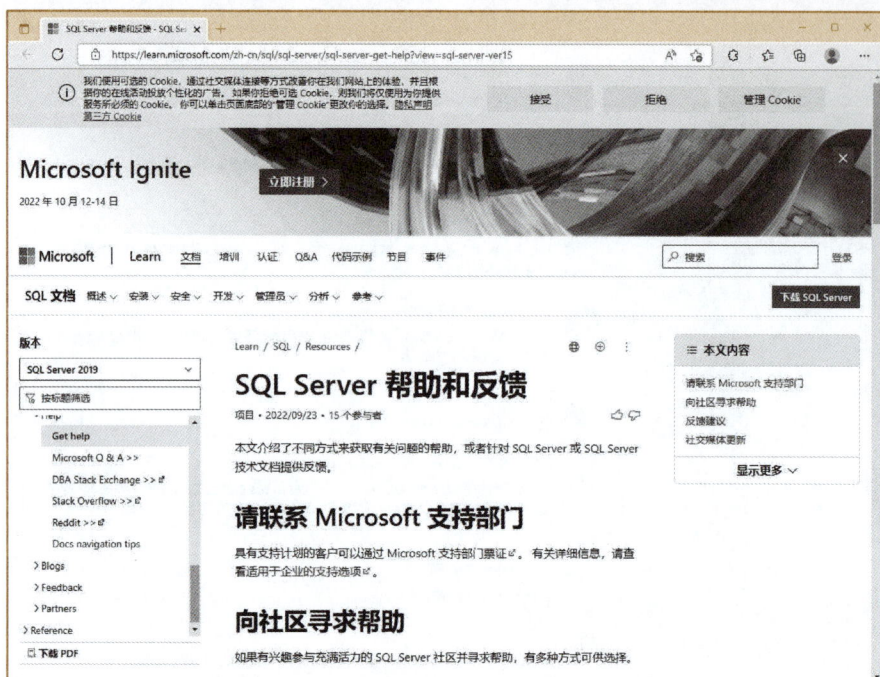

科技.中国2

图 2-36
SQL Server 联机丛书

单 元 测 试

一、选择题

1. 在 SQL Server 系统中，（　　）是其核心的管理工具，可以用来配置数据库系统、建立或删除数据库对象、设置或取消用户的访问权限等。

    A. Oracle   B. SQL   C. SQL Server   D. SQL Server Management Studio

2. 在访问数据库之前，必须启动数据库服务器，只有（　　）才可以启动数据库服务器。

    A. 计算机安装人员   B. 合法的用户   C. 电子商务参与者   D. 网站使用者

二、填空题

1. 在访问数据库之前，必须启动_____服务器。只有合法的用户才可以启动数据库服务器。

2. 在 SQL Server 2019 系统中，SQL Server Management Studio 是其核心的管理工具，可以用来配置数据库系统、建立或删除_____对象、设置或取消用户的访问权限等。

单 元 实 训

1. 基本技能要求

① 安装 SQL Server 2019 的一个命名实例，将实例命名为 MYDB。
② 完成 SQL Server 2019 服务器的启动、暂停、恢复和停止等操作。

2. 拓展技能要求

利用互联网查询国产数据库产品，了解中国数据库的逆袭之路。

单元实训指导2
安装及熟悉"学生选课
管理"数据库开发环境

专业能力测评表

（在□中打√，A——掌握，B——基本掌握，C——未掌握）

业务能力	评价指标	自测结果	备注
SQL Server 2019 的安装	1. 下载 SQL Server 2019 Developer	□A □B □C	
	2. SQL Server 2019 和管理工具的安装	□A □B □C	
	3. SSMS 的下载和安装	□A □B □C	
SQL Server 2019 的服务器配置管理	1. 服务器的启动	□A □B □C	
	2. SQL Server Management Studio	□A □B □C	
	3. 查询编辑器	□A □B □C	
	4. 联机丛书	□A □B □C	
其他			
教师评语：			
成绩		教师签字	

任务 3 "学生选课管理"数据库的 创建与维护

知识目标

- 掌握 SQL Server 数据库的组成及数据库存储结构。
- 了解 SQL Server 系统数据库。
- 掌握利用对象资源管理器和 T-SQL 命令创建和维护数据的步骤及方法。

能力目标

- 能够利用对象资源管理器创建和维护数据库。
- 能够利用 T-SQL 命令创建和维护数据库。

素养目标

- 坚定道路自信、理论自信、制度自信、文化自信，为实现中华民族伟大复兴贡献力量。
- 提高学生的爱国主义情怀和科技强国的责任担当，时刻铭记"感时思报国，拔剑起蒿莱"。

【情境描述】

小张安装和熟悉 SQL Server 2019 数据库管理系统后，接着就需要创建一个"学生选课管理"数据库。创建后，要查看是否理想，若第一次创建的数据库不理想，还需要修改或删除数据库。学院新购买了一台配置更高的计算机，让小张将其作为服务器。小张在这台计算机上重新安装了 SQL Server 2019 数据库管理系统，然后将在原先计算机上创建的"学生选课管理"数据库迁移到这个新 SQL Server 系统上。

【任务分解】

从上述情境描述中可见，要实现利用数据库管理数据，首先要安装数据库管理系统，然后创建数据库，根据实际需要还可以对其进行修改、删除及移动。本任务主要介绍数据库的构成、创建、修改、删除，以及附加、分离数据库的方法。这里对该任务进行分解，共包括以下两个子任务。

- 使用对象资源管理器创建和维护"学生选课管理"数据库。
- 使用 T-SQL 命令创建和维护"学生选课管理"数据库。

3.1.1　SQL Server 2019 数据库概述

SQL Server 2019 数据库由包含数据的表集合和其他对象组成，可以分为系统数据库与用户数据库。系统数据库是在安装 SQL Server 2019 后自动创建的；用户数据库是用户在 SQL Server 2019 平台上，根据用户设计的应用数据库存储结构创建的。

1. 数据库的常用对象

在 SQL Server 2019 中，数据库中的表、视图、存储过程等具体存储数据或对数据进行操作的实体都被称为数据库对象。下面介绍几种常用的数据库对象。

（1）数据库关系图

数据库关系图用来表示数据库中表之间的关系。使用数据库关系图可以创建和修改表中的列、关系、索引和约束。

（2）表

表是存放数据库中数据的基本数据库对象，它由行和列组成，用于组织和存储数据，每一行为一条记录。表中的每一列称为一个字段，字段具有自己的属性，如字段类型、字段大小等。其中，字段类型是字段最重要的属性，它决定了字段能够存储哪种数据。

（3）索引

索引是一个单独的数据结构，它是依赖于表而建立的，不能脱离关联表而独立存在。在数据库中使用索引，数据应用程序无须对整个表进行扫描，就可以在其中找到所需要的数据，从而加快查找数据的速度。

（4）视图

视图是从一个或多个表中导出的表（也称虚拟表），是用户查看数据表中数据的一种方式。视图的结构和数据建立在对表的查询基础之上。数据库中并不存放视图的数据，只存放其查询定义。在打开视图时，需要执行其查询定义，然后产生相应的数据。

（5）存储过程

存储过程是一组能够完成特定功能的 SQL 语句集合（包括查询、插入、删除和更新等操作），经编译后以名称形式存储在 SQL Server 服务器端的数据库中，由用户通过指定存储过程的名称来执行。当这个存储过程被调用执行时，其包含的操作也会同时执行。

（6）触发器

触发器是一种特殊类型的存储过程，它能够在某个规定的事件发生时触发执行。触发器通常可以强制执行一定的业务规则，以保持数据完整性、检查数据的有效性，同时实现数据库的管理任务和一些附加的功能。

2. 文件和文件组

SQL Server 2019 数据库主要由文件和文件组组成。数据库中的所有数据和对象都被存储在文件中。数据和日志信息绝不能混合在同一个文件中，而且一个文件只由一个数据库使用。文件组是命名的文件集合，用于帮助数据布局和管理任务，如备份和还原操作。

微课 3-1
SQL Server 2019 数据库
概述

笔 记

（1）数据库文件

SQL Server 2019 数据库具有以下 3 种类型的文件。

- 主要数据文件。主要数据文件包含应用数据及数据库的启动信息。主要数据文件是必需的，一个数据库只有一个主要数据文件，其扩展名为.mdf。
- 次要数据文件。次要数据文件是可选的，由用户定义并存储用户数据。一个数据库可以没有次要数据文件，也可以同时拥有多个次要数据文件，其扩展名为.ndf。另外，使用次要数据文件可以将数据存储到不同的磁盘上，能够提高数据处理效率。
- 事务日志文件。事务日志文件保存用于恢复数据库的日志信息。每个数据库至少有一个事务日志文件，其扩展名为.ldf。

说明

SQL Server 不强制使用**.mdf**、**.ndf**、**.ldf** 文件扩展名，但使用它们有助于标记和识别文件的各种类型和用途。

（2）数据库文件组

为了方便管理及提高系统性能，SQL Server 允许将多个文件归纳为一组，这就是文件组。例如，可以分别在 3 个硬盘驱动器上创建 3 个数据文件，并将这 3 个数据文件指派到一个文件组中，然后就可以在该文件组上创建表，对表中数据的查询将分散到 3 个磁盘上，因而性能得以提高。

SQL Server 中的数据库文件组分为主文件组和用户自定义文件组。主文件组是包含主要文件的文件组，所有系统表都被分配到主要文件组中。用户自定义文件组是在创建数据库（CREATE DATABASE）或修改数据库（ALTER DATABASE）的语句中，使用 FILEGROUP 关键字指定文件组。

对文件进行分组时，一定要遵循文件和文件组的设计原则，具体如下。

- 文件只能是一个文件组的成员。
- 文件或文件组不能由一个以上的数据库使用。
- 数据和事务日志信息不能属于同一个文件或文件组。
- 日志文件不能作为文件组的一部分，日志空间与数据空间分开管理。

3. 系统数据库

在安装 SQL Server 2019 时默认建立 5 个系统数据库（master、model、msdb、resource、tempdb）。

（1）master 数据库

master 数据库是最重要的系统数据库，保存了 SQL Server 的全部系统信息，如登录信息、SQL Server 的初始化信息、系统的配置信息等。master 数据库还记录所有其他数据库是否存在及这些数据库文件的位置等信息。如果 master 数据库不可用，则 SQL Server 无法启动。

（2）model 数据库

model 是一个模板数据库，用于 SQL Server 实例上创建的所有数据库的模板。当创建一个新数据库时，系统将复制 model 数据库的内容到新数据库中。

（3）msdb 数据库

msdb 数据库用于 SQL Server 代理计划警报和作业。

（4）resource 数据库

resource 数据库是一个只读和隐藏的数据库，它包含了 SQL Server 中的所有系统对象。resource 数据库是唯一没有显示在其中的系统数据库，它存在于 sys 框架中。

（5）tempdb 数据库

tempdb 是一个临时的数据库，它为全部的临时表、临时存储过程及其他临时操作提供存储空间。每次启动 SQL Server 时，tempdb 数据库都会被重建。

3.1.2　使用对象资源管理器创建数据库

【例 3-1】使用对象资源管理器，通过图示化的操作来完成"学生选课管理"数据库的创建。

第1步：启动 SSMS，在对象资源管理器中右击"数据库"选项，在弹出的快捷菜单中选择"新建数据库"命令，如图 3-1 所示。

微课 3-2
使用对象资源管理器
创建与维护数据库

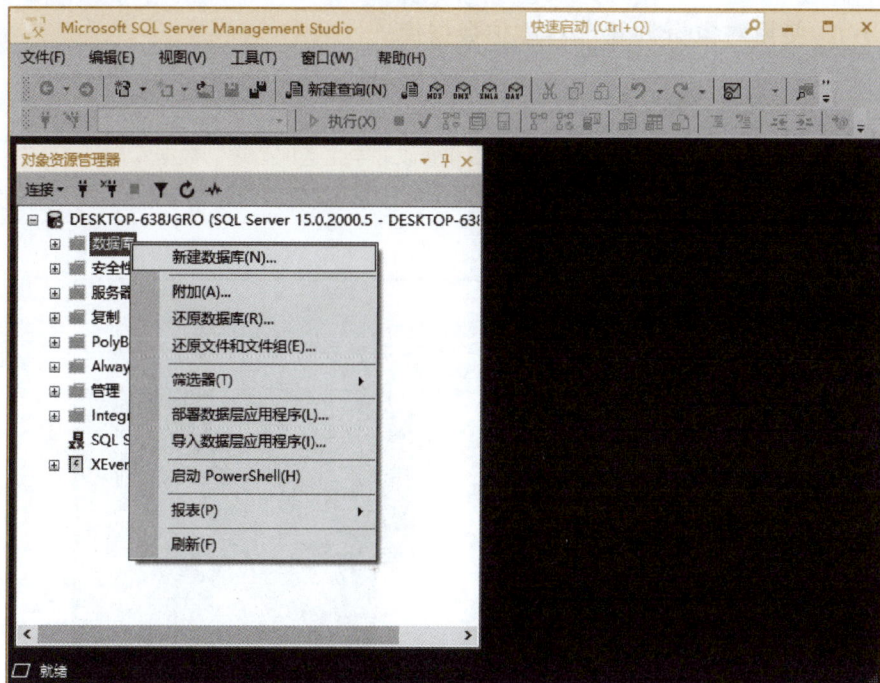

图 3-1
选择"新建数据库"
命令

第2步：在弹出的"新建数据库"窗口的"数据库名称"文本框中输入"学生选课管理"后，系统能够自动生成数据库的数据文件及日志文件的逻辑名称。根据实际需要，可以分别对数据文件与日志文件的初始大小、自动增长方式及路径进行修改。通过单击"添加"按钮，可以新建辅助数据文件，并将辅助数据文件保存在不同的路径下，拓展数据的存储空间，如图 3-2 所示。

第3步：单击"确定"按钮，关闭"新建数据库"窗口后，在对象资源管理器中即可看到新建的"学生选课管理"数据库。

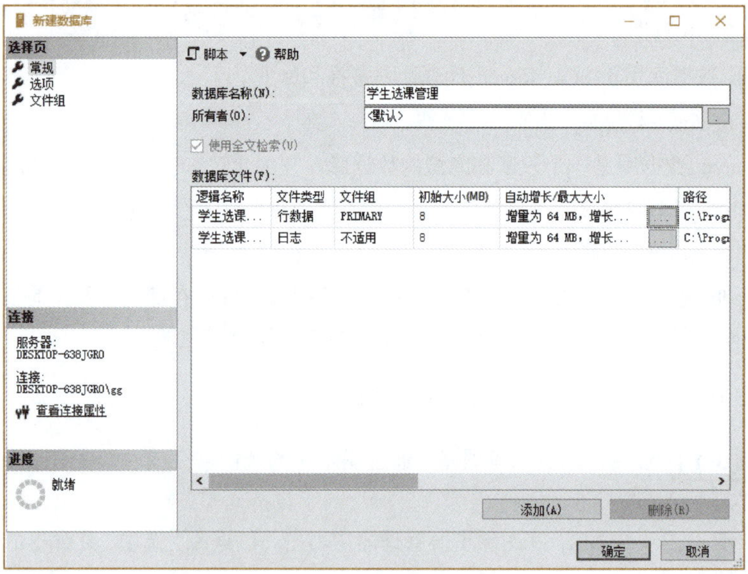

图 3-2
"新建数据库"窗口

3.1.3 使用对象资源管理器维护数据库

1. 查看和修改数据库

【例 3-2】使用对象资源管理器查看和修改"学生选课管理"数据库。

第1步：启动 SSMS，在对象资源管理器中右击"学生选课管理"节点，在弹出的快捷菜单中选择"属性"命令，如图 3-3 所示。

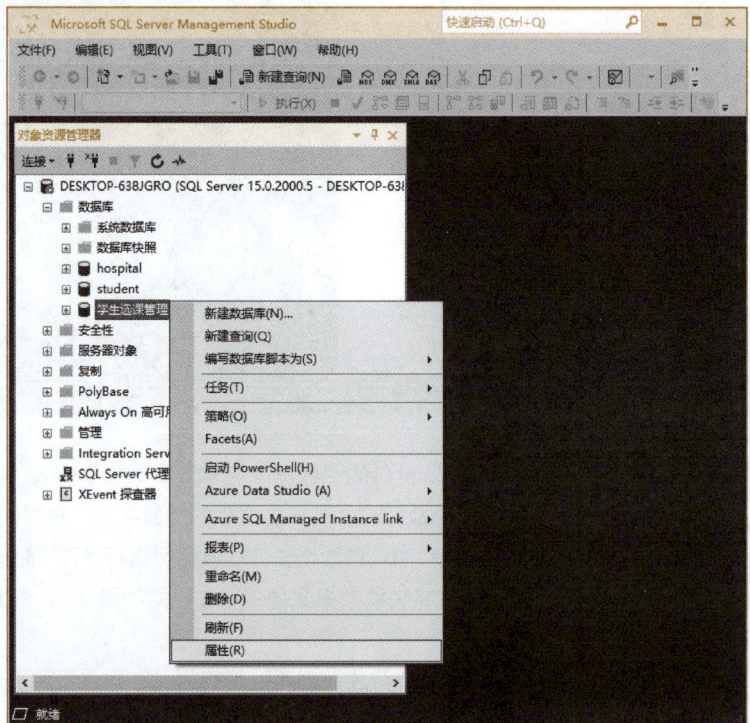

图 3-3
选择"属性"命令

第2步：在弹出的"数据库属性–学生选课管理"窗口中，通过"常规""文件""文件组""选项""更改跟踪""权限""扩展属性"等节点，可以查看数据库的相关信息，如图3-4所示。

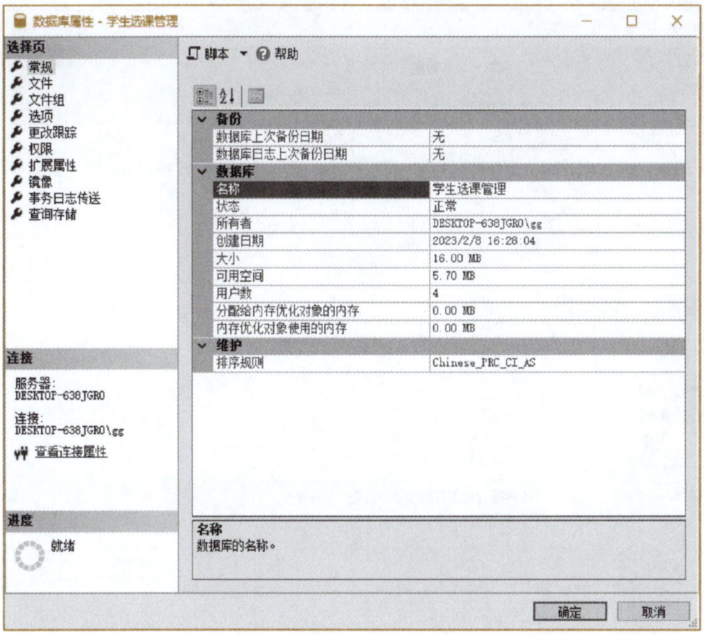

图 3-4
查看数据库相关信息

2．删除数据库

【例 3-3】使用对象资源管理器删除"学生选课管理"数据库。

第1步：启动 SSMS，在对象资源管理器中展开"数据库"节点，右击需要删除的"学生选课管理"数据库，在弹出的快捷菜单中选择"删除"命令，如图3-5所示。

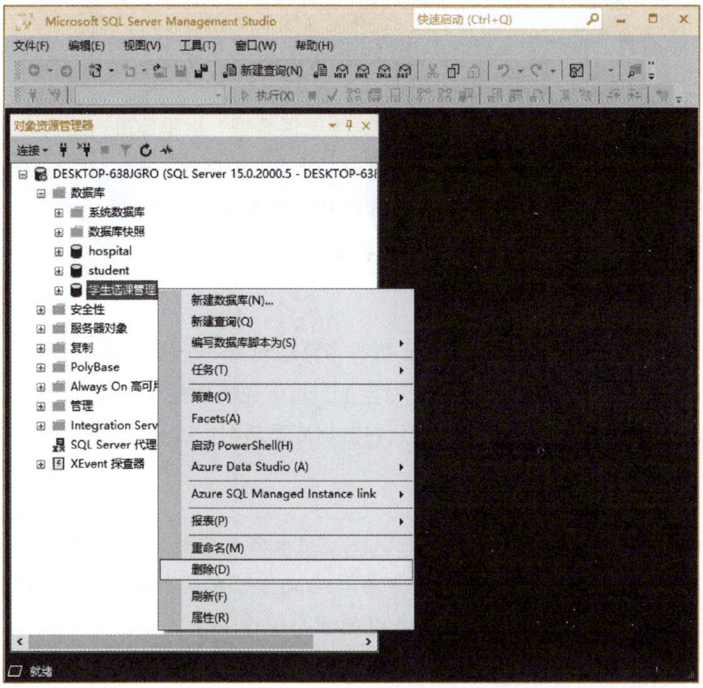

图 3-5
选择"删除"命令

第2步： 在弹出的"删除对象"窗口中单击"确定"按钮，数据库将被删除，如图 3-6 所示。

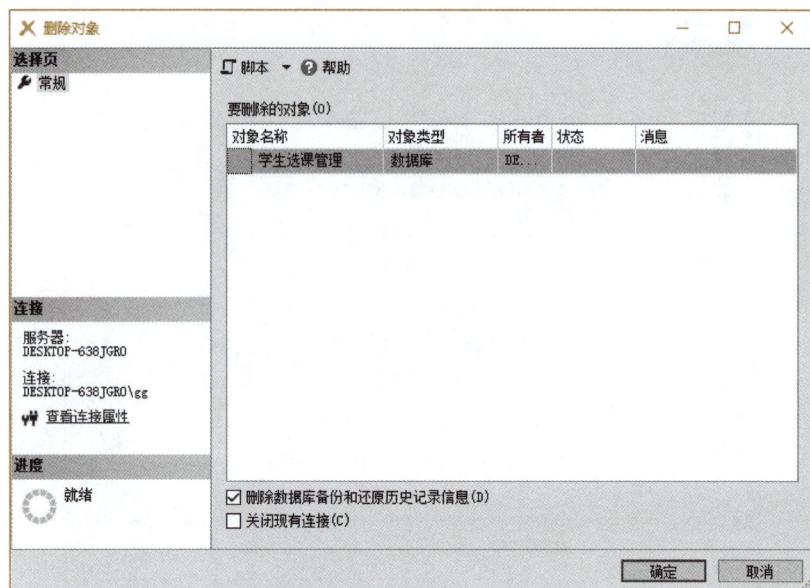

图 3-6
"删除对象"窗口

说明

一旦数据库被删除，数据库及其所包含的对象将会全部被删除，因此删除文件必须慎重。删除某一个数据库后，应该立即备份 master 数据库。

3. 重命名数据库

在实际应用中，有时需要修改数据库的名称。但在重命名之前，应将数据库设置为单用户模式，且新的名称应符合命名规则。

【例 3-4】 使用对象资源管理器对"学生选课管理"数据库进行重命名。

第1步： 启动 SSMS，在对象资源管理器中展开"数据库"节点，右击要重命名的"学生选课管理"数据库，在弹出的快捷菜单中选择"重命名"命令。

第2步： 将数据库的名称改为需要的名称即可。

4. 分离和附加数据库

如果要将数据库从一个 SQL Server 系统中移动到另一个 SQL Server 系统中，或者需要将数据文件从一个磁盘移动到另一个磁盘上，可以先将数据库与 SQL Server 系统分离，再将该数据库文件复制到目标位置，然后将数据库重新附加到 SQL Server 系统中。

看一看

分离数据库实际上只是从 SQL Server 系统中删除数据库，组成该数据库的数据文件和事务日志文件依然完好无损地保存在磁盘上。使用这些数据文件和事务日志文件可以将数据库再附加到任何 SQL Server 系统中，而且数据库在新系统中的使用状态与分离时的状态完全相同。

【例 3-5】使用对象资源管理器分离"学生选课管理"数据库。

第1步： 启动 SSMS，在对象资源管理器中右击要分离的"学生选课管理"数据库，在弹出的快捷菜单中选择"任务"→"分离"命令，如图 3-7 所示。

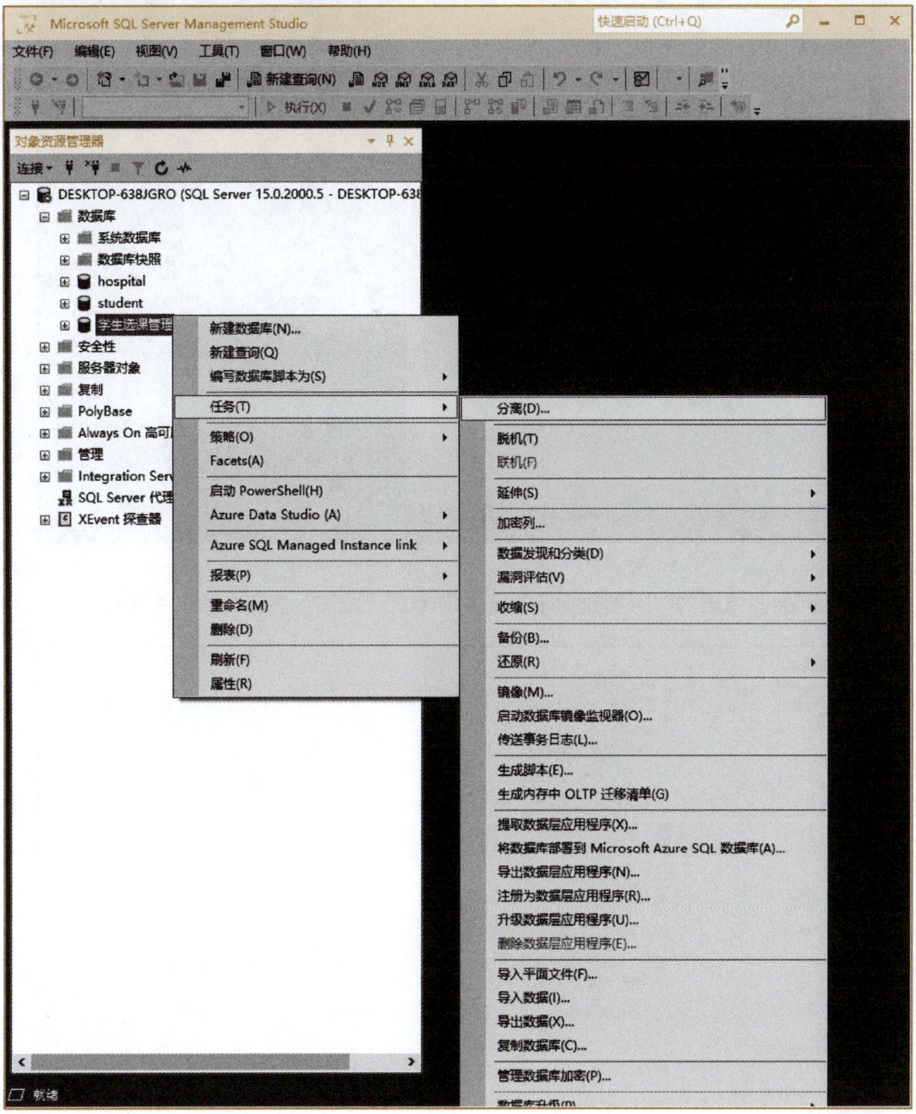

图 3-7
选择"任务"→
"分离"命令

第2步： 在弹出的"分离数据库"窗口中，单击"确定"按钮，完成数据库的分离。

✏️ **注意**

当用户正在连接数据库或者正在执行复制数据库操作时，若要进行分离操作，必须先清除连接。

【例 3-6】使用对象资源管理器附加"学生选课管理"数据库。

第1步： 启动 SSMS，在对象资源管理器中右击"数据库"节点，在弹出的快捷菜单中选择"附加"命令，如图 3-8 所示。

45

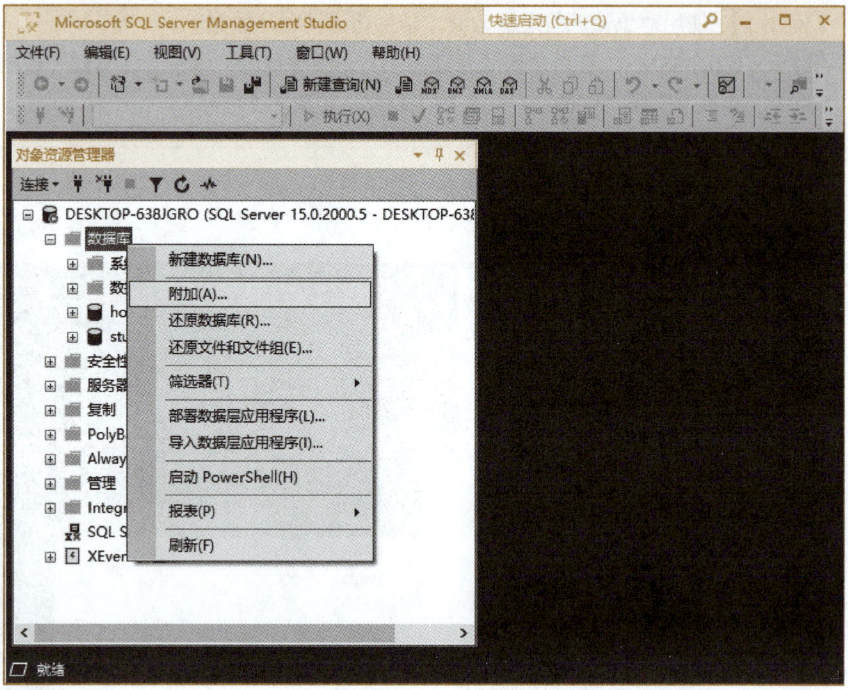

图 3-8
选择"附加"命令

第2步： 在弹出的"附加数据库"窗口中单击"添加"按钮，如图 3-9 所示。

图 3-9
"附加数据库"窗口

第3步： 在弹出的"定位数据库文件"窗口中选择要附加的数据库文件"学生选课管理.mdf"，单击"确定"按钮完成数据库的附加。附加数据库后的"附加数据库"窗口如图 3-10 所示。

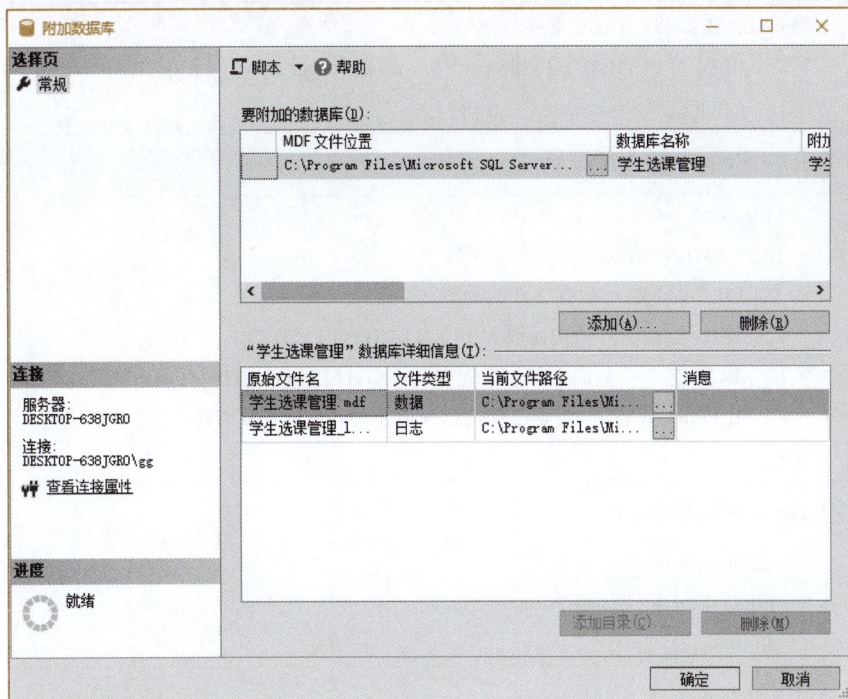

图 3-10
附加数据库后的"附加
数据库"窗口

> **说 明**
>
> 　　如果要附加的数据库的辅助数据文件与主数据文件不在一个磁盘或者一个文件夹中，可以在"附加数据库"窗口中修改路径（或者将它们与主数据文件存放在一个文件夹中），单击"确定"按钮，即可将指定的数据库附加到当前 SQL Server 系统中。

子任务 3.2　使用 T-SQL 命令创建与维护"学生选课管理"数据库

　　SQL Server 的编程语言是 Transact-SQL（简称为 T-SQL）。T-SQL 的语句不区分大小写，系统保留字大写，用户自定义的名称可用小写。在 SQL Server 中使用图形界面能完成的所有功能都可以利用 T-SQL 来实现。根据其完成的具体功能，可以将 T-SQL 语句分为 4 类：数据定义语句、数据操作语句、数据控制语句和一些附加的语言元素。这些 T-SQL 语句都可以在查询编辑器中交互执行。

　　T-SQL 语法说明如下。

- []中的内容可以省略，省略时系统取默认值。
- {}[, ...n]表示花括号中的内容可以重复书写 n 次，必须用逗号隔开。
- |表示相邻的前后两项只能任取一项。
- 一条语句可以分成多行书写，但是多条语句不允许写在一行。
- 命令一旦设计成功，可以反复使用。

3.2.1　使用 CREATE DATABASE 语句创建数据库

创建数据库的语法格式如下。

拓展阅读
中国文字发展

微课 3-3
使用 CREATE
DATABASE 语句创建
数据库

CREATE DATABASE 数据库名
[ON   [PRIMARY] <filespec> [, ...n] [, <filegroup> [, ...n]]
[LOG ON <filespec> [, ...n]]]

其中，<filespec>的定义如下。

<filespec> ::=
{(NAME = 数据文件逻辑文件名 ，
        FILENAME = '数据文件的物理文件名'
[，SIZE =数据文件的初始值大小[KB | MB | GB | TB]]
[，MAXSIZE = {数据文件的最大容量 [KB | MB | GB | TB] | UNLIMITED }]
[，FILEGROWTH = 数据文件的增长值 [KB | MB | GB | TB | %]]
) }

<filegroup>的定义如下。

<filegroup> ::=
{FILEGROUP 文件组名 [DEFAULT]
<filespec> [, ...n]}

参数说明如下。

- 数据库名称：新数据库的名称。数据库名称在 SQL Server 的实例中必须唯一，且符合标识符的规定。
- ON：表示根据后面的参数创建该数据库。
- LOG ON：表示根据后面的参数创建该数据库的事务日志文件。该选项省略时，SQL Server 会自动为数据库建立一个日志文件。
- PRIMARY：指定数据库的主文件。在主文件组的 <filespec> 项中指定的第一个文件为主文件，一个数据库只能有一个主文件。如果没有指定 PRIMARY，那么 CREATE DATABASE 语句中列出的第一个文件将成为主文件。
- 文件默认单位为MB，如果没有指定MAXSIZE 值或使用UNLIMITED 关键字指定，则文件大小不受限制，仅受物理存储空间的限制。

1. 创建未指定文件的数据库

【例 3-7】创建名为 TestDatabase 的数据库，数据库的所有属性值均为默认值。

CREATE DATABASE TestDatabase

> **说明**
>
> 因为没有为主文件提供 **size**，数据库引擎会使用 **model** 数据库中主文件的大小。**model** 数据库中主文件的默认大小为 **8 MB**。如果指定了辅助数据文件或日志文件，但未指定该文件的 size，则数据库引擎会以 **8 MB** 作为该文件的大小。因为没有指定 MAXSIZE，文件可以大到填满所有可用的磁盘空间为止。

2. 创建指定数据和事务日志文件的数据库

【例 3-8】创建数据库 TestDatabase1 到指定位置 D:\TEST 中，该数据库有一个初始大小为 10 MB、最大容量为 50 MB、文件增量为 5 MB 的主数据文件 TestDatabase1_data.mdf，

以及一个初始大小为 5 MB、最大容量为 25 MB、文件增量为 5 MB 的事务日志文件
TestDatabase1_log.ldf。

```
CREATE DATABASE TestDatabase1
ON
(
  NAME = Sales_dat,
    FILENAME='D:\TEST\TestDatabase1_data.mdf',
    SIZE = 10,
    MAXSIZE = 50,
    FILEGROWTH = 5
)
LOG ON
(
  NAME = Sales_log,
    FILENAME='D:\TEST\TestDatabase1_log.ldf',
    SIZE = 5MB,
    MAXSIZE = 25MB,
    FILEGROWTH = 5MB
)
```

说明

TestDatabase1_data.mdf 为主数据文件，在 TestDatabase1_data 文件的 SIZE 参数中没有指定单位为 MB 或 KB，将按 MB 分配。TestDatabase1_log 文件以 MB 为单位进行分配，因为 SIZE 参数中显式声明了单位为 MB。

3. 通过指定多个数据和事务日志文件创建数据库

【例 3-9】创建数据库 TestDatabase2 到指定位置 D:\TEST 中，该数据库具有 3 个
100 MB 的数据文件和 2 个 100 MB 事务日志文件。主数据文件是列表中的第一个文件，
使用 PRIMARY 关键字显式指定。事务日志文件在 LOG ON 关键字后指定。

```
CREATE DATABASE TestDatabase2
ON
PRIMARY
    (NAME = Test1,
    FILENAME = 'D:\TEST\Testdat1.mdf',
    SIZE = 100MB,
    MAXSIZE = 200,
    FILEGROWTH = 20),
    (NAME = Test2,
    FILENAME = 'D:\TEST\Testdat2.ndf',
    SIZE = 100MB,
```

```
                    MAXSIZE = 200,
                    FILEGROWTH = 20),
                    (NAME = Test3,
                    FILENAME = 'D:\TEST\Testdat3.ndf',
                    SIZE = 100MB,
                    MAXSIZE = 200,
                    FILEGROWTH = 20)
            LOG ON
                    (NAME = Testlog1,
                    FILENAME = 'D:\TEST\Testlog1.ldf',
                    SIZE = 100MB,
                    MAXSIZE = 200,
                    FILEGROWTH = 20),
                    (NAME = Testlog2,
                    FILENAME = 'D:\TEST\Testlog2.ldf',
                    SIZE = 100MB,
                    MAXSIZE = 200,
                    FILEGROWTH = 20)
```

注意

FILENAME 选项中各文件的扩展名：.mdf 为主数据文件的扩展名，.ndf 为次要数据文件的扩展名，.ldf 为事务日志文件的扩展名。

4. 创建具有文件组的数据库

【例 3–10】创建数据库 TestDatabase3 到指定位置 D:\TEST 中。该数据库具有以下文件组。

- 主文件组包含文件 Sjk1dat.mdf 和 Sjk2dat.ndf，将 FILEGROWTH 指定为 15%。
- 名为 TestGroup1 的文件组中包含文件 TG1F1_dat 和 TG1F2_dat。
- 名为 TestGroup2 的文件组中包含文件 TG2F1_dat 和 TG2F2_dat。

```
            CREATE DATABASE TestDatabase3
            ON PRIMARY
            (NAME = SPri1_dat,
                    FILENAME = 'D:\TEST\Sjk1dat.mdf',
                    SIZE = 10,
                    MAXSIZE = 50,
                    FILEGROWTH = 15%),
            (NAME = SPri2_dat,
                    FILENAME = 'D:\TEST\Sjk2dat.ndf',
                    SIZE = 10,
                    MAXSIZE = 50,
```

```
        FILEGROWTH = 15%),
    FILEGROUP TestGroup1
    (NAME = TG1F1_dat,
        FILENAME = 'D:\TEST\TG1F1.ndf',
        SIZE = 10,
        MAXSIZE = 50,
        FILEGROWTH = 5),
    (NAME = TG1F2_dat,
        FILENAME = 'D:\TEST\TG1F2.ndf',
        SIZE = 10,
        MAXSIZE = 50,
        FILEGROWTH = 5),
    FILEGROUP TestGroup2
    (NAME = TG2F1_dat,
        FILENAME = 'D:\TEST\TG2F1.ndf',
        SIZE = 10,
        MAXSIZE = 50,
        FILEGROWTH = 5),
    (NAME = TG2F2_dat,
        FILENAME = 'D:\TEST\TG2F2.ndf',
        SIZE = 10,
        MAXSIZE = 50,
        FILEGROWTH = 5)
LOG ON
    (NAME = TestDatabase3_log,
        FILENAME = 'D:\TEST\TestDatabase3_log.ldf',
        SIZE = 5MB,
        MAXSIZE = 25MB,
        FILEGROWTH = 5MB)
```

练一练

使用 CREATE DATABASE 语句创建数据库 LXDB1，该数据库有一个初始大小为 15 MB、最大容量为 200 MB、文件增量为 10%的主数据文件 LXDB1_data.mdf，以及一个初始大小为 5 MB、最大容量为 20 MB、文件增量为 10%的事务日志文件 LXDB1_log.ldf，均存放在 D:\LX 文件夹下（假设该文件夹已经存在）。

【例3–11】创建"学生选课管理"数据库，该数据库有一个逻辑文件名为"学生选课管理_data"、初始大小为 3 MB、文件增量为 10%的主数据文件"学生选课管理_data.mdf"，以及一个逻辑文件名为"学生选课管理_log"、初始大小为 1 MB、文件增量为 10%的事务日志文件"学生选课管理_log.ldf"，"学生选课管理"数据文件存放的文件夹为"D:\选课"。

```
CREATE DATABASE 学生选课管理
ON PRIMARY
(NAME = '学生选课管理_data',
    FILENAME = 'D:\选课\学生选课管理_data.mdf',
    SIZE = 3,
    FILEGROWTH = 10%)
LOG ON
(NAME = '学生选课管理_log',
    FILENAME = 'D:\选课\学生选课管理_log.ldf',
    SIZE=1,
    FILEGROWTH = 10%)
GO
```

3.2.2 使用 ALTER DATABASE 语句修改数据库

微课 3-4
使用 ALTER DATABASE
语句修改数据库

使用 ALTER DATABASE 语句对数据可以进行如下修改。

● 增加或删除数据文件。
● 改变数据文件的大小和增长方式。
● 改变日志文件的大小和增长方式。
● 增加或删除日志文件。
● 增加或删除文件组。

语法格式如下。

```
ALTER DATABASE 数据库名
{ADD FILE <文件名>}[, ...n]
    [TO FILEGROUP  文件组名|DEFAULT]          /*在文件组中增加数据文件*/
    |ADD LOG FILE <文件说明> [, ...n]          /*增加事务日志文件*/
    |REMOVE FILE  逻辑文件名                   /*删除数据文件*/
    |ADD FILEGROUP  文件组名称                 /*增加文件组*/
    |REMOVE FILEGROUP  文件组名称              /*删除文件组*/
    |MODIFY FILE<filespec>                    /*修改文件属性*/
    |MODIFY NAME=新数据库名称                  /*数据库改名*/
    |MODIFY FILEGROUP  文件组名称{文件说明  NAME=新文件组名称}
                                             /*修改文件组*/
    SET<选项说明>[, ...n]                      /*设置修改数据库的选项*/
    COLLATE<排序规则名>                        /*修改数据库排序规则*/
```

参数说明如下。

● ADD FILE：指定要添加的数据文件。
● TO FILEGROUP：将数据文件添加到指定的文件组。
● ADD LOGFILE：将日志文件添加到指定的数据库。
● REMOVE FILE：从数据库系统表中删除指定的逻辑文件名。

- ADD FILEGROUP：向数据库添加由"文件组名称"指定名称的文件组。
- REMOVE FILEGROUP：从数据库中删除文件组。
- MODIFY FILE：修改指定的文件属性。
- MODIFY NAME：更改数据库的名称。
- MODIFY FILEGROUP：修改文件组名称或相应的文件组属性。
- SET 子句：设置修改数据库的选项。

1.　向数据库中添加文件

【例 3-12】 分别将 D:\TEST 文件夹中初始大小为 10 MB、最大容量为 50 MB、文件增量为 5 MB 的数据文件 test1.ndf，以及初始大小为 5 MB、最大容量为 150 MB、文件增量为 5 MB 的事务日志文件 Test1_log.ldf 添加到 TestDatabase1 数据库中。

```
USE master
GO
ALTER DATABASE TestDatabase1
ADD FILE
(NAME = Test1,
    FILENAME='D:\TEST\test1.ndf',
    SIZE = 10MB,
    MAXSIZE = 50MB,
    FILEGROWTH = 5MB)
GO
ALTER DATABASE TestDatabase1
ADD LOG FILE
(NAME = Test1_log,
    FILENAME='D:\TEST\Test1_log.ldf',
    SIZE=5MB,
    MAXSIZE=150MB,
    FILEGROWTH=5MB)
GO
```

> **说明**
>
> **GO** 不是 **T-SQL** 语句，它是向 **SQL Server** 实用工具发出一批 **T-SQL** 语句结束的信号。**GO** 命令和 **T-SQL** 语句不能在同一行，但在 **GO** 命令行中可包含注释。

【例 3-13】 为数据库 TestDatabase1 添加文件组 FGROUP，并从 D:\TEST 文件夹中为此文件组添加两个初始大小均为 10 MB、最大容量为 30 MB、文件增量为 5 MB 的数据文件 TestData1.ndf 及 TestData2.ndf。

```
ALTER DATABASE TestDatabase1
    ADD FILEGROUP FGROUP
GO
```

```
ALTER DATABASE TestDatabase1
ADD FILE
(NAME = 'TestData1',
    FILENAME = 'D:\TEST\ TestData1.ndf',
    SIZE = 10MB,
    MAXSIZE = 30MB,
    FILEGROWTH = 5MB),
(NAME = 'TestData2',
    FILENAME = 'D:\TEST\TestData2.ndf',
    SIZE = 10MB,
    MAXSIZE = 30MB,
    FILEGROWTH = 5MB)
TO FILEGROUP FGROP
```

2. 删除数据库文件

【例 3-14】 将数据文件 test1 从 TestDatabase1 数据库中删除。

```
USE master
GO
ALTER DATABASE TestDatabase1
REMOVE FILE test1
GO
```

【例 3-15】 根据实际需要,考虑到数据的存储和访问速度,要求在已创建的数据库 "学生选课管理" 中增加一个次要文件来保存相关数据,文件所在文件夹为 D:\选课,文件名称为 "学生选课管理_data2.ndf",初始大小为 5 MB,最大容量为 100 MB,文件增量为 5 MB。

```
ALTER DATABASE 学生选课管理
ADD FILE
(
NAME=学生选课管理,
FILENAME='D:\选课\学生选课管理_data2.ndf',
SIZE=5MB,
MAXSIZE=100MB,
FILEGROWTH=5MB
)
```

【例 3-16】 在实际应用中,不再需要 "学生选课管理" 数据库中的 "学生选课管理_data2.ndf" 文件,现在将它从 "学生选课管理" 数据库中删除。

```
ALTER DATABASE 学生选课管理
REMOVE FILE 学生选课管理_data2
```

3.2.3 使用 DROP DATABASE 语句删除数据库

语法格式如下。

> DROP DATABASE 数据库名

注意

不要将系统数据库删除，否则会造成 SQL Server 系统崩溃。

【例 3-17】删除数据库 TestDatabase2。

> DROP DATABASE TestDatabase2

3.2.4 使用 SP_DETACH_DB 分离数据库

分离数据库的语法格式如下。

> SP_DETACH_DB 数据库名

【例 3-18】将数据库"学生选课管理"从 SQL Server 系统中分离。

> SP_DETACH_DB 学生选课管理

3.2.5 使用 SP_ATTACH_DB 附加数据库

附加数据库的语法格式如下。

> SP_ATTACH_DB 数据库名，数据库文件列表

参数说明如下。

- 数据库文件列表至少应包括主数据文件，主数据文件包括指向数据库中其他文件的系统表。
- 数据库文件列表还必须包括数据库分离后所有被移动的文件。

科技·中国 3

【例 3-19】将"学生选课管理"数据库附加到 SQL Server 系统服务器中，并以"学生选课管理"命名。

> SP_ATTACH_DB 学生选课管理，'D:\选课\学生选课管理_data.mdf'，'D:\选课\学生选课管理_log.ldf'

看一看

使用系统存储过程查看数据库信息的语法格式为：EXEC SP_HELPDB 数据库名；使用系统存储过程重命名数据库的语法格式为：EXEC SP_RENAMEDB '原数据库名'，'新数据库名'。

单 元 测 试

一、选择题

1. 下列关于数据库、文件和文件组的描述中，错误的是（　　）。

    A. 一个文件或文件组只能用于一个数据库

    B. 一个文件可以属于多个文件组

    C. 一个文件组可以包含多个文件

    D. 数据文件和日志文件放在同一个组中

2. 下列关于数据文件与日志文件的描述中，正确的是（　　　）。

    A. 一个数据库必须由 3 个文件组成：主数据文件、次数据文件和日志文件

    B. 一个数据库可以有多个主要数据库文件

    C. 一个数据库可以有多个次要数据库文件

    D. 一个数据库只能有一个事务日志文件

3. 可以使用（　　　）语句修改数据库。

    A. CREATE TABLE   B. ALTER DATABASE

    C. CREATE DATABASE   D. DROP TABLE

4. （　　　）是一个模板数据库，用于 SQL Server 实例上创建的所有数据库的模板。当创建一个新数据库时，系统将复制该数据库的内容到新数据库中。

    A. master   B. tempdb

    C. model   D. msdb

二、填空题

1. 系统数据库中起到模板作用的数据库是_____。

2. 数据库的存储结构包括_____、_____。

3. 使用系统存储过程_____可以查看当前服务器上所有数据库的信息。

单元实训指导 3
"学生选课管理"数据库
的创建与维护

单 元 实 训

1. 基本技能要求

①启动 SSMS，在对象资源管理器中登录服务器并展开，右击"数据库"节点，在弹出的快捷菜单中选择"新建数据库"命令，创建数据库"活期存款"。

②启动 SSMS，在对象资源管理器中登录"活期存款"数据库所在的服务器并展开，在"数据库属性——活期存款"窗口中查看、修改"活期存款"数据库。

③启动 SSMS，在对象资源管理器中登录"活期存款"数据库所在的服务器并展开，分离和附加"活期存款"数据库。

④使用 CREATE DATABASE 语句完成"活期存款"数据库的创建。

⑤使用 SP_RENAMEDB 系统存储过程修改数据库"活期存款"的名称为"活期存款_学号"。

⑥使用 SP_HELPDB 命令查看创建数据库"活期存款_学号"的信息。

2. 拓展技能要求

修改"活期存款"数据库，要求添加 FGroup 文件组，并为此文件组添加一个数据文件，该文件大小为 6 MB，最大容量不受限制，文件增量为 10%。将主数据文件的最大值改为不受限制，将自动增长方式改为每次增长 5 MB。

专业能力测评表

（在□中打√，A——掌握，B——基本掌握，C——未掌握）

业务能力	评价指标	自测结果	备注
使用对象资源管理器创建与维护"学生选课管理"数据库	SQL Server 2019 数据库概述	□A □B □C	
	使用对象资源管理器创建数据库	□A □B □C	
	使用对象资源管理器维护数据库	□A □B □C	
使用T-SQL命令创建和维护"学生选课管理"数据库	使用 CREATE DATABASE 语句创建数据库	□A □B □C	
	使用 ALTER DATABASE 语句修改数据库	□A □B □C	
	使用 DROP DATABASE 语句删除数据库	□A □B □C	
	使用 SP_DETACH_DB 分离数据库	□A □B □C	
	使用 SP_ATTACH_DB 附加数据库	□A □B □C	
其他			
教师评语：			
成绩		教师签字	

任务 4 "学生选课管理"数据库中表的创建与维护

知识目标

- 掌握 SQL Server 2019 中的数据类型。
- 掌握表的创建及管理方法。
- 掌握数据完整性的相关知识。

能力目标

- 能够使用对象资源管理器创建、修改及删除表。
- 能够使用 T-SQL 创建、修改及删除表。
- 能够维护表数据。
- 能够利用数据完整性对表中的数据进行有效的管理。

素养目标

- 培养学生对党的二十大精神中"加快建设创新型国家""加强科技创新能力建设"等重要内容的深刻理解，认识到科技创新对国家发展的重要性。
- 教育学生要遵纪守法，鼓励学生积极投身科技创新，培养他们创造更多科技成果的能力，为国家经济发展和社会进步作出贡献。

【情境描述】

小张已创建完"学生选课管理"数据库，现在想将与学生选课相关的数据信息存放到数据库中。他在"学生选课管理"数据库中创建了学生信息表、课程信息表、系部信息表、选课信息表等多个表，并按关键字建立了表之间的关系。同事小王开始为这些表输入数据，但是小王在录入过程中发现两个问题：一是把成绩字段数据"50"输入成"500"，系统既没有给出错误提示，也没有禁止输入；二是由于学生大多数是男生，他不想为每个男生输入性别"男"这个值，希望由系统自动提供。为了解决这两个问题，小张修改了学生信息表和选课信息表，为选课信息表的"成绩"字段添加了一个检查约束，定义了"成绩"字段列中可接收的数据值为 0~100。为学生信息表的"性别"字段添加了一个默认值"男"。修改完成后，同事小王感叹："这加快了我的数据录入速度，同时降低了数据输入的出错率，真是太好了!"

【任务分解】

从上述情境描述中可见，要实现用数据库管理数据，必须在数据库中建立表来存储数据。若把数据库想象成一个柜子，那么表就像柜子中的一个个抽屉，如果柜子没有抽屉，所有东西都放在一起，这样找东西时就很不方便。数据也一样，为了方便查询，将数据存放在不同的表中。表设计得好坏直接影响数据库系统的工作效率。用户在建立表时，应进行周密的系统分析，以设计出符合规范的表，防止错误信息的输入/输出造成无效操作或错误。本任务主要介绍数据类型、表的创建与维护、数据完整性等知识，需要进行"学生选课管理"数据库中表的创建和维护。这里对该任务进行分解，共包括以下 3 个子任务。

- "学生选课管理"数据库中表结构的创建与管理。
- "学生选课管理"数据库中表记录的操作。
- "学生选课管理"数据库中表的维护。

子任务 4.1 "学生选课管理" 数据库中表结构的创建与管理

4.1.1 使用对象资源管理器创建与管理表结构

1. 表概述

表是包含数据库中所有数据的数据库对象。数据在表中的逻辑组织方式与在电子表格中相似，都是按行和列的格式组织的。每一行代表一条唯一的记录，每一列代表记录中的一个字段。例如，在学生信息表中，每一行代表一名学生，各列分别代表该同学的信息，如学号、姓名、出生日期、所学专业及电话号码等。

表存储于数据库文件中，任何拥有权限的用户都可以对其进行操作，除非已将所要操作的表删除。标准的用户定义的表最多能够定义 1024 列，表名及列名应遵守标识符的规定。在一个表中，列名必须是唯一的，但同一数据库的不同表中可使用相同的列名。大多数表有一个主键，主键由表的一列或多列组成。主键始终是唯一的。

2. 数据类型

在创建表时，为每个列设置数据类型是十分重要的步骤。数据类型就是定义每个列所能存放的数据值和存储格式。例如，表的某一列存放学号，则定义该列的数据类型为字符串型；表的某一列存放出生日期，则定义该列为日期型。

SQL Server 2019 支持的常用数据类型见表 4-1。

微课 4-1
数据类型

数据类型	说　明	存储
精确数字		
bigint	表示从-2^{63}至$2^{63}-1$的整数数据	8 字节
int	表示从-2^{31}至$2^{31}-1$的整数数据	4 字节
smallint	表示从-2^{15}(-32 768)至$2^{15}-1$(32 767)的整数数据	2 字节
tinyint	表示从 0～255 的整数数据	1 字节
bit	取值为 1、0 或 Null 的整数数据	不定
decimal	表示从$-10^{38}+1$至$10^{38}-1$的固定精度和小数位的数值数据	5～17 字节
numeric		
money	货币数据，取值为-922 337 203 685 477.5808～922 337 203 685 477.5807	8 字节
smallmoney	货币数据，取值为-214 748.3648～214 748.3647	4 字节
近似数字		
float	浮点数值数据，取值为-1.79E+308～1.79E+308	4～8 字节
real	浮点数值数据，取值为-3.40E+38 ～3.40E+38	4 字节
字符串		
char	固定长度的非 Unicode 字符数据，最大长度为 8 000 个字节	n 字节

表 4-1　SQL Server 2019 支持的常用数据类型

续表

数据类型	说　明	存储
varchar[(n|max)]	可变长度的非 Unicode 字符数据，n 的取值范围最大长度为 8 000 个字节。max 指示最大存储大小是 $2^{31}-1$ 个字节	$n+2$ 字节
text	可变长度的非 Unicode 数据，最大长度为 $2^{31}-1$（2 147 483 647）个字符	≤ 2147483647 字节
Unicode 字符串		
nchar	固定长度的 Unicode 字符数据，最大长度为 4 000 字符	$2n$ 字节
nvarchar[(n|max)]	可变长度 Unicode 字符数据，n 值在 1～4000（含）。max 指示最大存储大小为 $2^{31}-1$ 字节	$2n+2$ 字节
ntext	可变长度的 Unicode 数据，最大长度为 $2^{30}-1$（1 073 741 823）个字符	所输入字符串长度的两倍（以字节为单位）
二进制字符串		
binary	固定长度的二进制数据，最大长度为 4 000 字节	n 字节
varbinary	可变长度的二进制数据，最大长度为 4 000 字节	所输入数据的实际长度 + 2 字节
image	可变长度的二进制数据，最大长度为 $2^{31}-1$（2 147 483 647）个字节	不定
日期和时间		
date	用于定义一个日期，日期从 0001 年 01 月 01 日至 9999 年 12 月 31 日	3 字节
datetime	表示 24 小时制时间的日期，日期从 1753 年 01 月 01 日至 9999 年 12 月 31 日的 24 小时制并带有秒小数部分的日期，时间从 00:00:00 至 23:59:59.999	8 字节
datetime2	表示 24 小时制时间的日期，日期从 0001 年 01 月 01 日至 9999 年 12 月 31 日，时间从 00:00:00 至 23:59:59.9999999	6～8 字节
datetimeoffset	表示 24 小时制并可识别时区的一日内时间相组合的日期	8～10 字节
smalldatetime	表示 24 小时制时间的日期，从 1900 年 1 月 1 日至 2079 年 6 月 6 日，时间精确到分钟	4 字节
time	定义一天中的某个时间，不存储日期	3～5 字节
timestamp	存储唯一的数字，每当创建或修改某行时，该数字会更新。timestamp 值基于内部时钟，不对应真实时间。每个表只能有一个 timestamp 变量	

微课 4-2
使用对象资源管理器
创建与管理表结构

3. 使用对象资源管理器创建学生选课管理数据表

【例 4-1】 按照系部信息表的逻辑结构，创建"学生选课管理"数据库的系部信息表。其他表的创建过程类似，这里不再赘述。

第1步： 启动 SSMS，在对象资源管理器中展开已经创建的"学生选课管理"节点，右击"表"选项，在弹出的快捷菜单中选择"新建"→"表"命令，如图 4-1 所示。

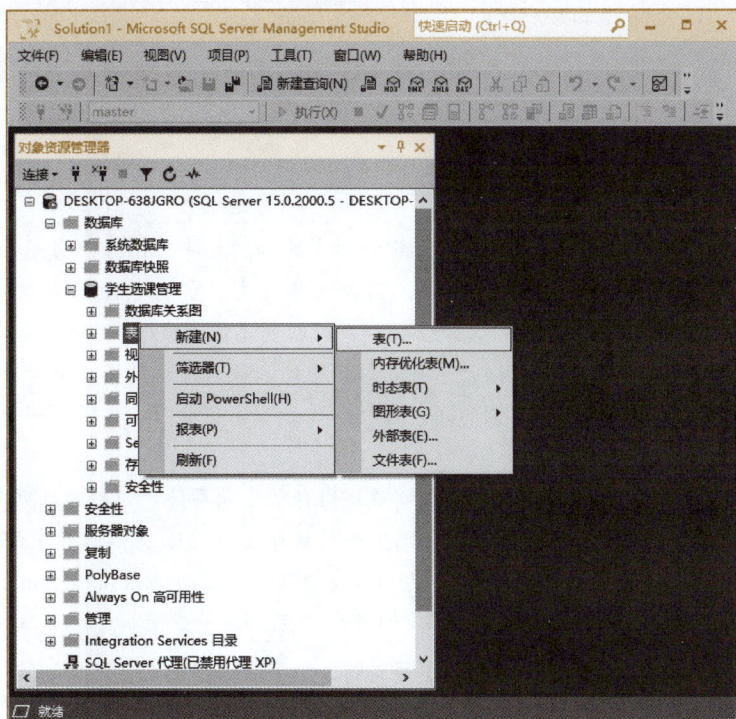

图 4-1
选择"新建"→"表"命令

第2步： 在弹出的表设计器中分别设置各列的列名、数据类型、长度，以及是否允许为空值等属性，如图 4-2 所示。

图 4-2
表的设计

第3步： 单击工具栏中的█按钮，在打开的"选择名称"对话框中输入表名称为"系部信息表"，单击"确定"按钮，如图 4-3 所示。

图 4-3
"选择名称"对话框

🔶 看一看

- "允许 Null 值"选项：该选项的设置很简单，在表设计器中选择"允许 Null 值"复选框，表示该列允许为空值（Null），否则表示不允许为空值。需要注意的是，空值（Null）与零（0）或空格并不相同，空值（Null）表示未输入内容。主键列及标识列不能为空值。
- 为列指定默认值：未向表中的某列输入数据时，将在该列中输入默认值。设置方法为，在表设计器中打开要修改的表，选择要指定默认值的列，在"列属性"选项卡的"常规"→"默认值或绑定"属性中输入默认值。
- "标识规范"选项：当向表中添加新记录时，如果希望某列自动生成存储于列中的序列号，则应设置该列的标识属性。具有标识属性的列包含系统生成的连续值，它唯一标识表中的每一行。每个表只能设置一个列的标识属性。需要注意的是，只能为数据类型为 decimal、numeric、int、smallint、bigint 及 tinyint 的列设置标识属性，且该列不允许空。

4. 使用对象资源管理器实现数据完整性

（1）数据完整性

数据库是一种共享资源，因此，在数据库的使用过程中保证数据的安全、可靠、正确、可用就成为非常重要的问题。数据完整性是指保证数据库中数据的正确性、有效性和相容性，防止错误的数据进入数据库。所谓正确性，是指数据的合法性，例如，一个数值型数据只能含有 0，1，2，3，…，9，不能含其他字符，否则就不正确，便失去完整性。所谓有效性，是指数据是否属于所定义的有效范围。例如，定义年龄的取值范围是 0～60，超过这个范围是无效的。所谓相容性，是指在多用户、多程序共用数据库的条件下，保证更新时不出现与实际不一致的情况。例如，删除了学生信息表中一名学生的信息记录，那么在其他表中这个学生的信息记录也该被删除。

数据完整性分为实体完整性、域完整性、参照完整性和用户定义完整性 4 类。

① 实体完整性。实体是指表中的记录，一个实体就是表中的一条记录。实体完整性要求表中不能存在完全相同的记录，并且每条记录都具有一个非空且不重复的主键值，这样就可以保证数据所代表的任何事物都不重复，从而可以区分。例如，系部信息表中的系部编号必须唯一，且不能为空，这样就可以保证系部记录的唯一性。实体完整性可以通过主键约束、唯一索引、唯一约束和指定 IDENTITY 属性来实现。

② 域完整性。域完整性是指特定列的域的有效性。域完整性要求向表中指定列输入的数据必须具有正确的数据类型、格式及有效的数据范围。例如，在实行百分制的学生成绩表中，对"成绩"列输入数据时不能出现非数字字符，也不能输入小于 0 或大于 100 的数字。实现域完整性的方法主要有 CHECK 约束、外键约束、默认约束、非空约束、规则，以及在建表时设置的数据类型。

③ 参照完整性。参照完整性用于确保关联的表间的数据保持一致，当添加、修改或

删除数据表的记录时，参照完整性可确保表之间的数据一致。例如，在学生信息表中修改了某个学号，则选课信息表中的学号也必须修改。在 SQL Server 2019 中，参照完整性通过 FOREIGN KEY 和 CHECK 约束，以外键与主键之间或外键与唯一键之间的关系为基础，确保键值在所有表中一致。这类一致性要求不引用不存在的值，如果一个键值发生更改，则整个数据库中对该键值的所有引用都要进行一致更改。

④ 用户定义完整性。用户定义完整性可以使用户定义不属于其他任何完整性类别的特定业务规则。所有完整性类别都支持用户定义完整性，包括 CREATE TABLE 中的所有列级约束和表级约束、存储过程及触发器。

（2）约束

约束是 SQL Server 提供的自动保持数据完整性的一种方法，主要包括主键（PRIMARY KEY）约束、唯一（UNIQUE）约束、检查（CHECK）约束、外键（FOREIGN KEY）约束、默认（DEFAULT）约束和非空（NOT NULL）约束等。

① PRIMARY KEY 约束。PRIMARY KEY 约束也称主键约束，指定表的一列或几列组合的值在表中具有唯一性，即能唯一指定一行记录，它能够强制表的实体完整性。主键具有以下特征。

- 每个表只能有一个主键约束。
- 定义主键约束的字段的取值不能重复，且不能取 Null 值。
- 创建主键约束时，SQL Server 会自动创建一个唯一的聚集索引。
- image 和 text 类型的列不能被指定为主键。

微课 4-3
PRIMARY KEY 约束

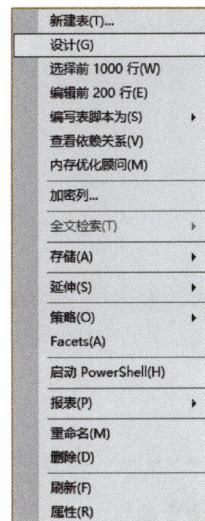

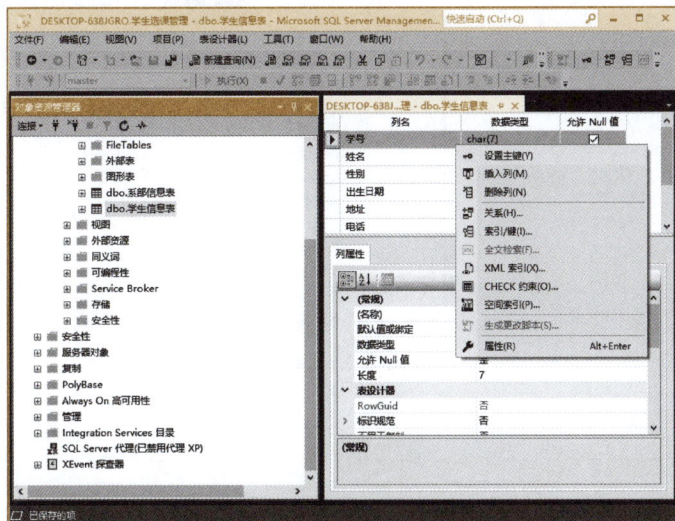

【例 4-2】 使用对象资源管理器将学生信息表中的"学号"字段设置成 PRIMARY KEY 约束，以保证不会出现相同学号的学生。

第1步：启动 SSMS，在对象资源管理器中展开已经创建的"学生选课管理"→"表"节点，右击"dbo.学生信息表"选项，在弹出的快捷菜单中选择"设计"命令，如图 4-4 所示。

第2步：在弹出的界面中选中"学号"列名（如果要选定多个列，则按住 Ctrl 键再单击各列名），右击，在弹出的快捷菜单中选择"设置主键"命令，如图 4-5 所示。

图 4-4
选择"设计"命令

图 4-5
选择"设置主键"命令

第3步： 此时，"学号"列名左侧图标显示为 🔑，单击 💾 按钮，保存对表的修改，如图 4-6 所示。

图 4-6
保存对表的修改

第4步： 刷新对象资源管理器中"表"节点下的"dbo.学生信息表"，依次展开"dbo.学生信息表"→"键"节点，可以看到一个名为"PK_学生信息表"的叶节点，即学生信息表的主键，如图 4-7 所示。

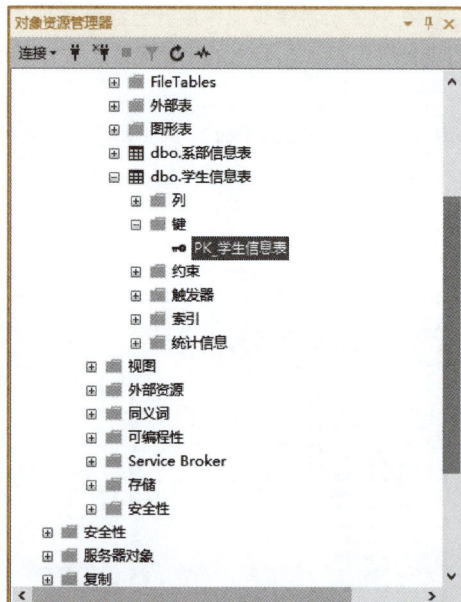

图 4-7
查看学生信息表的主键

说明

若想删除该主键，则右击"PK_学生信息表"，在弹出的快捷菜单中选择"删除"命令即可。

📖 **练一练**

将系部信息表中的"系部编号"设置为主键，将课程信息表中的"课程编号"设置为主键。

② UNIQUE 约束。UNIQUE 约束又称唯一约束，是 SQL Server 数据库引擎强制执行的规则。使用 UNIQUE 约束能够确保在非主键列中不输入重复的值。虽然 PRIMARY KEY 约束及 UNIQUE 约束均强制唯一性，但在以下情况强制唯一性时应使用 UNIQUE 约束。

- 唯一约束主要用于非主键的一列或列组合。
- 一个表允许建立多个唯一约束，但只能建立一个主键约束。
- 允许空值的列。UNIQUE 约束允许 Null 值，这一点与 PRIMARY KEY 约束不同。不过，当与参与 UNIQUE 约束的任何值一起使用时，每列只允许一个空值。

微课 4-4
UNIQUE 约束

【例 4-3】使用对象资源管理器将系部信息表中的"系名"字段设置成唯一约束。

第1步：启动 SSMS，在对象资源管理器中选择"dbo.系部信息表"选项，右击，在弹出的快捷菜单中选择"设计"命令，如图 4-8 所示。

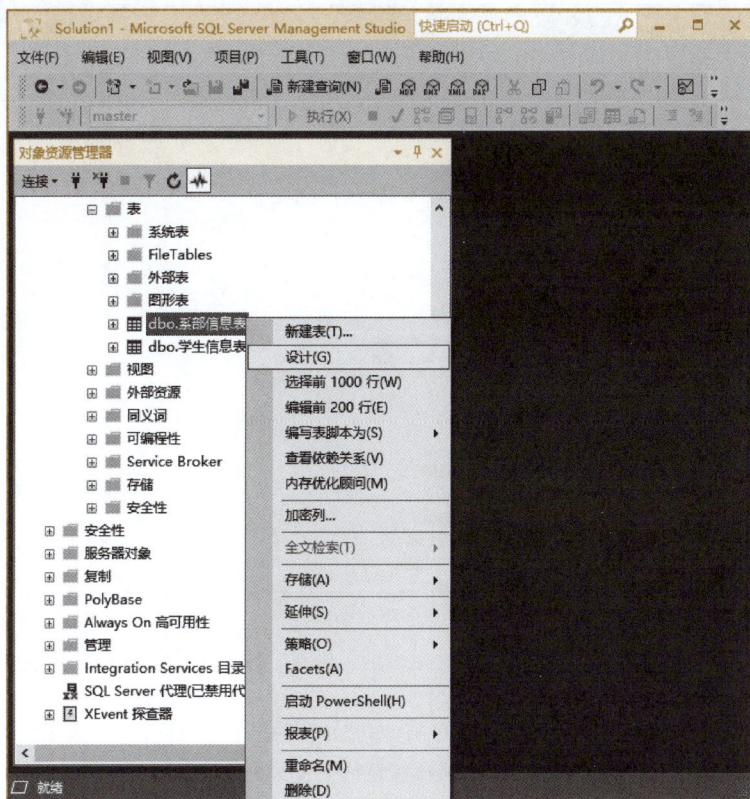

图 4-8
选择"设计"命令

第2步：在表设计器工具栏中，单击"管理索引和键"按钮，如图 4-9 所示。

第3步：在弹出的"索引/键"对话框中，单击"添加"按钮，在右侧"(常规)"节点下，设置"类型"为"唯一键"，"列"为"系名"，单击"关闭"按钮，如图 4-10 所示。

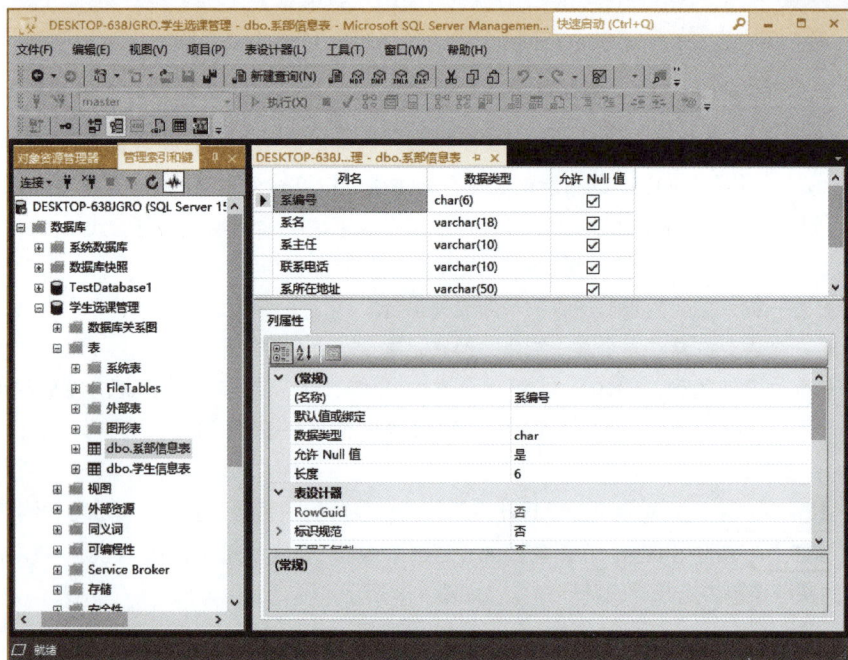

图 4-9
单击"管理索引和键"
按钮

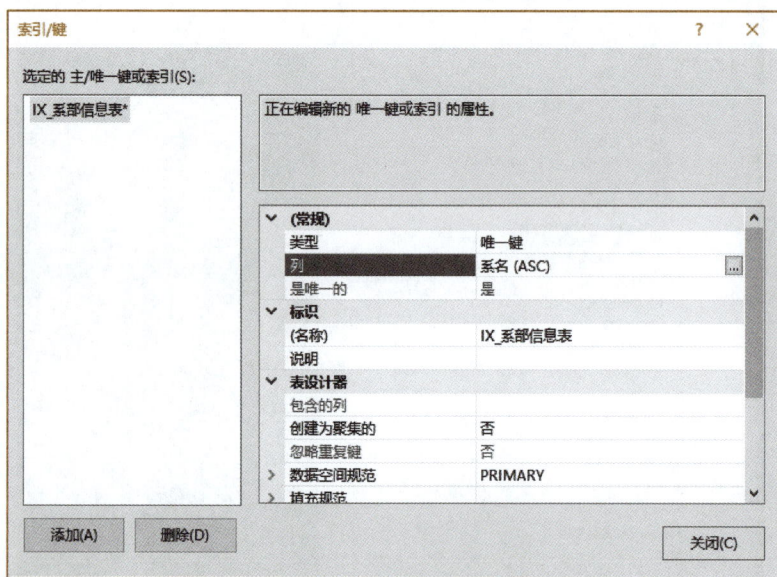

图 4-10
"索引/键"对话框

第4步： 单击"保存"按钮，完成唯一约束的创建。

③ CHECK 约束。CHECK 约束又称检查约束，其通过限制列可接受的值来强制域的完整性。例如，在"学生选课管理"系统中，可以通过创建 CHECK 约束将"成绩"列中的值限制为 0～100 的数，这将防止输入的成绩值超出正常范围。

微课 4-5
CHECK 约束

【例 4-4】 在选课信息表中将"成绩"字段的取值范围设置为 0～100。

第1步： 启动 SSMS，在对象资源管理器中依次展开各节点，右击"dbo.选课信息表"选项，在弹出的快捷菜单中选择"设计"命令，如图 4-11 所示。

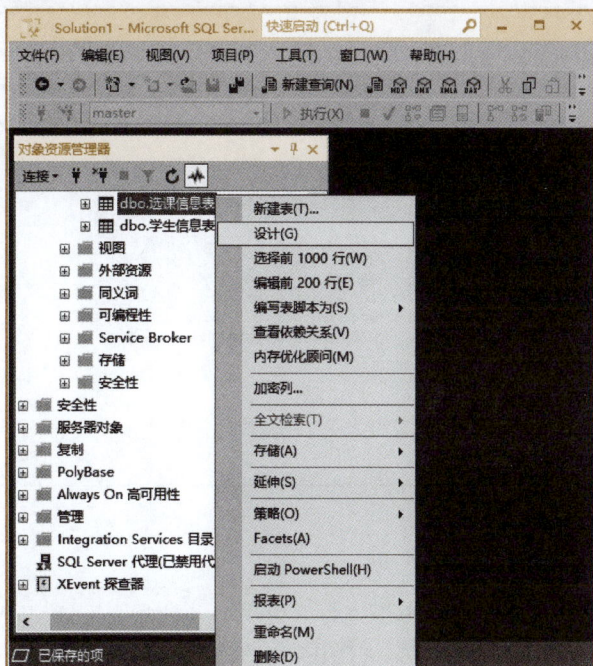

图 4-11
选择"设计"命令

第2步： 在弹出界面的"成绩"列名上右击，在弹出的快捷菜单中选择"CHECK 约束"命令，如图 4-12 所示。

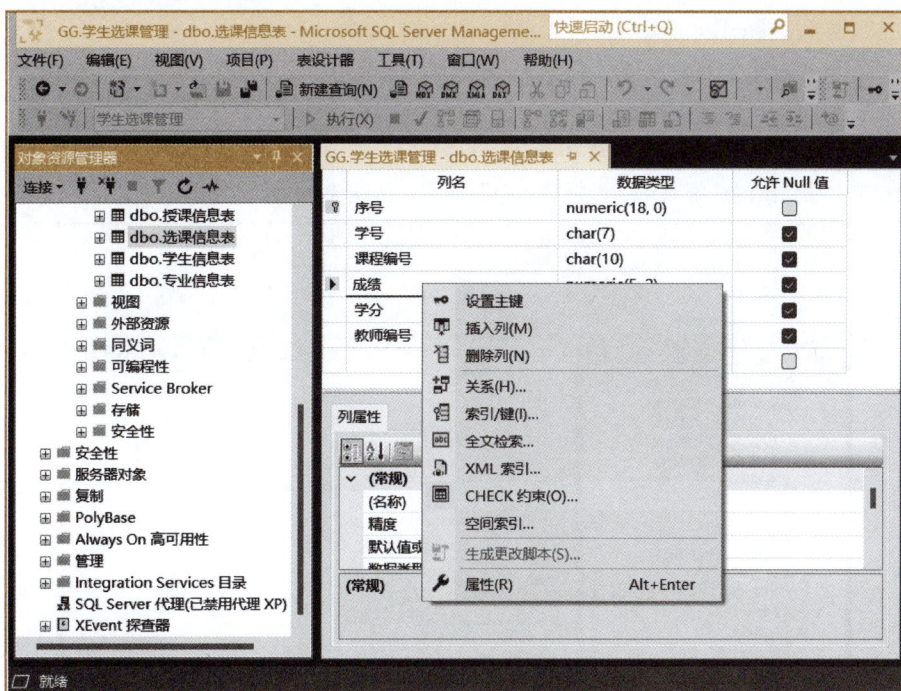

图 4-12
选择"CHECK 约束"
命令

第3步： 在弹出的"检查约束"对话框中单击"添加"按钮，在"表达式"属性框中输入"成绩>=0 AND 成绩<=100"，并为标识命名，设置好后单击"关闭"按钮，如图 4-13 所示。如果要删除约束，选择要删除的约束后，单击"删除"按钮即可。

图 4-13
"检查约束"对话框

看一看

可以将多个 CHECK 约束应用于单列；CHECK 约束不接受计算结果为 FALSE 的值；在添加和修改记录语句时验证 CHECK 约束，删除记录时不验证 CHECK 约束。

微课 4-6
FOREIGN KEY 约束

④ FOREIGN KEY 约束。FOREIGN KEY 约束也称外键约束，外键可由一个或多个列构成，用来实现表与表之间的数据联系，其取值必须参照另一个表（主表）的主键值或唯一性键值。外键的值要么为空，要么是主表的主键值或唯一性键值。外键字段与主键字段的数据类型要一致。

【例 4-5】使用对象资源管理器设置选课信息表中"学号"字段的取值（参照学生信息表中"学号"字段的取值）。

第1步：启动 SSMS，在对象资源管理器中打开选课信息表表结构设计界面，在列名上右击，在弹出的快捷菜单中选择"关系"命令，如图 4-14 所示。

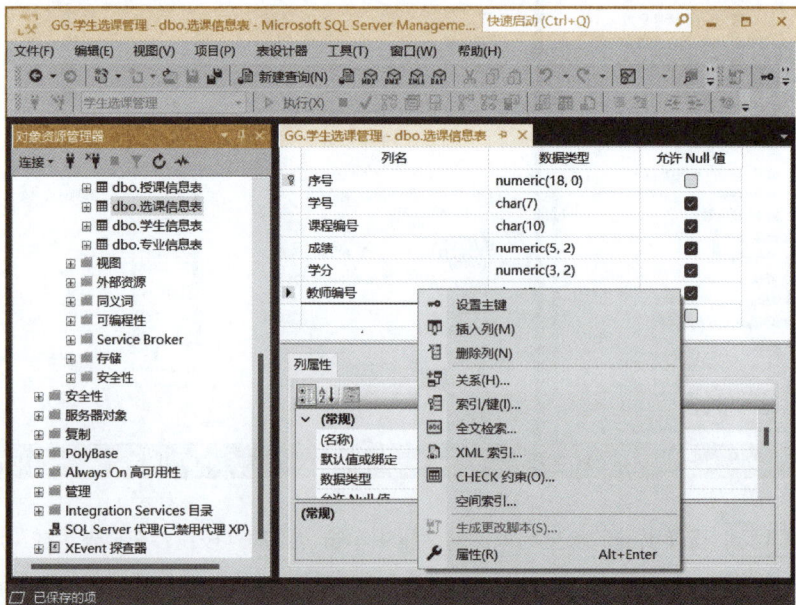

图 4-14
选择"关系"命令

第2步： 在打开的"外键关系"对话框中单击"添加"按钮，如图 4-15 所示。

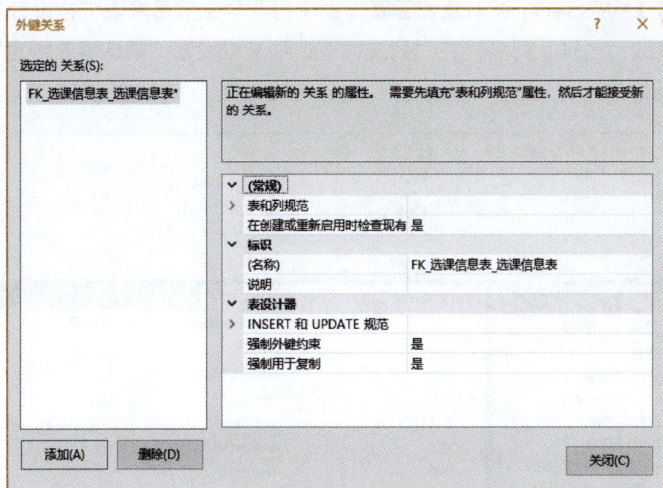

图 4-15
"外键关系"对话框

第3步： 在打开的"定义外键约束"对话框中，单击"表和列规范"后的…按钮，打开"表和列"对话框，如图 4-16 所示。设置"主键表"为"学生信息表"，并在下方的下拉列表框中选择"学号"选项；设置"外键表"为"选课信息表"，并在下方的下拉列表框中选择"学号"选项。这样，两个表便通过"学号"连接起来。

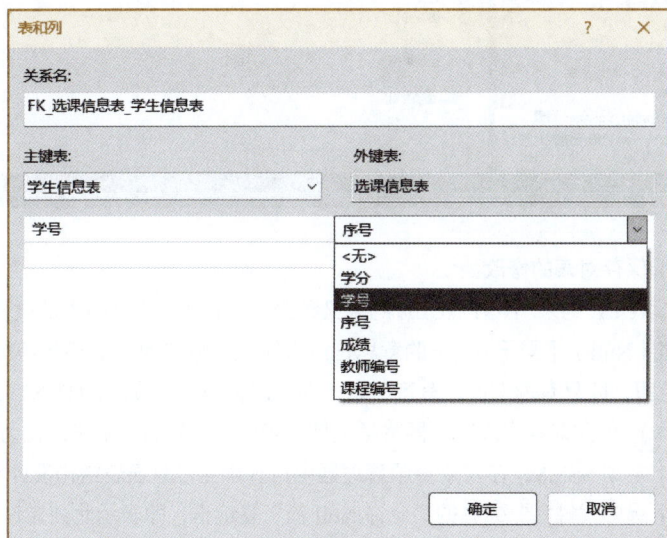

微课 4-7
DEFAULT 约束

图 4-16
"表和列"对话框

⑤ DEFAULT 约束。DEFAULT 约束又称默认约束，通过指定列的默认值来强制实现完整性。在输入数据时，如果该字段没有输入值，则由 DEFAULT 约束提供默认值。

> **说明**
>
> 　　每个字段只能有一个 **DEFAULT** 约束，如果某列上已经有了一个默认约束，那么必须删除旧的默认值，才能添加新的默认值。默认值对于绑定到该列或数据类型上的规则必须是有效的，即该值必须是一个合法的值。默认值对于该列上的检查约束必须是有效的，即在检查约束的指定范围之内。

【例 4-6】 使用对象资源管理器将学生信息表中"性别"字段的默认值设置为"男"。

第1步： 启动 SSMS，在对象资源管理器中打开学生信息表表结构设计界面，选定要设置默认约束的"性别"列名，在"列属性"选项卡中设置"默认值或绑定"为"男"，如图 4-17 所示。

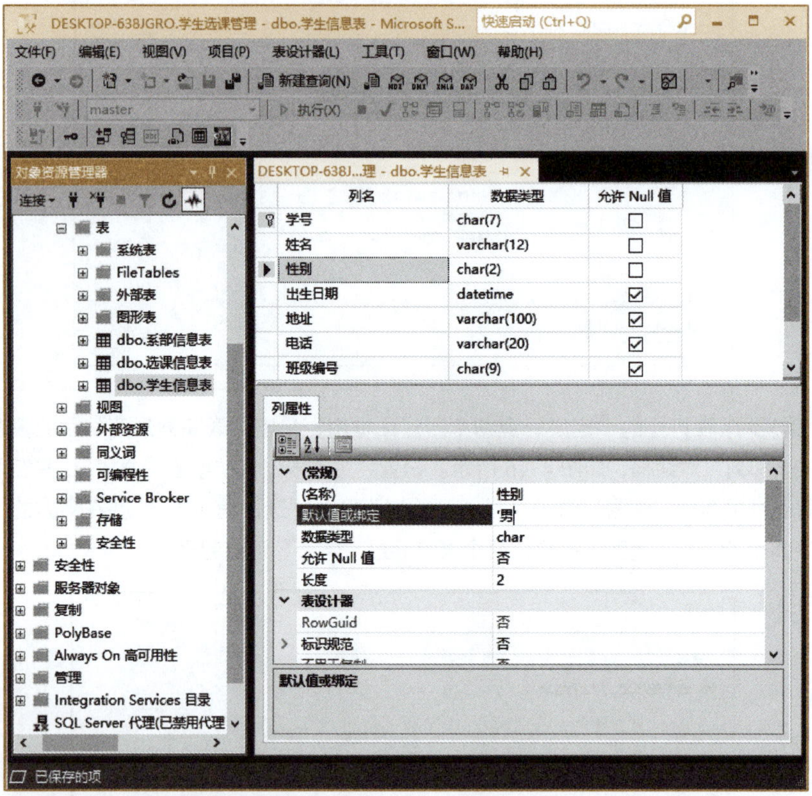

图 4-17
设置"默认值或绑定"

第2步： 保存对表的修改。

⑥ NOT NULL 约束。NOT NULL 约束又称为非空约束。非空约束是指表中的列值不能为空。空值（Null）不同于 0，它的意思是没有输入。NOT NULL 表示不允许为空，当某列不能为空值，即只有输入值才有意义时，则可以将该列设置为 NOT NULL 约束。

【例 4-7】 使用对象资源管理器将学生信息表中的"姓名"字段设置为非空字段。

第1步： 启动 SSMS，在对象资源管理器中打开学生信息表表结构设计界面。

第2步： 选中"姓名"列名的"允许 Null 值"复选框，即表示此列允许为空；否则，就是不允许为空，如图 4-18 所示。

第3步： 保存对表的修改。

微课 4-8
NOT NULL 约束

5．使用对象资源管理器修改表结构

创建数据表后，在使用过程中可能需要对已经定义的表结构进行修改。对一个表结构的修改通常包括增加列、修改已有列的属性（列名、数据类型、是否允许空值）和删除列。

（1）增加列

【例 4-8】 使用对象资源管理器在学生信息表中增加一个"备注"列，设置数据类型为 varchar（150），允许为空。

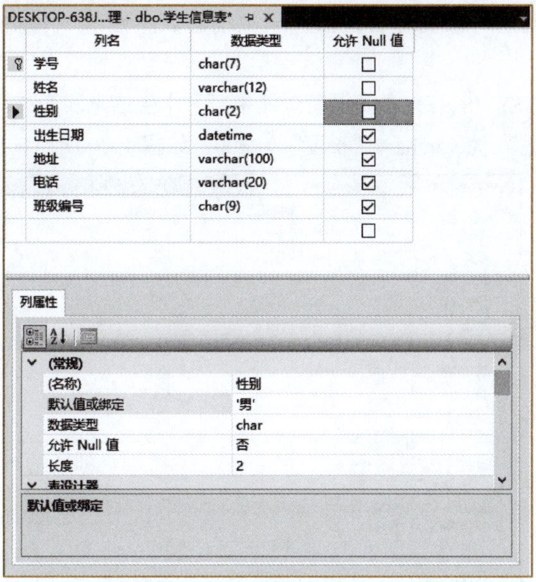

图 4-18
设置字段的 Null 值

第1步： 启动 SSMS，在对象资源管理器中右击"dbo.学生信息表"，在弹出的快捷菜单中选择"设计表"命令。

第2步： 在弹出的设计表界面中单击第一个空白行，设置"列名"为"备注"，"数据类型"为 varchar（150），并选中"允许 Null 值"复选框，如图 4-19 所示。

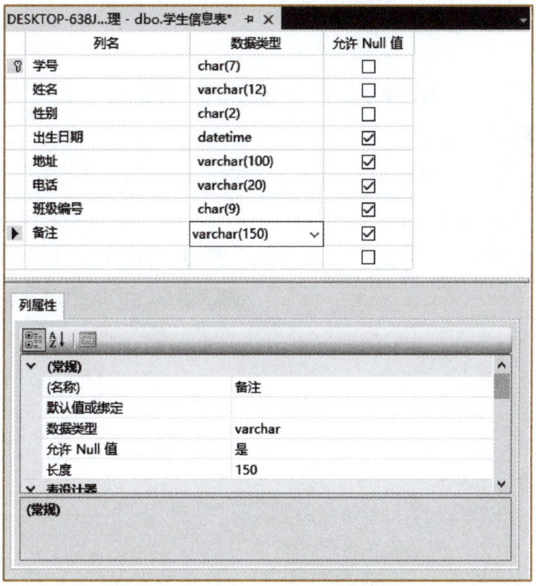

图 4-19
设置增加的"备注"列

第3步： 该方法可向表中添加多个列。当需要添加的列都已设置完毕后，单击工具栏中的"保存"按钮，完成增加列的操作。

（2）修改已有列的属性

在 SQL Server 中可以修改表结构，如更改列名、列的数据类型、长度，以及设置是否允许为空等属性。若表中已经有记录，就不应轻易修改表结构，特别是修改列的数据类型，以免产生错误。

【例 **4-9**】使用对象资源管理器在学生信息表中修改"备注"列的数据类型为 varchar（300）。

第1步：启动 SSMS，在对象资源管理器中打开学生信息表表结构设计界面，修改"备注"列的"数据类型"为 varchar，"长度"为 300，如图 4-20 所示。

图 4-20
修改已有列的属性

第2步：单击工具栏中的"保存"按钮，保存修改结果。

（3）删除列

在 SQL Server 中，被删除的列是不可恢复的。在删除一个列之前，必须保证基于该列的所有索引和约束都已经被删除。

【例 **4-10**】使用对象资源管理器删除学生信息表中的"备注"列。

第1步：启动 SSMS，在对象资源管理器中打开学生信息表表结构设计界面，右击"备注"列名，在弹出的快捷菜单中选择"删除列"命令，如图 4-21 所示。

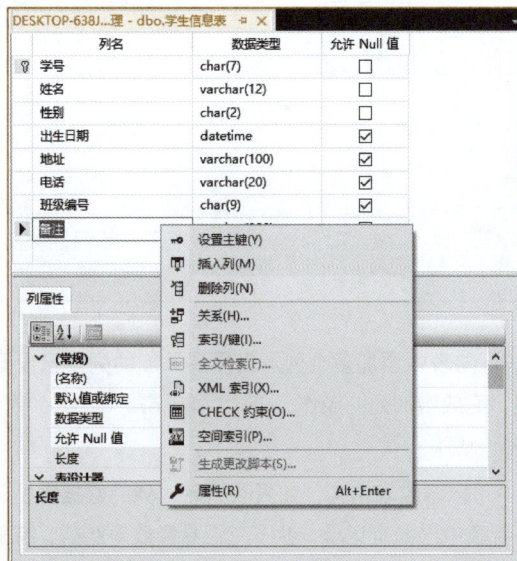

图 4-21
选择"删除列"命令

74

第2步： 单击工具栏中的"保存"按钮，保存修改结果。

4.1.2 使用 T-SQL 命令创建表结构

使用 T-SQL 创建表的命令是 CREATE TABLE，语法格式如下。

```
CREATE TABLE 表名
(
    列名1  数据类型 [列级完整性约束条件],
    列名2  数据类型 [列级完整性约束条件],
    ...
)
```

参数说明如下。

列级完整性约束条件：指 NOT NULL|NULL、PRIMARY KEY、UNIQUE 等。

【**例 4-11**】 用 CREATE TABLE 语句创建"系部信息表"。

```
CREATE TABLE 系部信息表
(
系部编号 CHAR(6) NOT NULL，
系名 VARCHAR(18)，
系主任 VARCHAR(10)，
联系电话 VARCHAR(14)，
系所在地址 VARCHAR(50)
)
```

4.1.3 使用 T-SQL 命令实现数据完整性

在定义数据表时，可以根据需要对某些列及整个表定义一些完整性约束的条件，分别称为列约束和表约束。列约束包含在列的定义中，通常只对该列进行约束；表约束被放在表的最后一个列定义之后，对整个表进行约束。

微课 4-9
使用 T-SQL 命令实现
数据完整性

1. 创建表的同时定义数据完整性约束

语法格式如下。

```
CREATE TABLE 表名
(
    列名 数据类型 [列级完整性约束定义]
    {,列名 数据类型 [列级完整性约束定义]……}
    [,表级完整性定义]
)
```

列级完整性约束定义如下。

- PRIMARY KEY：指定此列为主键。
- UNIQUE：限制此列取值不重复。
- FOREIGN KEY（列名）REFERENCES 表名（列名）：指定此列为外键的列。

- CHECK（条件）：限制此列的取值范围。
- DEFAULT 默认值：提供此列的默认值。
- NOT NULL：限制此列取值非空。

表级完整性约束定义如下。

- PRIMARY KEY（列名[,列名]……）：指定列为主键。
- UNIQUE（列名[,列名]……）：限制列取值不重复。
- FOREIGN KEY (列名[,列名]……) REFERENCES 表名(列名[,列名]……)：指定为外键的列。
- CHECK（条件）：限制列的取值范围。

【例 4-12】 用 T-SQL 命令创建课程信息表，并设置各字段的约束。

```
CREATE TABLE 课程信息表
(
课程编号     CHAR(10)              PRIMARY KEY,
课程名称     VARCHAR(20)  NOT NULL   UNIQUE,
学时         INT              NOT NULL   CHECK(学时>0 AND 学时<216),
学分         NUMERIC(3, 2) NOT NULL   CHECK(学分>=0 AND 学分<=5),
课程类别编号   CHAR(2)       NULL       DEFAULT '01'
)
```

【例 4-13】 用 T-SQL 命令创建课程信息表的同时，通过定义表级约束来实现数据完整性。

```
CREATE TABLE 课程信息表
(
课程编号     CHAR(10),
课程名称     VARCHAR(20)   NOT NULL,
学时         INT              NOT NULL,
学分         NUMERIC(3, 2)  NOT NULL,
课程类别编号   CHAR(2)        NULL        DEFAULT '01',
PRIMARY KEY(课程编号),
UNIQUE(课程名称),
CHECK(学时>0 AND 学时<216),
CHECK(学分>=0 AND 学分<=5)
)
```

【例 4-14】 用 T-SQL 命令创建学生信息表的同时，通过定义表级约束来实现数据完整性。

```
CREATE TABLE 学生信息表
(
学号  CHAR(7) NOT NULL,
```

```
姓名  VARCHAR(10) NOT NULL,
性别  CHAR(2) NOT NULL,
出生日期  DATETIME,
地址  VARCHAR(100),
电话  VARCHAR(20),
班级编号  CHAR(9)
PRIMARY KEY(学号),
FOREIGN KEY(班级编号) REFERENCES  班级信息表(班级编号),
CHECK (性别='男' OR  性别='女')
)
```

2. 修改表时定义或删除数据的完整性约束

语法格式如下。

```
ALTER TABLE  表名
    [ADD CONSTRAINT  约束名  约束类型 (列名[,列名]…)
    |DROP CONSTRAINT  约束名]
```

参数说明如下。

- ALTER TABLE：用于修改用户表。
- ADD CONSTRAINT：用于增加表的约束。
- DROP CONSTRAINT：用于删除表的约束。

【例 4-15】 使用 ALTER TABLE 命令为系部信息表添加主键约束。

```
ALTER TABLE  系部信息表
ADD CONSTRAINT PK_系部  PRIMARY KEY(系部编号)
```

【例 4-16】 使用 ALTER TABLE 命令为课程信息表各字段添加约束。

```
ALTER TABLE  课程信息表
ADD CONSTRAINT PK_课程          PRIMARY KEY(课程编号)
ALTER TABLE  课程信息表
ADD CONSTRAINT UK_课程          UNIQUE(课程名称)
ALTER TABLE  课程信息表
ADD CONSTRAINT CK_课程_学时      CHECK(学时>0 AND  学时<216)
ALTER TABLE  课程信息表
ADD CONSTRAINT CK_课程_学分      CHECK(学分>=0 AND  学分<=5)
```

【例 4-17】 使用 ALTER TABLE 命令为学生信息表各字段添加约束。

```
ALTER TABLE  学生信息表
ADD CONSTRAINT PK_学生  PRIMARY KEY(学号)


ALTER TABLE  学生信息表
ADD CONSTRAINT FK_学生_班级编号
FOREIGN KEY(班级编号) REFERENCES  班级信息表(班级编号)
```

> ALTER TABLE 学生信息表
> ADD CONSTRAINT CK_学生_性别
> CHECK (性别='男' OR 性别='女')

【例 4-18】 使用 ALTER TABLE 命令删除课程信息表各字段的约束。

> ALTER TABLE 课程信息表 DROP CONSTRAINT PK_课程
> ALTER TABLE 课程信息表 DROP CONSTRAINT UK_课程
> ALTER TABLE 课程信息表 DROP CONSTRAINT CK_课程_学时
> ALTER TABLE 课程信息表 DROP CONSTRAINT CK_课程_学分

3. 使用 T-SQL 命令修改表结构

使用 T-SQL 命令修改表结构的语句是 ALTER TABLE。

语法格式如下。

> ALTER TABLE 表名
> ADD 列名 数据类型　NULL|NOT NULL
> | ALTER COLUMN 列名 数据类型 [NULL|NOT NULL]
> | DROP COLUMN 列名

参数说明如下。

- ADD：用于增加新列。
- ALTER COLUMN：用于修改已有的列。
- DROP COLUMN：用于删除列。

【例 4-19】 使用 T-SQL 命令在学生信息表中增加"备注"列，设置数据类型为 VARCHAR（150），允许为空。

> ALTER TABLE 学生信息表 ADD 备注 VARCHAR(150) NULL

【例 4-20】 使用 T-SQL 命令修改学生信息表中已有的列，将"备注"列的数据类型改为 VARCHAR（300）。

> ALTER TABLE 学生信息表 ALTER COLUMN 备注 VARCHAR(300)

【例 4-21】 使用 T-SQL 命令删除学生信息表中的"备注"列。

> ALTER TABLE 学生信息表 DROP COLUMN 备注

子任务 4.2 "学生选课管理"数据库中表记录的操作

对表中的记录进行插入、修改、删除可以使用对象资源管理器或 T-SQL 命令。

4.2.1 使用对象资源管理器操作记录

微课 4-10
引入情境向表中添加
记录

1. 插入记录

【例 4-22】 使用对象资源管理器向学生信息表中插入记录。

第1步： 启动 SSMS，在对象资源管理器中右击"dbo.学生信息表"节点，在弹出的快捷菜单中选择"编辑前 200 行"命令，如图 4-22 所示。

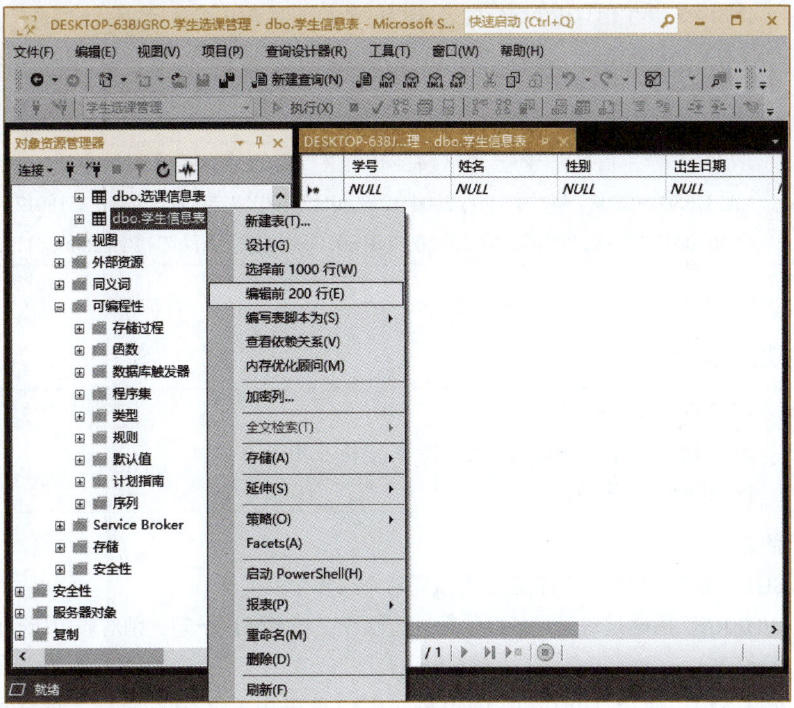

图 4-22
选择"编辑前 200 行"命令

第2步： 如果第一次执行该命令，出现的界面中不显示任何记录，否则会出现数据表中已有的记录。

第3步： 在标有*的一行输入相应的数据即可。

2. 修改记录

在表编辑界面中，直接对要修改的字段值进行修改即可。

3. 删除记录

在表编辑界面中，右击要删除的记录，在弹出的快捷菜单中选择"删除"命令。这时会出现一个警告信息对话框，询问用户是否确定删除该行记录。单击"是"按钮，数据库会永久删除该行记录，无法恢复。如果用户要同时删除多条记录，则配合 Shift 键或 Ctrl 键可以选中多条记录。

4.2.2 使用 T-SQL 命令操作记录

微课 4-11
使用 INSERT 语句插入
记录

1. 使用 INSERT 语句插入记录

语法格式如下。

```
INSERT [INTO] 表名[(列名 1, 列名 2, ……)] VALUES
(列值 1, 列值 2, ……), [, (列值 1, 列值 2, ……)……]
```

参数说明如下。

● VALUES：为列表中的各列指定列值，注意列值的顺序与列名的顺序要一致。

【例 4-23】 使用 INSERT 语句向学生信息表中插入记录。

① 插入一条记录如下。

> INSERT 学生信息表(学号,姓名,性别,出生日期,班级编号,地址,电话)
> VALUES('0301001', '高月', '女', '2000-10-2', '011701001', '上海市', 13012301234)

② 插入多条记录如下。

微课 4-12
使用 UPDATE 语句
修改记录

> INSERT 学生信息表(学号,姓名,性别,出生日期,班级编号,地址,电话)
> VALUES('0302002', '楚兴华', '男', '2000-12-8', '011701001', '吉林省长春市', '13180123456'),
> ('0302001', '李娟', '女', '2000-12-26', '061601009', '辽宁省沈阳市', 13600881122)

2. 使用 UPDATE 语句修改记录

语法格式如下。

> UPDATE 表名
> SET 列名 1=变量|表达式[, 列名 2=变量|表达式……]
> [WHERE 检索条件]

参数说明如下。

- SET：指定要修改列的新值，可以同时修改多个列的值。
- WHERE：指明只对满足条件的行进行修改，若省略该子句，则对表中所有的行进行修改。

【例 4-24】 使用 UPDATE 语句将学生信息表中姓名为"李娟"的学号改为"0402199"，出生日期改为"1998-5-29"。

> UPDATE 学生信息表
> SET 学号='0402199', 出生日期='1998-5-29'
> WHERE 姓名='李娟'

3. 使用 DELETE 语句删除记录

语法格式如下。

> DELETE [FROM] 表名 [WHERE 检索条件]

微课 4-13
引入情境修改与删除表
中记录

参数说明如下。

- WHERE：指明只删除满足条件的行，若省略该子句，则删除表中所有的行。

【例 4-25】 使用 DELETE 语句删除课程信息表中"课程类别编号"为"01"的所有记录。

> DELETE 课程信息表 WHERE 课程类别编号='01'

4. 使用 TRUNCATE TABLE 删除所有行

语法格式如下。

> TRUNCATE TABLE 表名

【例 4-26】 使用 TRUNCATE TABLE 语句删除课程信息表的所有记录。

> TRUNCATE TABLE 课程信息表

子任务 4.3 "学生选课管理"数据库中表的维护

创建完表后，可能需要查看有关表属性的信息和表中的数据。有时，还需要显示表的依赖关系以确定哪些对象（如视图、存储过程及触发器）是由表决定的。在更改表时，相关对象或许会受到影响。当数据库中的某些表失去作用时就需要删除，以释放数据库空间，节省存储介质。这些都是常见的对表的维护操作。

拓展阅读
神舟十五号的任务

4.3.1 使用对象资源管理器维护表

1. 查看表的属性

【例 4-27】 使用对象资源管理器查看学生信息表的属性。

启动 SSMS，在对象资源管理器中展开"学生选课管理"→"表"节点，右击要查看的"dbo.学生信息表"，在弹出的快捷菜单中选择"属性"命令，打开如图 4-23 所示的"表属性-学生信息表"窗口，其中显示了学生信息表的相关属性信息。

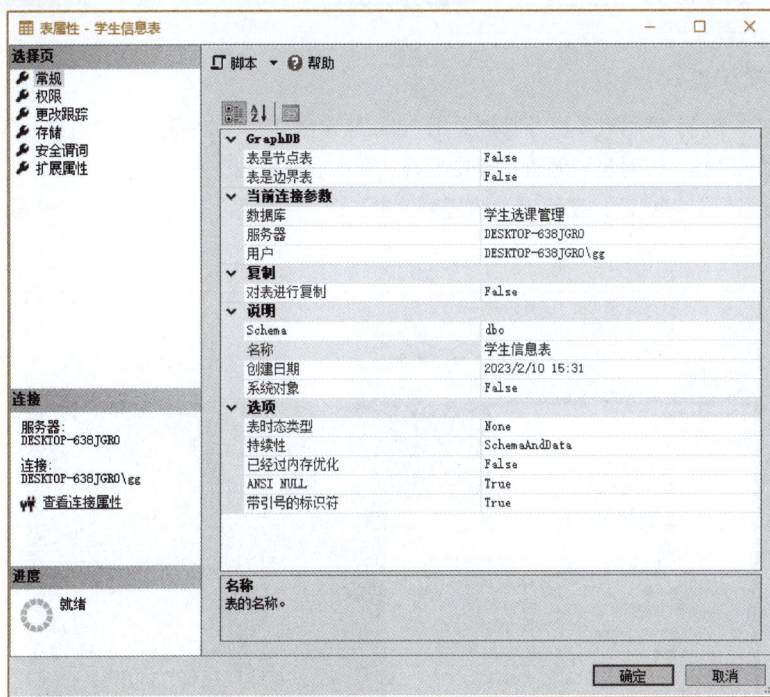

图 4-23
"表属性-学生信息表"窗口

💎 **看一看**

选择"dbo.学生信息表"，右击，在弹出的快捷菜单中选择"查看依赖关系"命令，则显示对象的依赖关系。

2. 查看表的记录

【例 4-28】 使用对象资源管理器查看学生信息表的记录。

启动 SSMS，在对象资源管理器中展开"学生选课管理"→"表"节点，右击要查看的"dbo.学生信息表"，在弹出的快捷菜单中选择"选择前 1000 行"命令，如图 4-24 所示，即可查看表的记录。

图 4-24
选择"选择前 1000 行"
命令

3. 更改表名

【例 4-29】使用对象资源管理器把"dbo.选课信息表"的名称更改为"dbo.选课表"。

启动 SSMS，在对象资源管理器中展开"学生选课管理"→"表"节点，右击要重命名的"dbo.选课信息表"，在弹出的快捷菜单中选择"重命名"命令，即可更改表的名称，如图 4-25 所示。

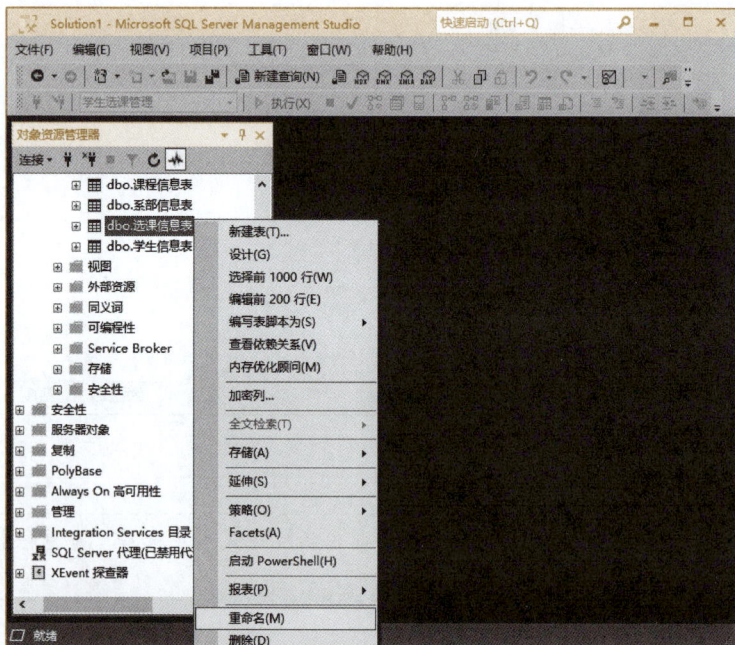

图 4-25
选择"重命名"命令

注意

改变表名后，与其相关的视图、存储过程等将无效，修改须慎重。

4. 删除表

【例 4-30】 使用对象资源管理器删除名为 "dbo.选课信息表" 的表。

启动 SSMS，在对象资源管理器中展开 "学生选课管理" → "表" 节点，右击要删除的 "dbo.选课信息表"，在图 4-25 所示的快捷菜单中选择 "删除" 命令，即可删除该表。

4.3.2 使用 T-SQL 命令维护表

微课 4-14
使用 T-SQL 命令维护表

1. 查看表的属性

使用系统存储过程 SP_HELP 可查看表的属性。

语法格式如下。

```
SP_HELP    表名
```

【例 4-31】 使用 T-SQL 命令查看学生信息表的属性。

```
USE 学生选课管理
GO
EXEC SP_HELP 学生信息表
```

2. 查看表的记录

使用 SELECT 命令可查看表中的记录。

语法格式如下。

```
SELECT  *  FROM   表名
```

【例 4-32】 使用 T-SQL 命令查看学生信息表的记录。

```
USE 学生选课管理
GO
SELECT * FROM 学生信息表
```

3. 更改表名

通过系统存储过程 SP_RENAME 可更改表名。

语法格式如下。

```
SP_RENAME 原表名，新表名
```

【例 4-33】 使用 T-SQL 命令把 sc 表的名称更改为 select_course（先在 "学生选课管理" 数据库中新建一个名为 sc 的表）。

```
USE 学生选课管理
GO
EXEC SP_RENAME sc，select_course
```

4. 删除表

使用 DROP TABLE 语句删除表。

语法格式如下。

DROP TABLE 表名

【例 4-34】 使用 T-SQL 命令删除名为 select_course 的表。

科技.中国 4

```
USE 学生选课管理
GO
DROP TABLE select_course
```

单 元 测 试

一、选择题

1. 执行 "DELETE FROM 学生表 WHERE 姓名列 LIKE '_nnet'" 语句时,下列选项中可能被删除的数据是 (   )。

A. Whyte

B. Carson

C. Annet

D. Hunyer

2. 假设学生表中包含主键列 "学号",执行 "UPDATE 学生表 SET 学号=177 WHERE 学号=188" 语句后的结果可能是 (   )。

A. 修改了多行数据

B. 没有修改数据

C. 删除了一行不符合要求的数据

D. T_SQL 语法错误,不能执行

3. 假设表 A 中存在大量数据,表 B 是需要使用的数据表,因此需要将表 A 中的数据完全复制到表 B 中,下列方法中最好的是 (   )。

A. 重新在新的数据库表中输入数据

B. 使用数据转换服务的输出功能将原来的数据保存为文本文件,再将文本文件复制到新的数据库中

C. 使用 "INSERT INTO [新的表名] SELECT [旧的表名]" 插入语句进行数据添加

D. 使用 TRUNCATE TABLE 语句进行数据删除

4. 下列选项中,执行数据删除语句后,在运行时不会产生错误信息的是 (   )。

A. DELETE * FROM ABC WHERE ASS='6'

B. DELETE FROM ABC WHERE ABC='6'

C. DELETE ABC WHERE ASS='6'

D. DELETE ABC SET ASS='6'

5. 要删除表 ABC 中的数据,使用 TRUNCATE TABLE ABC 语句的运行结果是 (   )。

A. 表 ABC 中的约束依然存在

B. 表 ABC 被删除

C. 表 ABC 中的数据被删除了一半,再次执行时,将删除剩下的一半

D. 表 ABC 中不符合要求的数据被删除,而符合要求的数据依然保留

6. 假设 ABC 表中,A 列为主键,且为自动增长标识列,同时还有 B 列和 C 列,所有列的数据类型都是整数,目前还没有数据,则执行插入数据的 T-SQL 语句 INSERT ABC(A,B,C) VALUES(1,2,3)的运行结果是(   )。

A. 插入数据成功，A 列的数据为 1

B. 插入数据成功，A 列的数据为 2

C. 插入数据成功，B 列的数据为 3

D. 插入数据失败

7. 关于主键约束，下列说法错误的是（   ）。

A. 创建 PRIMARY KEY 约束时，SQL Server 会自动创建一个唯一的聚集索引

B. 每个表只能定义一个 PRIMARY KEY 约束

C. 主键约束只能用于表级

D. 定义了 PRIMARY KEY 约束的字段的取值不能重复，且不能取 NULL 值

8. 外键约束也称 FOREIGN KEY 约束，是指一个表（或从表）的一个列或列组合的取值必须参照另一个表的主键值或唯一性键值，外键的值可以是（   ）。

A. 空值　　　　　　　　　　B. 引用表的某个主键值

C. 引用表的唯一键值　　　　D. 以上都可以

9. 空值 Null 是（   ）值。

A. 空字符串　　　　　　　　B. 不知道、不确定

C. 引用表的唯一键值　　　　D. 以上都可以

10. 定义数据表时，若要求某一列的值是唯一的，则应在定义时使用（   ）。

A. NULL　　　　B. NOT NULL　　　　C. DISTINCT　　　　D. UNIQUE

二、填空题

1. 数据完整性是指保证数据库中数据的_____、_____、_____，防止错误的数据进入数据库。

2. 表是由一系列的行和列组成的，每创建一列，必须指定该列的_____，以限制该列的长度，从而保证数据的完整性。

单 元 实 训

1. 基本技能要求

① 使用 SSMS 在"活期存款"数据库中，创建储户表、储蓄所表和存取款单表，见表 4-2～表 4-4。在创建表的同时，按照要求创建数据完整性约束。

单元实训指导 4
"学生选课管理"数据库
中表的创建与维护

表 4-2　储户表

列名	数据类型	长度	空值否	主键	外键
账号	int	4	否	是	
姓名	varchar	10	否		
电话	varchar	15	是		
地址	varchar	15	是		
存款额	money	8	是		

列名	数据类型	长度	空值否	主键	外键
储蓄所编号	int	4	否	是	
名称	varchar	15	否		
电话	varchar	15	是		
地址	varchar	15	是		

表 4-3 储蓄所表

列名	数据类型	长度	空值否	主键	外键
序号	numeric	18	否	该列自动增长，由 1 开始，每次增加 1	
账号	int	4	否		是
储蓄所编号	int	4	否		是
存取日期	datetime	8	否		
存取代码	int	4	否	创建 CHECK 约束，取值为 0 或 1	
存取金额	money	8	是		

表 4-4 存取款单表

② 使用 SSMS 在储户表、储蓄所表及存取款单表中，插入如表 4-5～表 4-7 所示的记录。

账号	姓名	电话	地址	存储额
10010	赵晓丹	15104441239	宽城花园	5000
10011	张明	18611111111	怡众名城	20000
10012	李然	15988888888	学府世家	2000
10013	李丹	13177777777	阳光城	3000
10014	王意	13655555555	阳光城	4000

表 4-5 储户表的记录

储蓄所编号	名称	电话	地址
211011	第一大街一所	85334696	第一大街 429 号
211012	第一大街二所	85324567	第一大街 229 号
211013	第一大街三所	85166666	第一大街 29 号

表 4-6 储蓄所表的记录

序号	账号	储蓄所编号	存取日期	存取代码	存取金额
1	10010	211011	2014-2-1	1	1000
2	10011	211011	2016-7-12	1	1500
3	10012	211011	2016-3-1	1	1800
4	10013	211013	2015-2-1	1	1600
5	10013	211013	2016-9-21	1	1200
6	10014	211013	2013-10-11	1	1000
7	10014	211013	2014-2-1	0	1000

表 4-7 存取款单表的记录

③ 使用 SSMS 练习表中记录的增加、修改和删除。

2. 拓展技能要求

使用 T-SQL 命令完成基本技能要求的全部操作。

专业能力测评表

（在□中打√，A——掌握，B——基本掌握，C——未掌握）

业务能力	评价指标	自测结果	备注
"学生选课管理"数据库中表结构的创建与管理	1. 使用对象资源管理器创建与管理表结构	□A □B □C	
	2. 使用 T-SQL 命令创建表结构	□A □B □C	
	3. 使用 T-SQL 命令实现数据完整性	□A □B □C	
"学生选课管理"数据库中表记录的操作	1. 使用对象资源管理器操作记录	□A □B □C	
	2. 使用 T-SQL 命令操作记录	□A □B □C	
"学生选课管理"数据库中表的维护	1. 使用对象资源管理器维护表	□A □B □C	
	2. 使用 T-SQL 命令维护表	□A □B □C	
其他		□A □B □C	
教师评语：			
成绩		教师签字	

任务 5 学生选课管理数据的查询

知识目标

- 掌握 SELECT 语句的语法结构及使用。
- 理解和掌握连接查询、嵌套查询及联合查询的方法。

能力目标

- 熟练使用 SELECT 语句进行单表和多表的数据检索。
- 能够对查询结果集进行排序、数据分组及统计。
- 熟练使用连接查询和嵌套查询。

素养目标

- 深化学生对党的二十大精神中"完善产权保护、市场准入、公平竞争、社会信用等市场经济基础制度，优化营商环境"等重要内容的认识和理解，使学生意识到依法治国的重要性。
- 鼓励学生利用专业知识和技能积极参与社会建设，服务人民群众，为社会和谐稳定作出贡献，培养他们的社会责任感和奉献精神。

【情境描述】

　　数据录入员小王已经为"学生选课管理"数据库中的学生信息表录入完数据，教务处需要他提供出生日期在 2005 年之后的学生名单，他不想逐一进行查询，于是请教了精通数据库知识的小张。小张在查询编辑器中执行了一条 SELECT 语句，就得到了所要求的数据。

【任务分解】

　　从上述情境描述中可见，用户根据自己的需要查看一个表或者多个表中的数据，就要用到查询功能。数据查询是常见的操作之一，它用来描述如何从数据库中获取所需要的数据。SQL Server 2019 提供了强大的查询功能，本任务主要介绍从表中检索数据、数据分组、统计查询、连接查询及嵌套查询等知识，需要从"学生选课管理"数据库中按要求查询各种数据。这里对该任务进行分解，共包括以下两个子任务。

- "学生选课管理"数据的基本查询。
- "学生选课管理"数据的高级查询。

5.1.1 使用 SELECT 查询数据

数据查询是通过 SELECT 语句实现的。通过执行 SELECT 语句，就能够将存储在表中的信息显示出来。

SELECT 语句语法格式如下。

> SELECT [DISTINCT][TOP N][PERCENT] 选取的列
>
>   [INTO 新表名]
>
>   FROM 表或视图
>
>   [WHERE 条件表达式]
>
>   [GROUP BY 分组表达式]
>
>   [HAVING 条件表达式]
>
>   [ORDER BY 排序表达式 [ASC|DESC]]

参数说明如下。

- 选取的列：用于指定要查询的数据表中的列。
- DISTINCT：从查询的输出结果中消除重复行。
- TOP N：从查询结果集中输出前 N 行。如果指定 PERCENT，则从结果集中输出前 N%行。
- INTO 子句：用于将查询结果生成一个新表。
- FROM 子句：用于指定要查询的数据表或视图。
- WHERE 子句：用于指定查询的条件，条件表达式一般由属性列、运算符及常量组成，由 AND 或 OR 连接多个条件表达式。
- GROUP BY 子句：用于将结果集按分组表达式进行分组。
- HAVING 子句：用于指定组或集合的搜索条件，一般与 GROUP BY 一起使用。
- ORDER BY 子句：用于指定结果集中行排列的顺序。其中，ASC 表示升序排列，DESC 表示降序排列。

1. 查询表中全部列数据

在 SELECT 语句中，可以使用*号来选择表中的全部列数据。

语法格式如下。

> SELECT * FROM 数据源

【例 5-1】查询学生信息表的全部数据。

> SELECT * FROM 学生信息表

2. 查询表中指定的列数据

【例 5-2】查询学生信息表中学生的学号及姓名，结果如图 5-1 所示。

> SELECT 学号,姓名 FROM 学生信息表

拓展阅读
天眼查

微课 5-1
使用 SELECT 查询数据

微课 5-2
引入情境查询时选择与
设置列

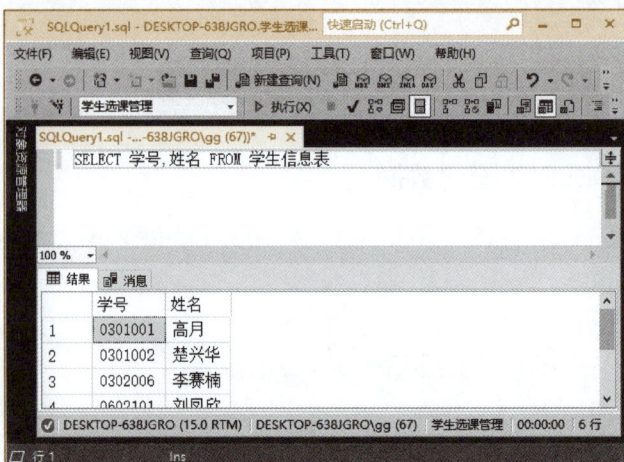

图 5-1
查询指定的列数据

> **说明**
>
> 指定列名有两种形式：列名或表名.列名。

练一练

编写 SELECT 语句，显示系部信息表中所有记录的系名及联系电话，结果如图 5-2 所示。

	系名	联系电话
1	信息工程系	13812345678
2	机电工程系	13600002345
3	经济管理系	85181861

图 5-2
查询指定的列数据

3. 查询带计算的列

【例 5-3】查询选课信息表中学生的学号、课程编号、成绩及提高 5 分后的成绩，结果如图 5-3 所示。

```
SELECT 学号,课程编号,成绩,成绩+5 FROM 选课信息表
```

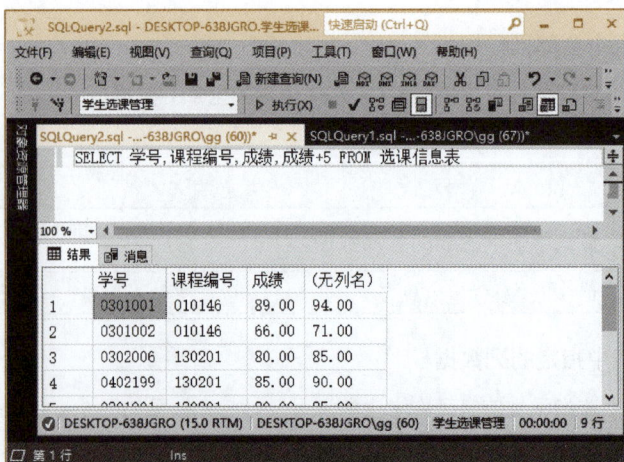

图 5-3
查询带计算结果的列

4. 使用常量的查询

【例 5-4】查询学生信息表中学生的学号及姓名，如图 5-4 所示。

> SELECT '学号:'+学号，姓名 FROM 学生信息表

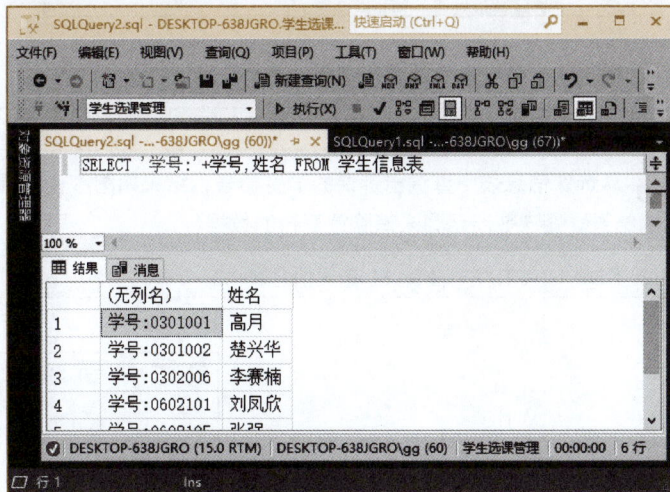

图 5-4
在查询中使用常量

注意

在查询中使用常量，要用单引号括起来。

练一练

应用 SELECT 语句完成下面功能：查询系部信息表中的系部编号及系名，要求结果显示形式如图 5-5 所示。

图 5-5
练习在查询中使用常量

5. 设置字段别名

给字段设置别名，改变列标题有以下 3 种方法。

- SELECT 列标题=列名 [,列名……] FROM 数据源。
- SELECT 列名 列标题 [,列名……] FROM 数据源。
- SELECT 列名 AS 列标题 [,列名……] FROM 数据源。

【例 5-5】查询学生信息表中学生的姓名及学号，结果如图 5-6 所示。

> SELECT 姓名,学号如下=学号 FROM 学生信息表
>
> SELECT 姓名,学号 学号如下 FROM 学生信息表
>
> SELECT 姓名,学号 AS 学号如下 FROM 学生信息表

	姓名	学号如下
1	高月	0301001
2	楚兴华	0301002
3	李赛楠	0302006
4	刘凤欣	0602101

图 5-6
改变列标题

【例 5-6】查询学生信息表中前两位学生的信息。

```
SELECT TOP 2 * FROM 学生信息表
```

【例 5-7】从选课信息表中查询已选课的学生学号，结果如图 5-7 所示，即消除表中重复数据后的结果。图 5-8 所示为未消除重复行的数据。

```
SELECT DISTINCT 学号 FROM 选课信息表
```

	学号
1	0301001
2	0301002
3	0302006
4	0402199
5	0602101
6	0602199

图 5-7
消除重复行的数据

	学号
1	0301001
2	0301001
3	0301002
4	0301002
5	0302006
6	0302006
7	0402199
8	0602101
9	0602199

图 5-8
未消除重复行的数据

微课 5-3
引入情境时查询结果排序

6. 排序查询

在 SELECT 语句中，可使用 ORDER BY 子句对查询结果按照一列或多列进行排序，可以按升序（使用 ASC 关键字）或者降序（使用 DESC 关键字）进行排列。默认情况下，结果集按升序进行排列。在 ORDER BY 子句中，可以按多个属性值对查询结果进行排序，在此情况下，系统将根据 ORDER BY 子句中指定的排序字段对查询结果进行排序。

【例 5-8】从选课信息表中查询所有学生的选课情况，并按课程编号进行升序排列。

```
SELECT * FROM 选课信息表 ORDER BY 课程编号
```

练一练

使用 SELECT 语句从系部信息表中查询所有系部的信息，并按系部编号进行降序排列。

5.1.2 使用 WHERE 子句

微课 5-4
使用 WHERE 子句

在 SELECT 语句中，使用 WHERE 子句能够有条件地检索行，使其精确地返回所需要的信息。在 WHERE 子句中可以使用的运算符见表 5-1。

查找条件的类型	应用的运算符及使用的关键字
比较运算	= 、> 、< 、<> 、>= 、<= 、!= 、!< 、!>
范围运算	BETWEEN…AND…　　NOT BETWEEN…AND…
模式匹配	LIKE、NOT LIKE
是否空值	IS NULL、 IS NOT NULL
逻辑运算	NOT、AND、OR
列表运算	IN、NOT IN

表 5-1　WHERE 子句中可以使用的运算符

1. 比较运算

【例 5-9】从课程信息表中查询学分在 1～2 分的课程信息。

SELECT * FROM 课程信息表 WHERE 学分>=1 AND 学分<=2

2. 范围运算

【例 5-10】使用范围运算符从课程信息表中查询学分在 1～2 分的课程信息。

SELECT * FROM 课程信息表 WHERE 学分 BETWEEN 1 AND 2

微课 5-5
引入情境查询时选择行

📖 练一练

在 SELECT 语句中应用 BETWEEN 关键字查询课程信息表中课程学时数为 80～96 的课程编号及课程名称。

3. 模式匹配

【例 5-11】查询学生信息表中所有姓"李"的学生信息。

SELECT * FROM 学生信息表 WHERE 姓名 LIKE '李%'

LIKE 关键字可以使用如表 5-2 所示的通配符。

通 配 符	描 述	示 例
%	包含 0 个或更多字符的任意字符串	WHERE 商品名称 LIKE '%电%'：用于查找处于商品名称任意位置的包含文字"电"的所有信息
_（下画线）	任何单个字符	WHERE 小类编号 LIKE '0001_'：用于查找小类编号为 0001 开头的字段长度为 5（如 00012、00015 等）的所有信息
[ ]	指定范围（[a～f]）或集合（[abcdef]）中的任何单个字符	WHERE 小类编号 LIKE '0001[5-7]'：用于查找小类编号以 0001 开头的尾数介于 5～7 的任何单个字符（如 00015、00016、00017）的所有信息
[^]	不属于指定范围	WHERE 商品名称 LIKE '电子[^计]%'：用于查找商品名称以"电子"开始的且其后的文字不为"计"的所有信息

表 5-2　通配符

📖 练一练

在 SELECT 语句中应用 LIKE 关键字完成下面的查询：显示课程信息表中课程名称包含"程序"的课程信息，结果如图 5-9 所示。

结果	消息				
	课程编号	课程名称	学时	学分	课程类别编号
1	010158	B/S模式程序设计	32	1.00	02
2	010272	游戏程序设计	96	2.00	01
3	060314	JSP程序设计	80	2.00	01

图 5-9
使用 LIKE 关键字查询数据后的
结果

4. 是否为空值

【例 5-12】查询学生信息表中"电话"不为空值的数据。

SELECT * FROM 学生信息表 WHERE 电话 IS NOT NULL

练一练

查询选课信息表中成绩为空值的数据。

5. 逻辑运算

【例 5-13】查询课程信息表中"学分"为 2 且课程类别编号为"01"的数据。

SELECT * FROM 课程信息表 WHERE 学分=2 AND 课程类别编号='01'

【例 5-14】查询课程信息表中"学时"数为 96 或 80，且课程名称中包含"程序"的课程信息。

SELECT * FROM 课程信息表
WHERE (学时=96 OR 学时=80) AND 课程名称 LIKE '%程序%'

练一练

查询课程信息表中课程类别编号不是"01"的课程信息。

6. 列表运算

列表运算符[NOT] IN 要求查询时表达式的值（不）在列表项中。列表运算符 IN 类似于逻辑 OR，可以用比较运算符（＝）来表达，而 NOT IN 则可以使用比较运算符（＜＞）和逻辑运算符（AND）表达。

【例 5-15】查询课程信息表中"学时"为 96 或 80 的课程信息。

SELECT * FROM 课程信息表 WHERE 学时 IN (96,80)

相当于：

SELECT * FROM 课程信息表 WHERE 学时=96 OR 学时=80

5.1.3　使用 INTO 子句

使用 SELECT INTO 子句能够将结果输出到一个表中，而不是输出到结果集中。

【例 5-16】使用 SELECT INTO 语句创建一个新学生信息表，将学生信息表中的学号、姓名写入新学生信息表中。

SELECT 学号,姓名 INTO 新学生信息表 FROM 学生信息表

> **说明**
>
> SELECT INTO 可以将几个表或视图中的数据组合成一个表。

练一练

应用 SELECT INTO 语句完成下面的查询：从选课信息表中查询除课程编号是 130201 的选课信息，并按学号以升序方式存储到"选课表02"中，如图 5-10 所示。

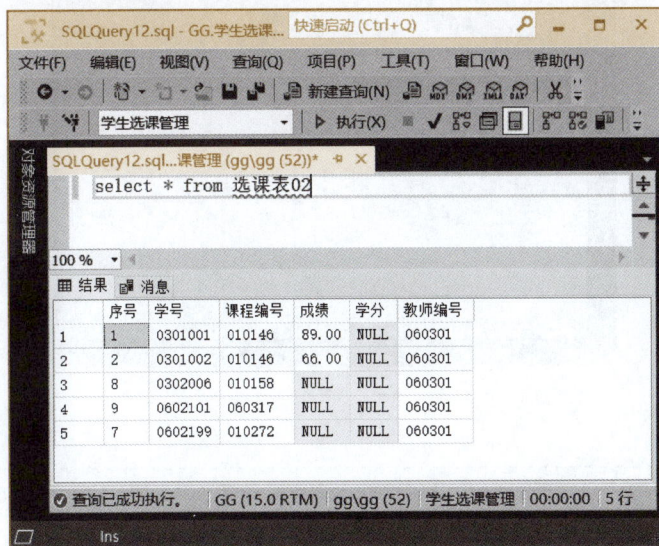

图 5-10
由一个结果集创建新表

5.1.4 使用聚合函数

用户经常需要对结果集进行统计，如求和、求平均值、求最大值、求最小值、求个数等，这些统计可以通过聚合函数、COMPUTE 子句、GROUP BY 子句来实现。聚合函数的功能是对整个表或者表中的列进行汇总、计算、求平均值或求总和，常用的聚合函数及功能见表 5-3。

微课 5-6
使用聚合函数

微课 5-7
引入情境使用聚合函数

表 5-3 常用的聚合
函数及功能

函数格式	功能
COUNT([DISTINCT|ALL]<列名>)	计算某列值的个数
AVG([DISTINCT|ALL]<列名>)	计算某列值的平均值
MAX ([DISTINCT|ALL]<列名>)	计算某列值的最大值
MIN ([DISTINCT|ALL]<列名>)	计算某列值的最小值
SUM ([DISTINCT|ALL]<列名>)	计算某列值的和

若指定 DISTINCT，则表示在计算时将取消指定列中的重复值。若不指定 DISTINCT 或指定 ALL（默认值为 ALL），则表示不取消重复值。

【例 5-17】查询学生信息表中学生的总人数。

> SELECT COUNT(*) FROM 学生信息表

【例 5-18】 查询选课信息表中学生成绩的平均分、最高分和最低分，如图 5-11 所示。

> SELECT AVG(成绩) AS 平均成绩, MAX(成绩) AS 最高分, MIN(成绩) AS 最低分
> FROM 选课信息表

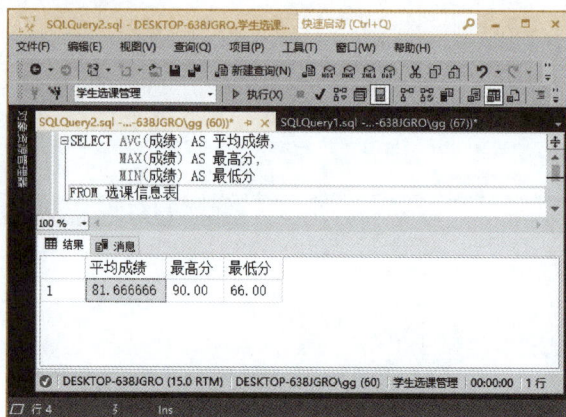

图 5-11
在查询语句中使用聚合函数

练一练

在 SELECT 语句中应用 COUNT 完成下面的查询：从选课信息表中查询课程编号为 130201 课程的选修人数。

提示：该语句中除使用 COUNT 外，还应使用 WHERE 条件语句。

5.1.5　使用 GROUP BY 与 HAVING 子句对查询结果分组

微课 5-8
使用 GROUP BY 与
HAVING 子句对查询结
果分组

利用 GROUP BY 子句可以快速地将查询结果按指定的字段进行分组。GROUP BY 子句常与聚合函数一同使用，对每个分组统计出一个结果。

注意

SELECT 子句中出现的列包含在聚合函数中或 GROUP BY 子句中，否则 SQL Server 将返回错误信息。

HAVING 子句用于指定组或聚合的搜索条件，对 GROUP BY 子句的分组进行过滤，就如同 WHERE 子句对 SELECT 子句进行过滤一样。HAVING 子句不能单独与 SELECT 语句一同使用，必须与 GROUP BY 子句组合使用。

语法格式如下。

> GROUP BY 列名 [HAVING 筛选条件表达式]

1. 未使用 HAVING 子句

微课 5-9
引入情境查询数据时分
组与汇总

【例 5-19】 查询选课信息表中每门课程的选修次数，如图 5-12 所示。

> SELECT 课程编号, COUNT(课程编号) AS 选修次数 FROM 选课信息表
> GROUP BY 课程编号

图 5-12
未使用 HAVING 子句的 SELECT
查询

练一练

查询选课信息表中每名学生的选修次数，结果如图 5-13 所示。

图 5-13
每名学生的选修次数查询结果

2. 使用 HAVING 子句

【例 5-20】查询选课信息表中被两名以上学生选修的课程编号及选修人数，如
图 5-14 所示。

```
SELECT 课程编号,COUNT(课程编号) AS 选修人数 FROM 选课信息表
GROUP BY 课程编号 HAVING COUNT(课程编号)>=2
```

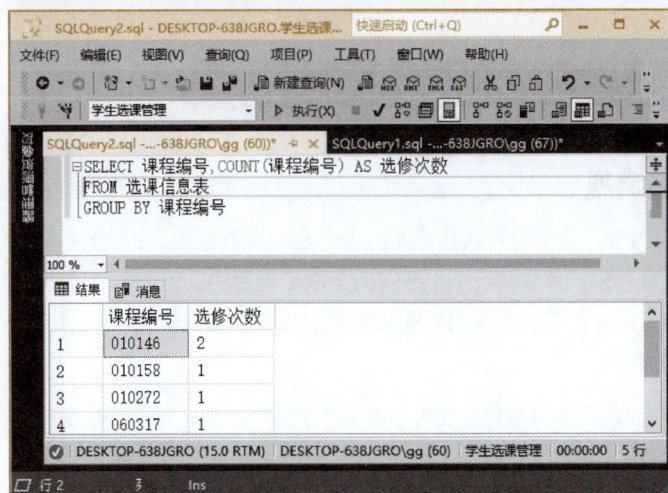

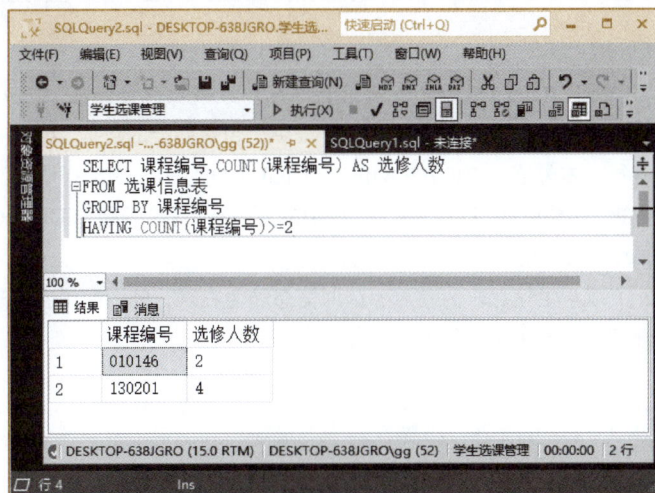

图 5-14
使用 HAVING 子句的 SELECT
查询

99

微课 5-10
连接查询

子任务 5.2　"学生选课管理"数据的高级查询

5.2.1　连接查询

在实际应用中，经常需要从数据库的多个表中提取数据，T-SQL 能够将存储在不同表中的数据联系起来。通常情况下，在规范化的数据库中，一个表不可能表现某一实体的全部信息，连接操作能够将有关的表连接起来以存取它们的信息。

语法格式如下。

SELECT 表名.目标列表达式 [AS 别名] [,表名.目标列表达式 [AS 别名]…]

FROM 左表名 [AS 别名] 连接类型 JOIN 右表名 [AS 别名]

ON 连接条件

参数说明如下。

微课 5-11
引入情境进行内连接查询

- 连接类型包括内连接、外连接（分为左外连接、右外连接及完全连接）及交叉连接。
- ON：指出连接的条件，由被连接表中的列和比较运算符、逻辑运算符等构成。

1.　内连接

内连接（INNER JOIN，默认连接）使用比较运算符根据每个表共有列的值匹配两个表中的行。

【例 5-21】 使用内连接的方式从学生信息表及选课信息表中查询学生的学号、姓名、课程号及成绩。

SELECT 学生信息表.学号,姓名,课程编号,成绩

FROM 选课信息表

INNER JOIN 学生信息表

ON 学生信息表.学号=选课信息表.学号

2.　外连接

外连接（OUTER JOIN）可分为左外连接、右外连接及完全连接。左外连接（LEFT JOIN 或 LEFT OUTER JOIN）指明无论第二个表中是否有匹配的数据，结果中都将包括第一个表中的所有行。右外连接 RIGHT JOIN 或 RIGHT OUTER JOIN 指明无论第一个表中是否有匹配的数据，结果中都将包括第二个表中的所有行。完全连接（FULL JOIN 或 FULL OUTER JOIN）的结果包括两个表中的所有行。

【例 5-22】 以学生信息表为左表、选课信息表为右表，分别使用左外连接、右外连接和完全连接查询学生的学号、姓名、课程号和分数。

① 使用左外连接查询，如图 5-15 所示。

SELECT　a.学号,a.姓名,b.课程编号,b.成绩

FROM　　学生信息表 a LEFT OUTER JOIN 选课信息表 b

ON　　　a.学号=b.学号

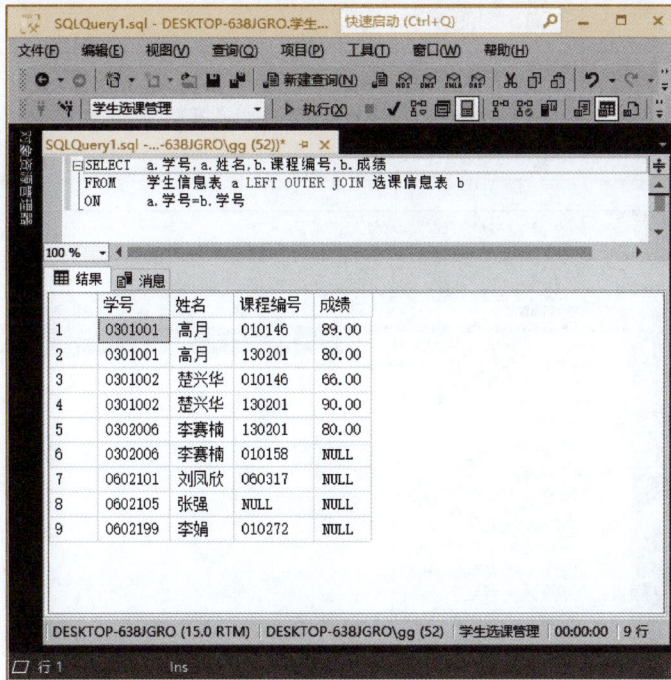

图 5-15
使用左外连接查询

② 使用右外连接查询，如图 5-16 所示。

SELECT   a.学号, a.姓名, b.课程编号, b.成绩
FROM   学生信息表 a RIGHT OUTER JOIN 选课信息表 b
ON   a.学号=b.学号

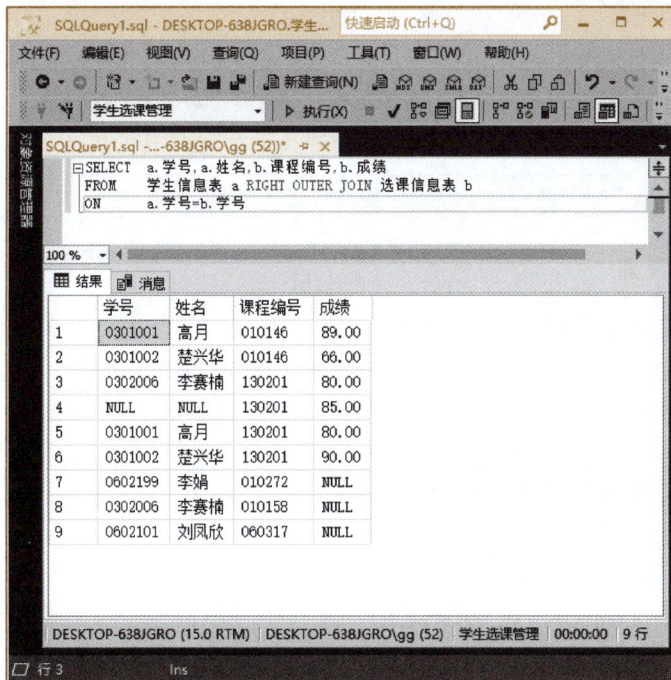

图 5-16
使用右外连接查询

101

③ 使用完全连接查询，如图 5-17 所示。

> SELECT　a.学号,a.姓名,b.课程编号,b.成绩
>
> FROM　　学生信息表 a FULL OUTER JOIN 选课信息表 b
>
> ON　　　a.学号=b.学号

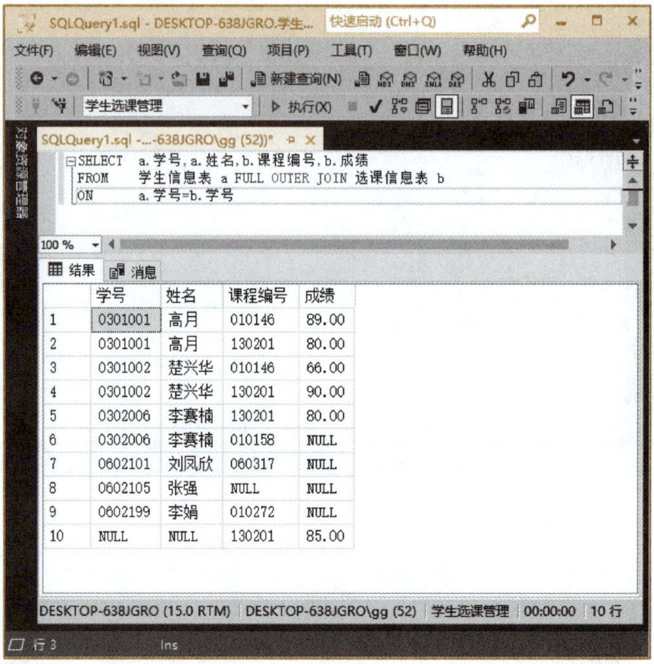

图 5-17
使用完全连接查询

3. 交叉连接

交叉连接（CROSS JOIN，也称为笛卡儿积）返回的结果集为左表中的每一行与右表中所有行的组合，行数等于两个表行数的乘积，列数等于两个表列数的和。

【例 5-23】 使用交叉连接查询学生信息表及选课信息表中的数据。

> SELECT * FROM 学生信息表 CROSS JOIN 选课信息表

5.2.2　子查询

微课 5-12
使用 IN 的子查询

子查询又称嵌套查询，是一个嵌套在 SELECT、INSERT、UPDATE、DELETE 语句或其他子查询中的查询。任何允许使用表达式的地方都可以使用子查询。子查询也称为内部查询或内部选择，而包含子查询的语句称为外部查询或外部选择。

子查询的 SELECT 查询总是使用圆括号括起来，基本的子查询有以下 3 种。

- 使用 IN 或 NOT IN 的子查询。
- 使用比较运算符的子查询。
- 使用 EXISTS 的子查询。

1. 使用 IN 或 NOT IN 的子查询

使用 IN 后的子查询返回 0 个或多个值，子查询结果返回后，外部查询即可利用这些结果。IN 子查询用于判断一个给定值是否存在于子查询结果集中。其中，当表达式与子

查询结果表中的某个值相等时，返回 TRUE；否则，返回 FALSE。若使用了 NOT，则返回的值刚好相反。

【例 5-24】 使用子查询检索学生信息表中已选课程编号为 130201 的学生学号、姓名。

```
SELECT  学号,姓名 FROM 学生信息表
WHERE 学号 IN
    ( SELECT  学号 FROM 选课信息表 WHERE 课程编号='130201' )
```

2. 使用比较运算符的子查询

在带有比较运算符的子查询中，子查询的结果是一个单值。父查询通过比较运算符将父查询中的一个表达式与子查询的结果（单值）进行比较，若表达式的值与子查询结果比较后，运算的结果为 TRUE，则父查询中的"表达式 比较运算符（子查询）"条件表达式返回 TRUE，否则返回 FALSE。常用的比较运算符有=、>、<、>=、<=、<>、!>、!<、!=。

【例 5-25】 使用子查询检索选修了课程编号为 130201 课程且成绩高于该课程平均分的学生信息。

```
SELECT * FROM 学生信息表
WHERE 学号 IN (
    SELECT 学号  FROM 选课信息表
    WHERE 成绩>(SELECT AVG(成绩) FROM 选课信息表 WHERE 课程编号='130201')
        AND 课程编号='130201')
```

3. 使用 ANY 或 ALL 及比较运算符的子查询

当子查询中返回单值时，可以使用比较运算符，而使用 ANY 或 ALL 运算符时，需要同时使用比较运算符，如>ANY 或<ANY 等。在使用 ANY 或 ALL 运算符的子查询中，子查询的结果是一个结果集。ANY、ALL 与比较运算符的应用见表 5-4。

微课 5-13
使用 ANY 或 ALL 及
比较运算符的子查询

运算符 ANY	说明	运算符 ALL	说明
>ANY	大于子查询结果中的某个值	>ALL	大于子查询结果中的所有值
<ANY	小于子查询结果中的某个值	<ALL	小于子查询结果中的所有值
>=ANY	大于或等于子查询结果中的某个值	>=ALL	大于或等于子查询结果中的所有值
<=ANY	小于或等于子查询结果中的某个值	<=ALL	小于或等于子查询结果中的所有值
<>ANY	显示全部数据,包括子查询中的所有数据	<>ALL	不等于子查询结果中的所有值

表 5-4 ANY、ALL
与比较运算符的应用

【例 5-26】 查询未曾被学生选修的课程编号及课程名。

```
SELECT 课程编号,课程名 FROM 课程信息表
WHERE 课程编号<>ALL(SELECT 课程编号 FROM 选课信息表)
```

微课 5-14
使用 EXISTS 的子查询

微课 5-15
引入情境使用 EXISTS
的子查询

4. 使用 EXISTS 的子查询

当使用 EXISTS 关键字引入一个子查询时，相当于进行一次存在测试。外部查询的 WHERE 子句测试子查询返回的行是否存在。子查询实际上不产生任何数据，它只返回 TRUE 或 FALSE 值。

【例 5-27】查询已被学生选修过的课程的课程编号及课程名称。

```
SELECT 课程编号,课程名称 FROM 课程信息表
WHERE EXISTS (
    SELECT    *
    FROM      选课信息表
    WHERE     选课信息表.课程编号=课程信息表.课程编号
    )
```

想一想

若将例 5-27 的程序语句修改成如下形式，是否会产生正确的结果？为什么？
SELECT 课程编号,课程名 FROM 课程信息表
WHERE 课程编号<>ANY(SELECT 课程编号 FROM 选课信息表)

注意

使用 EXISTS 引入的子查询与其他子查询的不同之处如下。

① EXISTS 关键字前面没有列名、常量或其他表达式。

② 由 EXISTS 引入的子查询的选择列表通常由星号（*）组成的。因为只是测试是否存在符合子查询中指定条件的行，所以并不需要列出列名。

【例 5-28】查询一门课程也未选修的学生的学号、姓名。

```
SELECT 学号,姓名 FROM 学生信息表
WHERE NOT EXISTS(
        SELECT * FROM 选课信息表
        WHERE 学生信息表.学号=学号
    )
```

5.2.3　联合查询

联合查询指两个或多个 SELECT 语句通过 UNION 运算符连接起来的查询。联合查询将 SELECT 查询结果合并成一个结果集。使用 UNION 组合的结果集要求具有相同的结构，而且它们的列数应相同，相应的结果集列的数据类型也必须兼容。

【例 5-29】查询选课信息表中选修了课程编号为 010146 或 130201 课程的学生的学号、课程编号和成绩。

```
SELECT 学号,课程编号,成绩 FROM 选课信息表 WHERE 课程编号='010146'
UNION
```

> **SELECT** 学号，课程编号，成绩 **FROM** 选课信息表 **WHERE** 课程编号='130201'

使用 UNION 时应注意以下内容。

- UNION 中的所有选择列表必须具有相同的列数、相似的数据类型。
- 列名来自第一个 SELECT 语句。
- 在合并结果时，将从结果集中删除重复行。如果使用 ALL 关键字，则结果集中包含所有行。

科技·中国 5

单 元 测 试

一、选择题

1. 使用 SQL 语句进行查询操作时，若查询结果中不出现重复元组，则应在 SELECT 子句中使用的保留字是（　　）。

    A. EXITS　　　　　　B. ALL　　　　　　C. EXCEPT　　　　　D. DISTINCT

2. 与 WHERE Age BETWEEN 15 AND 20 完全等价的是（　　）。

    A. WHERE Age>15 AND Age<20　　　　　　B. WHERE Age>=15 AND Age<20

    C. WHERE Age>15 AND Age<=20　　　　　D. WHERE Age>=15 AND Age<=20

3. 表示职称为副教授，同时性别为男的表达式为（　　）。

    A. 职称='副教授' OR 性别='男'　　　　　　B. 职称='副教授' AND 性别='男'

    C. BETWWEEN '副教授' AND 性别='男'　　D. IN（'副教授','男'）

4. 要查找课程中含"基础"的课程名称，不正确的条件表达式是（　　）。

    A. 课程名称 like '%[基础]%'　　　　　　B. 课程名称='%[基础]%'

    C. 课程名称 like '%[基]础%'　　　　　　D. 课程名称 like '%[基][础]%'

5. 在 SQL 中，下列涉及空值的操作不正确的是（　　）。

    A. Age IS NULL　　　　　　B. Age IS NOT NULL

    C. Age=NULL　　　　　　　D. NOT(Age IS NULL)

6. 在 SQL 中，对输出结果排序的语句是（　　）。

    A. GROUP BY　　　　　B. ORDER BY　　　　C. WHERE　　　　　D. HAVING

7. 在 SQL 中，谓词 EXISTS 的含义是（　　）。

    A. 全称量词　　　　　B. 存在量词　　　　　C. 自然连接　　　　D. 等值连接

8. 在 SELECT 语句中使用*，表示（　　）。

    A. 选择任何属性　　B. 选择全部属性　　C. 选择全部元组　　D. 选择主码

二、填空题

1. 用 SELECT 进行模糊查询时，可以使用 LIKE 或 NOT LIKE 匹配符。在条件值中，可以使用_____或_____等通配符来配合查询。

2. SQL Server 聚合函数有求最大值、求最小值、求和、求平均值及统计个数等，它们分别是 MAX、_____、_____、AVG 和 COUNT。

3. HAVING 子句与 WHERE 子句相似，区别在于，WHERE 子句作用的对象是_____，HAVING 子句作用的对象是_____。

单 元 实 训

1. 基本技能要求

① 查询储户表中存款额为 2000～5000 元的所有储户的账号、姓名和存款额。

② 假定存取款单表中账号为 10011 的储户办理了一年期存款业务，请查询该储户存款到期后的利息（假定一年期存款年利率为 3.6%）。

③ 查询储户表中联系电话为空的储户记录。

④ 查询储户表中存款额最高的两名储户的信息。

⑤ 使用子查询检索储户表中存款额高于平均存款额的所有储户的信息。

⑥ 统计储户表中储户存款的最高金额、最低金额和平均金额。

⑦ 统计各地区储户平均存款额超过 3000 元的地区、储户数和平均存款额。

⑧ 使用 SELECT INTO 语句将储户表中的所有记录写入新储户表中。

⑨ 使用子查询检索储户表中有哪些储户在存取款单表中存在储蓄业务。

单元实训指导 5
学生选课管理数据的
查询

2. 拓展技能要求

在 SQL Server 数据库中，可以使用 PIVOT 和 UNPIVOT 关系运算符将表值表达式更改为另一个表。PIVOT 通过将表达式某一列中的唯一值转换为输出中的多个列来旋转表值表达式，并在必要时对最终输出中所需的任何其余列值执行聚合。UNPIVOT 与 PIVOT 执行相反的操作，将表值表达式的列转换为列值。请读者上网查询相关知识，自主学习。

专业能力测评表

（在□中打√，A——掌握，B——基本掌握，C——未掌握）

业务能力	评价指标	自测结果	备注
"学生选课管理"数据的基本查询	1. 使用 SELECT 查询数据	□A　□B　□C	
	2. 使用 WHERE 子句	□A　□B　□C	
	3. 使用 INTO 子句	□A　□B　□C	
	4. 使用聚合函数	□A　□B　□C	
	5. 使用 GROUP BY 与 HAVING 子句对查询结果分组	□A　□B　□C	
"学生选课管理"数据的高级查询	1. 连接查询	□A　□B　□C	
	2. 子查询	□A　□B　□C	
	3. 联合查询	□A　□B　□C	
其他			
教师评语：			
成绩		教师签字	

任务 6 "学生选课管理" 数据库的视图、索引的创建与管理

知识目标

- 理解视图和索引的概念与作用。
- 了解索引的类型与特点。
- 掌握视图和索引的创建、查看、修改和删除方法。

能力目标

- 能够创建和维护数据库的视图。
- 能够创建和维护数据库的索引。

素养目标

- 坚定文化自信，弘扬科学精神和追求卓越的精神，激励青年学生学习和追求卓越。
- 深刻理解党的二十大报告中强调的：强化经济、重大基础设施、金融、网络、数据、生物、资源、核、太空、海洋等安全保障体系建设。充分认识对敏感数据采取相应的技术保护措施，是履行数据安全保护的义务。

【情境描述】

在"学生选课管理"数据库中经常用到学号、姓名、系部名称、课程名称、成绩等字段，这些字段涉及学生信息表、系部信息表和选课信息表。小张在做数据查询测试时发现查询响应速度太慢，而且多数查询语句都要进行3个表的连接，非常麻烦。作为一个有经验的数据开发员，小张创建了一个学生成绩视图，该视图定义了查询经常要使用的字段列，并为视图创建了一个索引，以加快查询响应的速度。

【任务分解】

从上述情境描述中可见，当用户所需要的数据分散在多个表中时，定义视图可以将它们集中在一起，以方便用户进行数据查询和处理。视图中的数据可以来源于多个表（或视图），一个视图相当于一个虚拟表。索引可以加快数据的查询与处理速度，提供了快速访问数据的途径。本任务主要介绍视图和索引的概念、作用，以及创建、查看、修改及删除等操作。本任务需要完成"学生选课管理"数据库的视图和索引的创建与管理，这里对该任务进行分解，共包括以下两个子任务。

- "学生选课管理"数据库中视图的创建与管理。
- "学生选课管理"数据库中索引的创建与管理。

6.1.1 使用对象资源管理器创建与管理视图

微课 6-1
认识视图

1. 视图的概念

视图是另一种查看数据表中数据的方法，视图中的数据可以来源于一个或多个表，如图 6-1 所示，视图是由两个表组成。视图中的数据也可能来自另外的视图。

视图与表不同，视图是一个虚表，即视图所对应的数据不进行实际存储，这些数据仍存放在原来的基表中。当修改视图中的数据时，相应基表的数据也会发生变化。同时，如果基表的数据发生变化，从视图中查询出的数据也会随之改变。

	学号	姓名	性别	出生日期	地址	电话	班级编号
1	0301001	高月	女	1997-10-02 00:00:00.000	上海市	13012301234	011301001
2	0301002	楚兴华	男	1996-12-08 00:00:00.000	吉林省长春市	13180123456	011301001
3	0302006	李赛楠	男	1997-02-23 00:00:00.000	四川省成都市	13656885522	011301002
4	0602101	刘凤欣	女	1998-07-23 00:00:00.000	北京市	13901011789	061201009
5	0602105	张强	男	1998-05-28 00:00:00.000	江苏省苏州市	13905121234	061201009
6	0602199	李娟	女	1998-05-29 00:00:00.000	辽宁省沈阳市	13600881122	061201009

结果 **消息**

	学号	姓名	课程编号	成绩
1	0301001	高月	010146	89.00
2	0301002	楚兴华	010146	66.00
3	0302006	李赛楠	130201	80.00
4	0301001	高月	130201	80.00
5	0301002	楚兴华	130201	90.00
6	0602199	李娟	010272	NULL
7	0302006	李赛楠	010158	NULL

	序号	学号	课程编号	成绩	学分	教师编号
1	1	0301001	010146	89.00	NULL	060301
2	2	0301002	010146	66.00	NULL	060301
3	3	0302006	130201	80.00	NULL	060302
4	4	0402199	130201	85.00	NULL	010101

图 6-1
视图

2. 视图的优点

使用视图有很多优点，主要表现在以下几个方面。

- 为用户集中数据，简化用户的数据查询和处理操作。有时，用户需要的数据分散在多个表中，定义视图可将它们集中在一起，从而方便用户的数据查询和处理。
- 简化用户权限的管理，同时便于数据共享。只需要授予用户使用视图的权限，而不必指定用户使用表的特定列，提高了安全性。另外，用户不必定义和存储自己所需的数据，可共享数据库的数据，相同的数据只需要存储一次。

拓展阅读
数据安全

3. 视图的分类

（1）标准视图

标准视图组合了一个或多个表中的数据，大多数视图的应用都是在此基础上进行的。

（2）索引视图

索引视图是被具体化了的视图。用户可以为视图创建索引，即对视图创建一个唯一的聚集索引。索引视图可以显著提高某些类型查询的性能，尤其适于聚合许多行的查询，但不太适于经常更新的基本数据集。

（3）分区视图

分区视图在一台或多台服务器间水平连接一组成员表中的分区数据，使人们对数据的处理如同操作一个表一样。分区视图分为本地分区视图和分布式分区视图。连接同一个 SQL Server 实例中的成员表的视图是本地分区视图。如果视图在服务器间连接表中的数据，则它是分布式分区视图。

微课 6-2
使用对象资源管理器创建与管理视图

4. 创建视图

【例 6-1】创建视图 Select_Course_View1，要求能够显示学生的学号、姓名、课程编号和成绩。

> **说明**
>
> 视图 Select_Course_View1 完成的功能需要从两个表中提取数据，分别为学生信息表（见图 6-2）和选课信息表（见图 6-3）。

图 6-2
学生信息表

	学号	姓名	性别	出生日期	地址	电话	班级编号
1	0301001	高月	女	1997-10-02 00:00:00.000	上海市	13012301234	011301001
2	0301002	楚兴华	男	1996-12-08 00:00:00.000	吉林省长春市	13180123456	011301001
3	0302006	李赛楠	女	1997-03-02 00:00:00.000	四川省成都市	13656885522	011301002
4	0602101	刘凤欣	女	1998-07-23 00:00:00.000	北京市	13901011789	061201009
5	0602105	张强	男	1998-05-28 00:00:00.000	江苏省苏州市	13905121234	061201009
6	0602199	李娟	女	1998-05-29 00:00:00.000	辽宁省沈阳市	13600881122	061201009

图 6-3
选课信息表

	序号	学号	课程编号	成绩	学分	教师编号
1	1	0301001	010146	89.00	NULL	060301
2	2	0301002	010146	66.00	NULL	060301
3	3	0302006	130201	80.00	NULL	060302
4	4	0402199	130201	85.00	NULL	010101
5	5	0301001	130201	80.00	1.00	060302
6	6	0301002	130201	90.00	NULL	060302
7	7	0602199	010272	NULL	NULL	060301
8	8	0302006	010158	NULL	NULL	060301
9	9	0602101	060317	NULL	NULL	060301

第1步： 启动 SSMS，在对象资源管理器中，右击"学生选课管理"数据库中的"视图"节点，在弹出的快捷菜单中选择"新建视图"命令，如图 6-4 所示。

第2步： 在弹出的"添加表"对话框中选择"选课信息表"及"学生信息表"选项，单击"添加"按钮，如图 6-5 所示。

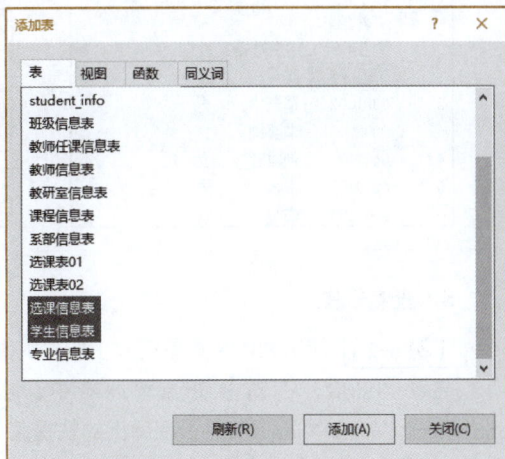

图 6-4
选择"新建视图"命令

图 6-5
"添加表"对话框

第3步： 选择要在两个表中提取的列，分别为学生信息表中的学号、姓名，以及选课信息表中的课程编号、成绩。为了使查询结果符合实际应用人员的应用要求，可设置列的别名。因为学生信息表及选课信息表中均有"学号"列，所以该字段可作为连接条件，即"学生信息表.学号=选课信息表.学号"，如图 6-6 所示。

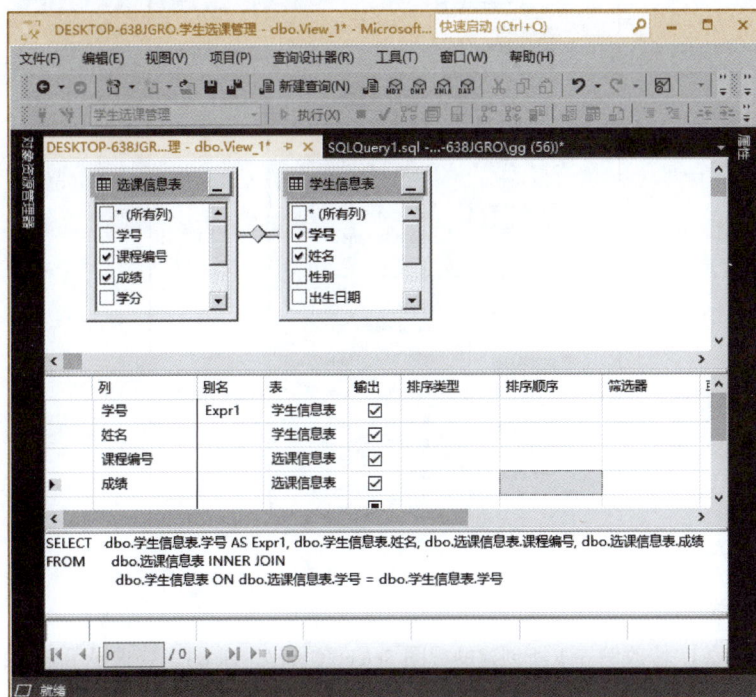

图 6-6
选择列并设置连接条件

第4步： 单击工具栏中的"查询设计器"按钮，在下拉菜单中选择"执行 SQL"命令，或按 Ctrl+R 组合键执行查询命令，结果如图 6-7 所示。

第5步： 单击工具栏中的 💾 按钮，在弹出的对话框中输入视图名称，单击"确定"按钮，如图 6-8 所示。

图 6-7
查询结果

图 6-8
输入视图名称

5. 查看视图

【例 6-2】 使用 SSMS 查看例 6-1 所建视图 Select_Course_View1 的属性。

启动 SSMS，在对象资源管理器中，右击"学生选课管理"→"视图"→dbo.Select_Course_View1 节点，在弹出的快捷菜单中选择"属性"命令，如图 6-9 所示，打开"视图属性-Select_Course_View1"窗口，如图 6-10 所示，从中查看属性。

图 6-9
选择"属性"命令

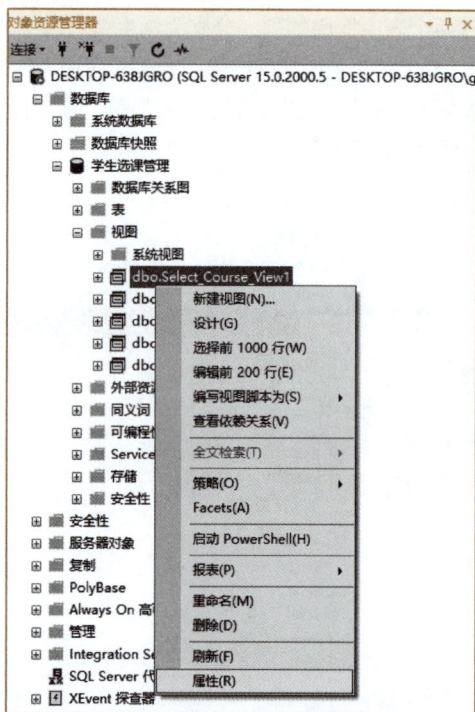

6. 修改视图

【例 6-3】 修改例 6-1 所创建的视图 Select_Course_View1，要求显示学生的学号、姓名、性别，并按学号升序排列。

第1步： 启动 SSMS，在对象资源管理器中，右击"学生选课管理"→"视图"→dbo.Select_Course_View1 节点，在弹出的快捷菜单中选择"设计"命令，打开修改视图窗口，在"选课信息表"处右击，在弹出的快捷菜单中选择"删除"命令，如图 6-11 所示。

第2步： 选中"学生信息表"中的"性别"列复选框，在"网格"窗格中设置"学号"列的"排序类型"为"升序"，单击鼠标右键，在弹出的快捷菜单中选择"执行 SQL"命令，如图 6-12 所示。

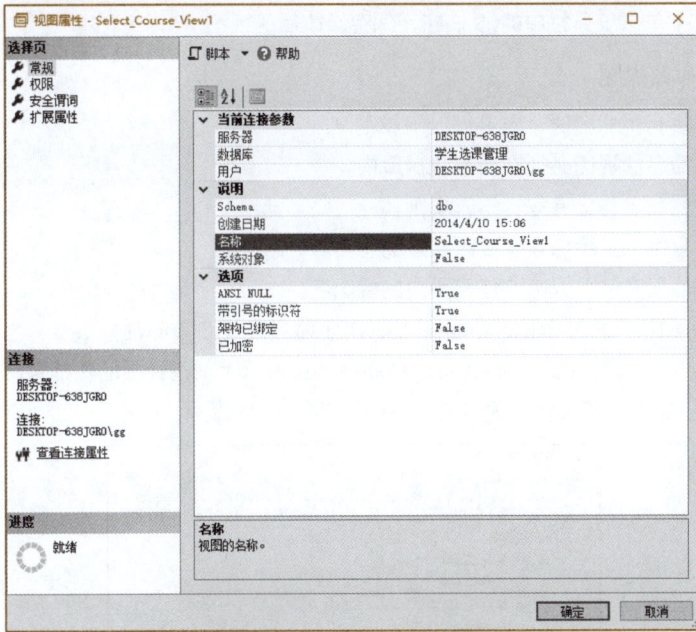

图 6-10
"视图属性-Select_
Course_View1"窗口

图 6-11
选择"删除"命令

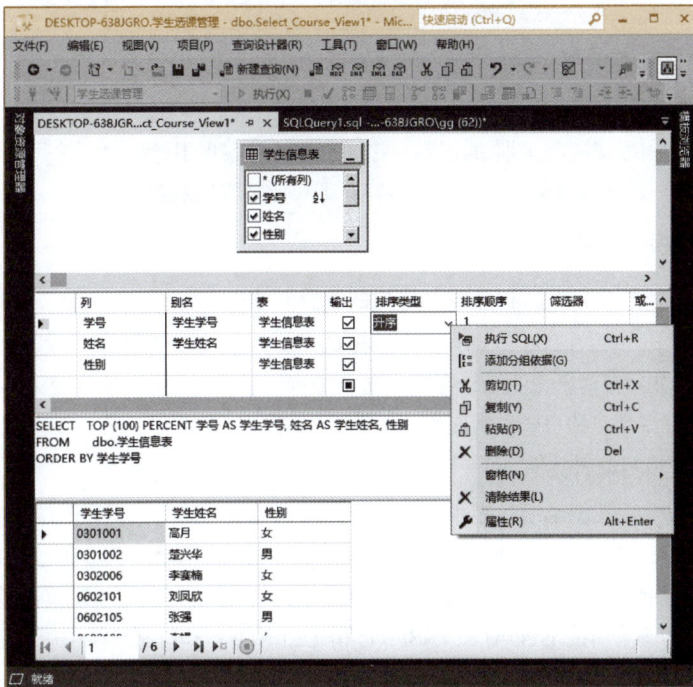

图 6-12
修改视图

第3步：单击工具栏中的 按钮，保存修改后的视图。

7. 重命名视图

对视图进行重命名时，应遵循以下原则。

● 要重命名的视图必须在当前数据库中。

● 视图的新名称应遵守标识符规则。

● 用户只可以重命名具有更改权限的视图。

● 数据库所有者可以修改任何用户的视图名。

【例 6-4】将视图 Select_Course_View1 重命名为 S_C_View1。

在 SSMS 中，右击视图 dbo.Select_Course_View1 节点，在弹出的快捷菜单中选择"重命名"命令，将名称直接修改为 S_C_View1，如图 6-13 所示。

图 6-13
将视图重命名为 S_C_View1

8. 删除视图

在 SSMS 中，右击要删除的视图，在弹出的快捷菜单中选择"删除"命令，在打开的"删除对象"对话框中单击"确定"按钮，即可完成视图的删除。

9. 操作视图中的数据

（1）查询视图 Select_Course_View1 中的数据

【例 6-5】使用 SSMS 查询视图 Select_Course_View1 中的数据。

启动 SSMS，在对象资源管理器中右击要查询的视图，在弹出的快捷菜单中选择"选择前 1000 行"命令，即可查询视图中的数据，如图 6-14 所示。

（2）通过视图编辑数据

用户可以使用视图编辑基表中的数据，如增加数据、修改数据和删除数据。由于视图本身不实际存储数据，它只是显示一个或多个基表的查询结果，因此修改视图中数据的实质是修改视图引用的基表中的数据。只要满足下列条件，即可通过视图修改基表的数据。

① 任何修改（包括 UPDATE、INSERT 和 DELETE 语句）都只能引用一个基表的列。

② 视图中被修改的列必须直接引用表列中的基础数据。不能通过任何其他方式对这些列进行派生，如通过以下方式。

图 6-14
选择"选择前 1000 行"命令

- 聚合函数：AVG、COUNT、SUM、MIN、MAX、GROUPING、STDEV、STDEVP、VAR 和 VARP。
- 计算。不能从使用其他列的表达式中计算该列。使用集合运算符 UNION、UNION ALL、CROSSJOIN、EXCEPT 和 INTERSECT 形成的列将计入计算结果，且不可更新。
③ 被修改的列不受 GROUP BY、HAVING 或 DISTINCT 子句的影响。
④ TOP 在视图查询语句中不与 WITH CHECK OPTION 子句一起使用。

【例 6-6】将视图 Select_Course_View1 中学号为 0301001 学生的姓名改为"高明"。

第1步： 在对象资源管理器中右击要查询的视图，在弹出的快捷菜单中选择"编辑前 200 行"命令，如图 6-15 所示。

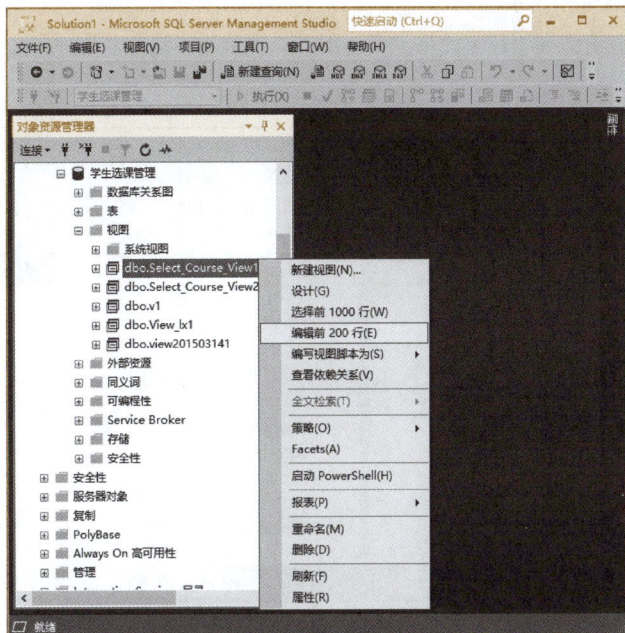

图 6-15
选择"编辑前 200 行"命令

115

第2步：将学生学号为 0301001 的学生"姓名"列中的内容修改为"高明"后，将鼠标指针移出该行后单击，即可保存更改，如图 6-16 所示。

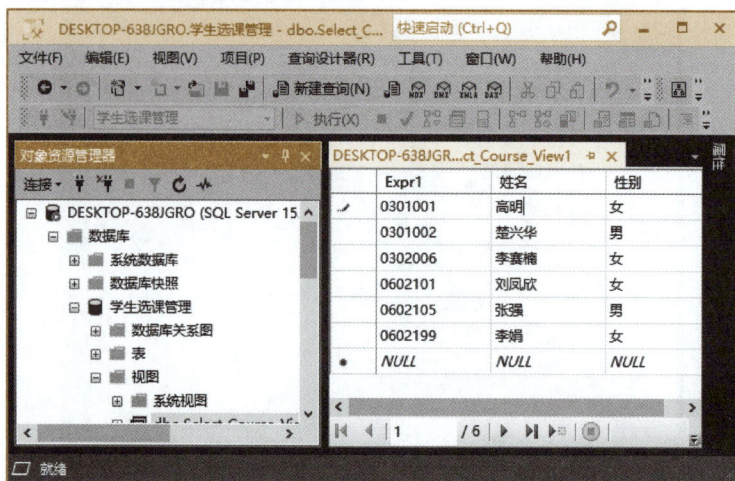

图 6-16
通过视图修改数据

【例 6-7】使用对象资源管理器为 Select_Course_View1 视图添加一条新的学生记录。

第1步：启动 SSMS，在对象资源管理器中右击要查询的视图，在弹出的快捷菜单中选择"编辑前 200 行"命令。

第2步：定位到单元格最后一行，输入新数据，将鼠标指针移出该行后单击，即可保存更改。

【例 6-8】使用对象资源管理器删除 Select_Course_View1 视图中学号为 0301002 的学生记录。

第1步：启动 SSMS，在对象资源管理器中右击要查询的视图，在弹出的快捷菜单中选择"编辑前 200 行"命令。

第2步：右击数据所在单元格，在弹出的快捷菜单中选择"删除"命令，如图 6-17 所示。

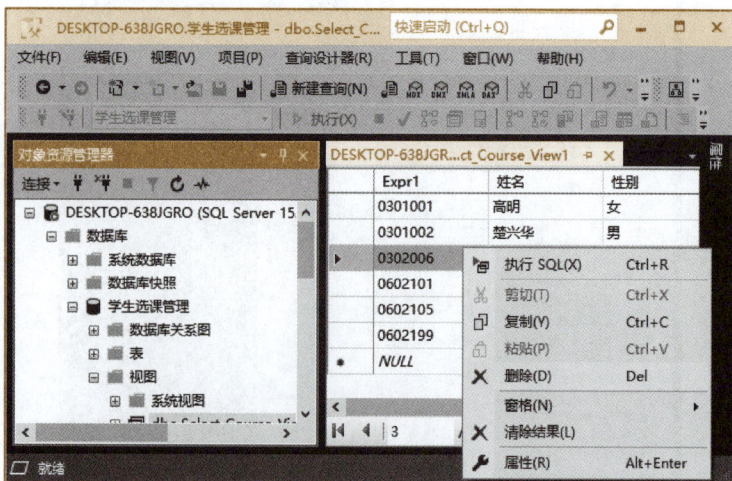

图 6-17
选择"删除"命令

第3步： 在弹出的提示框中单击"是"按钮，完成数据的删除。

注意

在视图中更改数据，不能影响引用多个表的视图。如果视图引用多个表，则无法添加、修改和删除视图中的数据。

• 6.1.2 使用 T-SQL 命令创建与管理视图

1. 使用 CREATE VIEW 语句创建视图

使用 CREATE VIEW 语句创建视图的语法格式如下。

```
CREATE VIEW 视图名
AS
SELECT 语句
```

微课 6-3
使用 T-SQL 命令创建
与管理视图

参数说明如下。

- 视图名：必须符合有关标识符的规则。
- AS：指定视图要执行的操作。
- SELECT 语句：该语句能够使用多个表和其他视图。

视图定义中的 SELECT 语句有以下限制。

- 不能使用 COMPUTE 或 COMPUTE BY 子句。
- 不能使用 ORDER BY 子句，除非在 SELECT 语句的选择列表中有一个 TOP 子句。
- 不能使用 INTO 关键字。
- 不能使用 OPTION 子句。
- 不能引用临时表或表变量。

注意

CREATE VIEW 必须是批处理中的第一条语句。只能在当前数据库中创建视图，视图最多可以包含 1024 列。

【例 6-9】 使用 T-SQL 命令创建视图 Select_Course_View2，要求能够显示学生的学号、姓名、课程编号和成绩。

```
CREATE VIEW Select_Course_View2
AS
SELECT a.学号,姓名,课程编号,成绩
FROM 学生信息表 a INNER JOIN 选课信息表 b
ON a.学号 = b.学号
```

练一练

① 使用 SELECT 语句查询学生信息表中的数据。

② 建立视图。使用 CREATE VIEW 语句建立名为 View_lx1 的视图，要求查询学生信息表中的数据。

③ 测试视图。输入并执行下面的查询。

SELECT * FROM View_lx1

📖 **想一想**

该查询使用刚建立的视图 View_lx1,请问返回什么数据?

2. 使用 ALTER VIEW 语句修改视图

使用 ALTER VIEW 语句修改视图的语法格式如下。

```
ALTER VIEW 视图名
AS
SELECT 语句
```

【例 6-10】 使用 ALTER VIEW 语句修改视图 Select_Course_View2,要求能够显示学生的学号、姓名、性别。

```
ALTER VIEW Select_Course_View2
AS
SELECT 学号,姓名,性别
FROM 学生信息表
GO
```

显示视图 Select_Course_View2 中的数据。

```
SELECT * FROM Select_Course_View2
```

📖 **练一练**

使用 ALTER VIEW 语句修改视图 View_lx1,查询学生信息表中学号为 0301001 的数据。

3. 使用 DROP VIEW 语句删除视图

使用 DROP VIEW 语句删除视图的语法格式如下。

```
DROP VIEW 视图名
```

【例 6-11】 使用 DROP VIEW 语句删除视图 Select_Course_View2。

```
DROP VIEW Select_Course_View2
```

📖 **练一练**

使用 DROP VIEW 语句删除视图 View_lx1。

4. 使用系统存储过程 SP_RENAME 重命名视图

使用系统存储过程 SP_RENAME 重命名视图的语法格式如下。

```
SP_RENAME 原对象名称,新对象名称
```

【例 6-12】 使用系统存储过程 SP_RENAME 将视图 Select_Course_View2 重命名为 scv2。

```
SP_RENAME Select_Course_View2,scv2
```

5. 查看视图信息

（1）使用系统存储过程 SP_HELPTEXT 查看视图的定义信息

语法格式如下。

SP_HELPTEXT '视图名'

【例6-13】使用系统存储过程 SP_HELPTEXT 查看视图 Select_Course_View2 的定义信息。

SP_HELPTEXT 'Select_Course_View2'

按 F5 键或单击工具栏中的"执行"按钮，结果如图 6-18 所示。

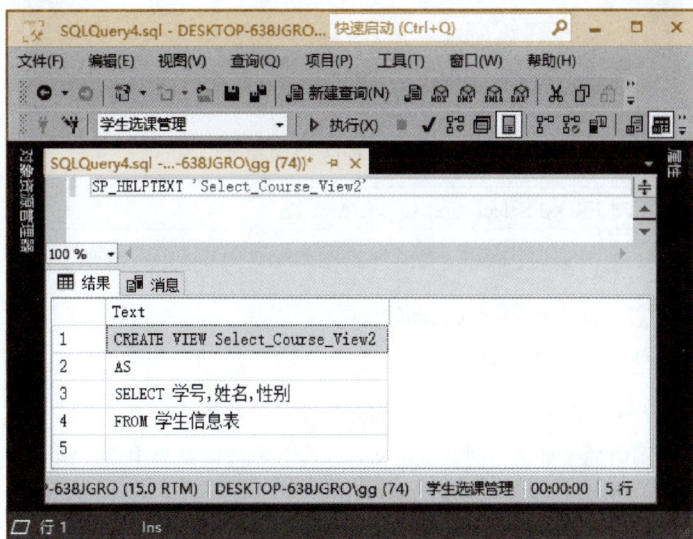

图 6-18
查看 Select_Course_View2
视图的定义信息

（2）使用系统存储过程 SP_DEPENDS 查看视图的参照对象和字段

语法格式如下。

SP_DEPENDS '视图名'

【例6-14】使用系统存储过程 SP_DEPENDS 查看视图 Select_Course_View2 的参照对象和字段。

SP_DEPENDS 'Select_Course_View2'

按 F5 键或单击工具栏中的"执行"按钮，结果如图 6-19 所示。

6. 使用 T-SQL 命令操作视图中的数据

（1）使用 SELECT 语句查询视图中的数据

语法格式如下。

SELECT 目标列表达式[,目标列表达式……]

FROM 视图名

[WHERE 条件]

微课 6-4
使用 T-SQL 命令操作
视图中的数据

119

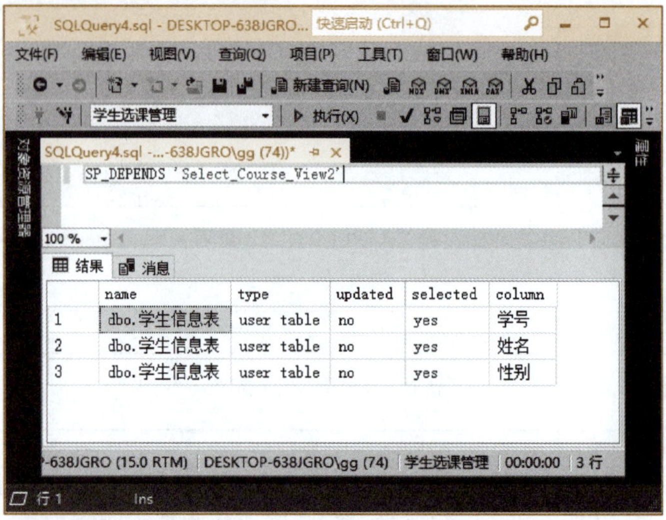

图 6-19
查看视图 Select_Course_View2
的参照对象和字段

【例 6-15】 查询 Select_Course_View2 视图中的学生信息。

SELECT * FROM Select_Course_View2

【例 6-16】 查询 Select_Course_View2 视图中学号为 0302006 的学生信息。

SELECT * FROM Select_Course_View2
WHERE 学号='0302006'

（2）使用 T-SQL 命令添加、修改、删除视图中的数据

① 当在视图中插入某些行时，SQL Server 会在相应的基表中插入相应的行，在视图中添加数据的操作与在表中添加数据的操作相似。

语法格式如下。

INSERT [INTO] 视图名 [(列名 1, 列名 2, ……)]
VALUES(列值 1, 列值 2, ……)

【例 6-17】 向 Select_Course_View2 视图中添加一条新的学生记录。

INSERT INTO Select_Course_View2
VALUES('03042201', '林强', '男')

② 在视图中修改基表中数据的语法与修改表中数据的语法相似。
语法格式如下。

UPDATE 视图名
SET 列名 1=变量|表达式[, 列名 2=变量|表达式……]
[WHERE 条件]

【例 6-18】 将 Select_Course_View2 视图中学号为 03042201 的学生姓名修改为"林雨"，性别修改为"女"。

UPDATE Select_Course_View2
SET 姓名='林雨', 性别='女'
WHERE 学号='03042201'

③ 通过视图删除数据的基本语法格式如下。

> DELETE [FROM] 视图名
>
> [WHERE　条件]

【例 6-19】 删除 Select_Course_View2 视图中学号为 03042201 的学生信息。

> DELETE Select_Course_View2
>
> WHERE　学号='03042201'

子任务 6.2　"学生选课管理"数据库中索引的创建与管理

6.2.1　使用对象资源管理器创建与管理索引

1. 索引概述

索引是基本表的目录，数据库中的索引与图书中的目录相似。在一本书中，利用目录可以快速查找所需要的信息。通常，数据库在进行查询操作时需要对整个表进行数据搜索，当表中的数据量很大时，就需要很长时间。设计高效的索引对获得良好的数据库和应用程序性能极为重要。

索引是一个单独的、物理的数据结构，包含由表或视图中的列生成的键，以及相应的指向表中物理标识这些值的数据页的逻辑指针清单。索引依赖于数据库的表，一个表的存储由两部分组成，一部分存放表的数据页面，另一部分存放索引页面，索引就在索引页面上。通常，索引页面相对于数据页面小得多。当进行数据检索时，系统先搜索索引页面，从中找到所需数据的指针，再通过指针从数据页面读取数据。索引很有用，但并不是所有列都应带有索引。通常情况下，只有经常需要查询某列中的数据，才在表上创建索引。不必要的索引会降低系统的性能，任意一个索引都需要附加的磁盘空间，因此会降低添加、删除和更新行的速度等。

2. 索引的分类

根据索引页的顺序与数据页中行的物理存储顺序是否相同，可以将索引分为聚集索引和非聚集索引。

（1）聚集索引

聚集索引能够对表中数据行进行物理排序，数据记录按聚集索引键的次序存储，因此聚集索引对查找记录很有效，非常适合范围搜索。当建立主键约束时，如果表中没有聚集索引，SQL Server 会用主键列作为聚集索引键（也是唯一索引）。一个表只能有一个聚集索引。

（2）非聚集索引

非聚集索引不会改变表中数据行的物理顺序，数据与索引分开存储，通过索引带有的指针与表中的数据产生联系。非聚集索引只是记录指向表中行的位置的指针，这些指针本身有序，通过它们可以在表中快速地定位数据。为一个表建立索引，默认都是非聚集索引。

聚集索引和非聚集索引都可以创建唯一索引或复合索引。创建唯一索引，SQL Server 可确保被索引的列不存在重复值（包含 Null 值）。复合索引是根据表中两列或者多列的组合建立的索引。

微课 6-5
索引概述

拓展阅读
百度搜索引擎

3. 使用对象资源管理器创建索引

【例 6-20】 使用对象资源管理器对"学生选课管理"数据库中的学生信息表创建一个简单唯一非聚集索引。

第1步： 启动 SSMS，在对象资源管理器中，右击服务器实例节点→"数据库"→"学生选课管理"→"表"→"dbo.学生信息表"→"索引"，在弹出的快捷菜单中选择"新建索引"→"非聚集索引"命令，如图 6-20 所示。

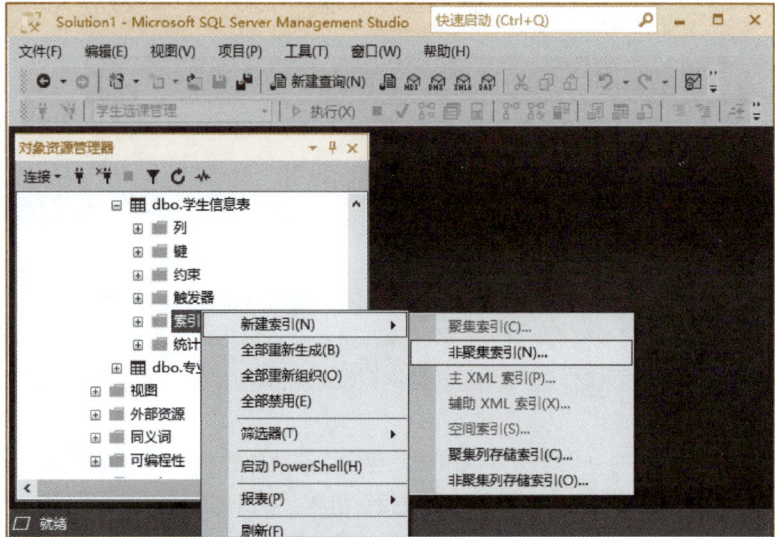

微课 6-6
使用对象资源管理器
创建与管理索引

图 6-20
选择"非聚集索引"命令

第2步： 在弹出对话框的"索引名称"文本框中输入索引名，选中"唯一"复选框，单击"添加"按钮，如图 6-21 所示。

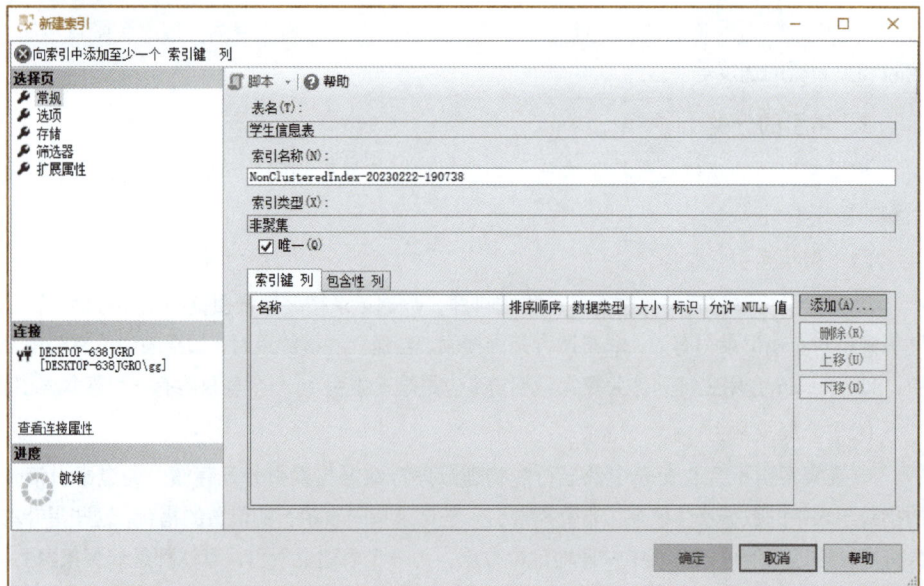

图 6-21
设置新建的索引参数

第3步： 在弹出的"从'dbo.学生信息表'中选择列"对话框中选定要添加到索引键的表列"学号"，单击"确定"按钮，如图 6-22 所示。

图 6-22
选择要添加到索引键的表列

第4步： 单击"新建索引"对话框中的"确定"按钮，完成索引的创建。

4．利用对象资源管理器查看、修改、删除索引

当创建完某个索引后，即可查看和修改所创建的索引。当不再需要索引时，可以将其从数据库中删除，以回收磁盘空间。

📝 **注意**

必须先删除 PRIMARY KEY 或 UNIQUE 约束，才能删除约束使用的索引。

【例 6-21】 使用对象资源管理器删除"学生选课管理"数据库中学生信息表的索引。

第1步： 启动 SSMS，在对象资源管理器中，展开服务器实例节点→"数据库"→"学生选课管理"→"表"→"dbo.学生信息表"→"索引"，在相应索引名上右击，在弹出的快捷菜单中选择"删除"命令，如图 6-23 所示。

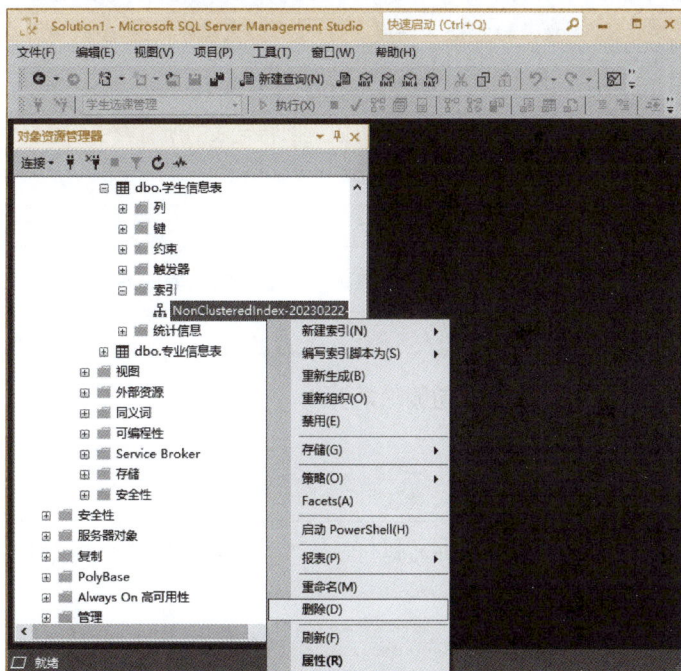

图 6-23
选择"删除"命令

第2步： 在弹出的"删除对象"界面中单击"确定"按钮，完成索引的删除。

6.2.2　使用 T-SQL 命令创建与管理索引

1. 使用 CREATE INDEX 语句创建索引

语法格式如下。

> CREATE [UNIQUE] [CLUSTERED|NONCLUSTERED]　INDEX 索引名
>
> ON {表|视图} (列[ASC|DESC][, ……n])

参数说明如下。

- UNIQUE：表示创建唯一索引，唯一索引不允许两行具有相同的索引键值。视图的聚集索引必须唯一。
- CLUSTERED|NONCLUSTERED：指明创建的索引为聚集索引还是非聚集索引，若省略该选项，系统默认创建非聚集索引。
- ASC|DESC：指定索引列的排序方式是升序还是降序，默认值是升序（ASC）。

【例 6-22】使用 CREATE INDEX 语句在"学生选课管理"数据库的选课信息表上创建一个非聚集组合索引 index_select_course_1。

> CREATE NONCLUSTERED INDEX
>
> index_select_course_1
>
> ON 选课信息表(学号, 课程编号)

🔶 看一看

在创建索引前，要考虑是对空表还是对包含数据的表创建索引。对空表创建索引时，不会对性能产生任何影响；而向表中添加数据后，会对性能产生影响。在对大型表创建索引时，首先应仔细计划，这样才不会影响数据库性能。对大型表创建索引的首选方法是，先创建聚集索引，然后创建非聚集索引。

2. 使用系统存储过程 SP_HELPINDEX 查看索引

利用系统存储过程 SP_HELPINDEX 可以返回特定表的所有索引信息。

语法格式如下。

> SP_HELPINDEX　表名

【例 6-23】查看"学生选课管理"数据库中选课信息表的索引信息。

> EXEC SP_HELPINDEX '选课信息表'

3. 使用 DROP INDEX 语句删除索引

语法格式如下。

> DROP INDEX 索引名　ON 表名

【例 6-24】使用 DROP INDEX 语句删除"学生选课管理"数据库中选课信息表中名为 index_select_course_1 的索引。

> DROP INDEX index_select_course_1
>
> ON 选课信息表

单 元 测 试

一、选择题

1. 数据库中只存放视图的（　　）。

    A. 操作　　　　　B. 对应的数据　　　　　C. 定义　　　　　D. 限制

科技.中国 6

2. 下面关于视图（View）的描述中，不正确的是（　　）。

    A. 视图是外模式

    B. 视图是虚表

    C. 使用视图可以加快查询语句的执行速度

    D. 使用视图可以简化查询语句的编写

3. 索引项的顺序与表中记录的物理顺序一致的索引，称为（　　）。

    A. 复合索引　　　B. 唯一性索引　　　　　C. 聚集索引　　　　D. 聚集索引

4. 视图是从一个表或者多个表导出的（　　）。

    A. 基表　　　　　B. 虚表　　　　　　　　C. 索引　　　　　D. 记录

5. 下列关于索引的描述中，不正确的是（　　）。

    A. 利用索引可以快速访问数据库表中的特定信息

    B. 索引是以空间换取时间

    C. 索引是一个单独的、物理的数据库结构

    D. 为了提高查询速度，可以建立尽可能多的索引

二、填空题

1. 在视图中插入新行时，为了使元组满足视图的定义条件，在定义视图时必须加上_____子句。

2. 根据索引页的顺序与数据页中行的物理存储顺序是否相同，可以将索引分为_____和_____。

3. 数据库中只存放视图的_____，而不存放视图对应的_____。

4. 通过视图可以查询、添加、修改和删除数据，其中，添加数据的命令为_____。

5. _____指明创建的索引为聚集索引。使用_____命令可以删除表中指定的索引。

单 元 实 训

1. 基本技能要求

① 创建视图 ch_view1，用于显示储户账号、姓名、存款额和储蓄所名称。

② 查看视图 ch_view1 的属性。

③ 修改视图 ch_view1，用于显示存款额高于 20 000 元的储户账户、姓名、存款额和储蓄所名称。

单元实训指导 6
"学生选课管理"数据库的视图、索引的创建与管理

④ 通过视图 ch_view1 向储户表中添加一条记录。

⑤ 删除视图 ch_view1。

⑥ 在储蓄所表中创建一个基于"名称"列的唯一非聚集索引 IDX_CXS。

2. 拓展技能要求

在数据库性能优化中，索引是一个重量级的因素，可以说，索引使用不当，其他优化措施将毫无意义。

请上网查找资料，学习有关索引调优实践的相关知识，并写出学习心得。

专业能力测评表

（在□中打√，A——掌握，B——基本掌握，C——未掌握）

业务能力	评价指标	自测结果	备注
"学生选课管理"数据库中视图的创建与管理	1. 使用对象资源管理器创建与管理视图	□A □B □C	
	2. 使用 T-SQL 命令创建与管理视图	□A □B □C	
"学生选课管理"数据库中索引的创建与管理	1. 使用对象资源管理器创建与管理索引	□A □B □C	
	2. 使用 T-SQL 命令创建与管理索引	□A □B □C	
其他			
教师评语：			
成绩		教师签字	

任务 7 "学生选课管理" 数据库的 T-SQL 程序设计

知识目标

- 掌握 SQL Server 变量的声明及赋值方法。
- 掌握批处理及注释的用法。
- 掌握常用运算符及优先级。
- 掌握流程控制语句的语法格式。
- 掌握常用系统函数的用法及自定义函数的方法。

能力目标

- 熟练使用控制语句。
- 能够正确使用系统提供的函数。
- 能够根据需求自定义函数。

素养目标

- 鼓励青年学生主动融入科技创新，全面加强创新意识和创新能力，紧密追随新时代经济发展趋势，勇于应对挑战和创新，持续推动科技改革，促进产业升级，推动中国制造在国际舞台上取得更大成就，为国家发展贡献更多智慧和力量。
- 教育学生编写程序和做人做事一样，一定要认真严谨。细节决定成败，"失之毫厘，谬以千里"。
- 青年学生不仅需要个人独立进取，还要注重与他人的交流与合作，培养学生团队协作的意识和习惯，共同推动各项事业的发展。

【情境描述】

每学期期末，教务处都需要统计各门选修课程不及格学生的姓名、所属系部及成绩，以便通知学生准备补考，小张使用 T-SQL 语句编写了一个可以实现该功能的函数。在该函数中，使用控制语句来判断学生的成绩，这个函数是可以重复使用的，每次调用这个函数就能统计出所需要的结果。

【任务分解】

从上述情境描述中可见，将数据库中对数据的处理使用 T-SQL 语句进行描述，并通过服务器端发送 T-SQL 语句，即可实现与 SQL Server 的通信。本任务主要介绍变量、批处理、表达式、流程控制语句及函数等知识，以完成"学生选课管理"数据库的 T-SQL 程序设计。这里对该任务进行分解，共包括以下两个子任务。

- 使用控制语句实现"学生选课管理"数据库的应用逻辑。
- "学生选课管理"数据库中函数的定义与应用。

• 7.1.1　批处理、注释及脚本

T-SQL 语言基本成分是语句，由一个或多个语句可构成一个批处理，由一个或多个批处理可以构成一个脚本，并保存在磁盘文件中。在进行程序设计时，为了增加程序的可读性，还可以在程序中适当地加上注释。

微课 7-1
批处理注释及脚本

1. 批处理

批处理是由一条或多条 T-SQL 语句组成的语句集，从应用程序一次性地发送到 SQL Server 中进行执行。SQL Server 将批处理语句编译成一个可执行单元，称为执行计划。为了提高程序的运行效率，可以使用 GO 命令将多条 SQL 语句进行分隔，两个 GO 命令之间的 SQL 语句可以作为一个批处理。因此，GO 命令标志着一个批处理的结束。

注意

① 当前批处理语句由上一个 GO 命令后输入的所有语句组成，如果是第一条 GO 命令，则由脚本开始后输入的所有语句组成。

② CREATE 语句必须是批处理的第一个语句。

③ GO 命令和 T-SQL 语句不能在同一行中，但在 GO 命令行中可以包含注释。

如果 EXECUTE 语句是批处理中的首条语句，则不需要 EXECUTE 关键字。如果 EXECUTE 语句不是批处理中的首条语句，则需要 EXECUTE 关键字。

【例 7-1】批处理的应用。

```
USE 学生选课管理
GO
CREATE VIEW vStudent
AS
SELECT 学号,姓名 FROM 学生信息表
GO
SELECT * FROM vStudent
GO
```

2. 注释

注释，也称为注解，是写在程序代码中的说明性文字，对程序的结构及功能进行文字说明。注释内容既不会被系统编译，也不会被程序执行。使用注释对代码进行说明，不仅能使程序易读易懂，而且有助于日后的管理和维护。注释通常用于记录程序名称、作者姓名和主要代码更改的日期。注释还可以用于描述复杂的计算或者解释编程的方法。

SQL Server 提供了两类注释符，见表 7-1。

拓展阅读
失之毫厘，谬以千里

129

注释符	说　明
--	单行注释。用--插入的注释由换行符终止。注释没有最大长度的限制。单行注释快捷键见表7-2
/*……*/	多行注释。"/*"用于注释文字的开头，"*/"用于注释文字的结尾

表 7-1　注释符

操作	标准快捷键
将选定文本设为注释	Ctrl+K、Ctrl+C
取消注释所选文本	Ctrl+K、Ctrl+U

表 7-2　单行注释快捷键

注意

多行注释不能跨越批处理。整个注释应包含在一个批处理内。如果在/*和*/分隔符之间的一行行首出现 **GO**，则不匹配的注释分隔符将随着每个批处理一起发送，从而导致语法错误。

【例 7-2】在程序中使用注释。

```
--本程序是一个使用注释的例子
USE 学生选课管理        --打开"学生选课管理"数据库
GO
/*下面的 SQL 语句完成的任务是在选课信息表中查询
学号为 0301001 学生的选课情况，并按课程编号排序
*/
SELECT *
FROM 选课信息表
WHERE 学号='0301001'
ORDER BY 课程编号
GO
```

3. 脚本

脚本是指存储在文件中的一系列 T-SQL 语句，可以包含一个或多个批处理。脚本文件可以作为查询编辑器、osql、isql 等实用工具的输入，并可由这些实用工具执行存储在文件中的 T-SQL 语句。使用脚本可以将创建和维护数据库的 T-SQL 语句保存为一个磁盘文件，在必要时可以重复使用这些代码。

（1）保存脚本

第1步： 新建查询，打开查询编辑器。

第2步： 在查询编辑器中输入例 7-2 中的语句。

第3步： 选择"文件"→"保存"菜单命令，或直接单击工具栏中的"保存"按钮，会打开"另存文件为"对话框。

第4步： 从中选定要保存的文件夹，在"文件名"文本框中输入要保存的文件名。

第5步： 单击"保存"按钮即可保存脚本文件，如图 7-1 所示。

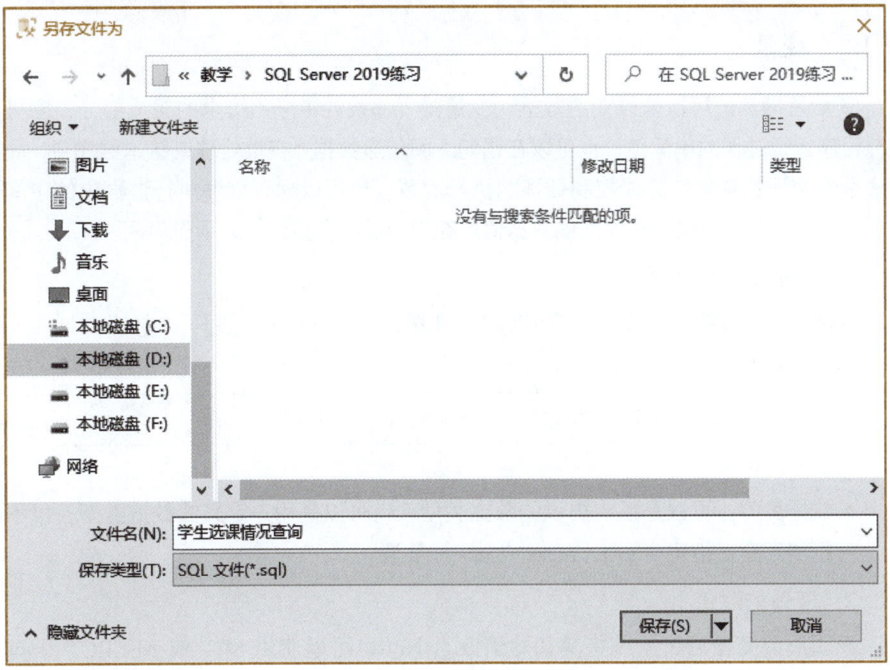

图 7-1
保存脚本文件

（2）打开脚本文件

第1步： 选择"文件"→"打开"→"文件"菜单命令，如图 7-2 所示，或直接单击工具栏中的"打开文件"按钮，会打开"打开文件"对话框。

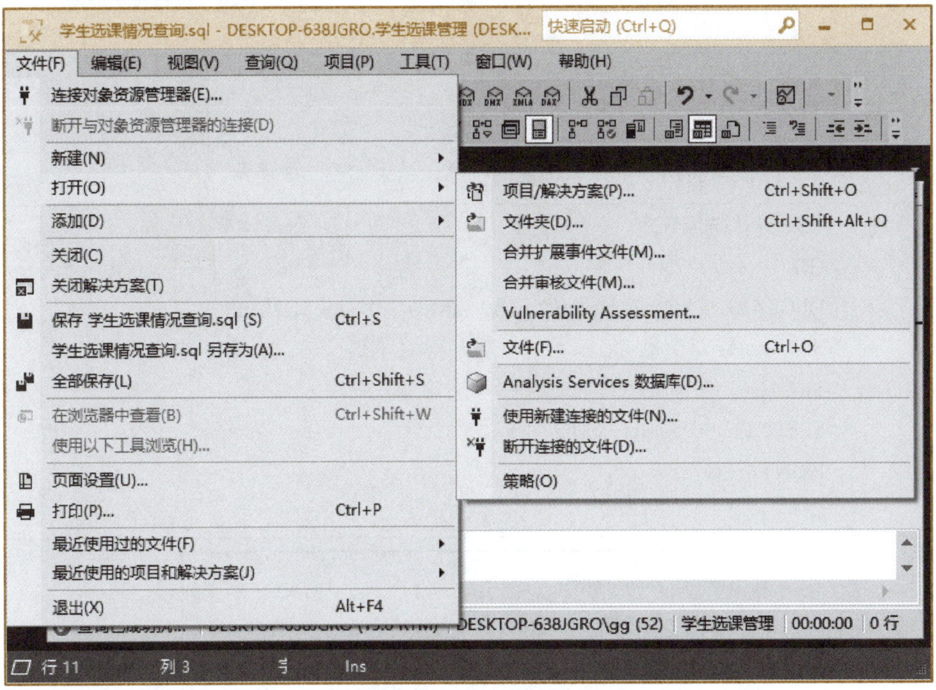

图 7-2
选择打开脚本文件
的菜单命令

第2步： 在该对话框中打开脚本文件所在的位置后，单击相应的脚本文件。

第3步： 单击"打开"按钮即可。

微课 7-2
变量

• 7.1.2 变量

变量是指其值可以被改变的数据。变量是程序设计中必不可少的组成部分，它可以保存程序运行过程的中间值，也可以在语句之间传递数据。在批处理或脚本程序中，局部变量常作为计数器来计算或控制循环的执行次数，也可以保存程序执行过程中的中间数据，还可以保存由存储过程返回的数据值。在使用局部变量时，必须先声明。

1. 局部变量的声明

局部变量以 @ 符号开头，若要声明多个变量，中间应用逗号隔开。

语法格式如下。

> DECLARE @变量名 数据类型{,@变量名 数据类型,……n}

参数说明如下。

- 数据类型：可以是系统提供的数据类型，也可以是用户定义的数据类型，但不能把局部变量指定为 text、ntext 或 image 类型。

2. 变量的赋值

声明局部变量后，系统将其初始值设为 Null，可以使用 SET 或 SELECT 语句为变量赋值。

语法格式如下。

> 格式 1：SET @变量名=变量值
>
> 格式 2：SELECT @变量名 1=<表达式 1>,……,@变量名 n=<表达式 n>

> **说明**
>
> 格式 2 中的"表达式"可为列名、列的计算结果或子查询结果。

【例 7-3】 编写将两个字符串相连的程序，结果如图 7-3 所示。

```
USE 学生选课管理
GO
DECLARE @str1 varchar(10), @str2 varchar(30), @sc varchar(50)
SET @str1='举例说明'
SET @str2='：局部变量的使用'
SELECT @SC=@str1+@str2
PRINT @SC
GO
```

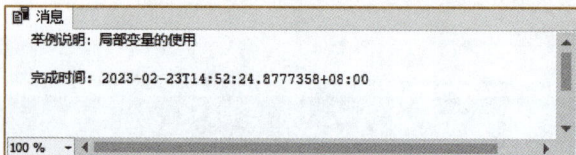

图 7-3
【例 7-3】的运行结果

【例 7-4】 创建一个名为 pro 的局部变量，并在 SELECT 语句中使用该局部变量查询学生信息表中班级编号为 061201009 的所有学生的信息，结果如图 7-4 所示。

```
USE 学生选课管理
GO
DECLARE @pro varchar(10)
SET @pro='061201009'
SELECT * FROM 学生信息表 WHERE 班级编号=@pro
GO
```

	学号	姓名	性别	出生日期	地址	电话	班级编号
1	0602101	刘凤欣	女	1998-07-23 00:00:00.000	北京市	13901011789	061201009
2	0602105	张强	男	1998-05-28 00:00:00.000	江苏省苏州市	13905121234	061201009
3	0602199	李娟	女	1998-05-29 00:00:00.000	辽宁省沈阳市	13600881122	061201009

图 7-4
例 7-4 的运行结果

【例 7-5】声明一个局部变量@max_value，使用选课信息表中课程编号为 130201 的成绩的最大值为其赋值，并将其输出。

```
USE 学生选课管理
GO
DECLARE @max_value numeric(5,2)
SELECT @max_value=MAX(成绩) FROM 选课信息表 WHERE 课程编号='130201'
SELECT @max_value AS '最高分'
GO
```

练一练

定义一个变量，并使用该变量查询选课信息表中课程编号为 130201 的平均成绩。

3. 局部变量的作用域

局部变量的作用域表示可以引用变量的范围。局部变量的作用域从声明它的地方开始到批处理或存储过程结束为止，即局部变量只能在声明它的批处理或存储过程中使用，一旦批处理或存储过程结束，局部变量即被释放。

•7.1.3　运算符及运算符的优先级

1. 运算符

在 SQL Server 2019 中，常用的运算符主要有算术运算符、赋值运算符、位运算符、比较运算符、复合运算符、逻辑运算符、作用域解析运算符、字符串串联运算符和一元运算符。

（1）算术运算符

使用算术运算符可以对两个表达式进行数学运算,包括加（+）、减（-）、乘（*）、除（/）和取模（%）。

（2）赋值运算符

T-SQL 有一个赋值运算符，即=。

（3）位运算符

位运算符包括位与（&）、位或（|）、位异或（^）。位运算符用来对整型数据或者二

进制数据（image 类型数据除外）执行位操作。

（4）比较运算符

比较运算符包括等于（ = ）、大于（ > ）、大于或等于（ >= ）、小于（ < ）、小于或等于（ <= ）、不等于（ <>或!= ）、不小于（ !< ）、不大于（ !> ）。比较运算符测试两个表达式是否相同。除 text、ntext 或 image 数据类型的表达式，比较运算符可以用于其他所有的表达式。

（5）复合运算符

复合运算符执行一些运算并将原始值设置为运算的结果。例如，如果变量@x 等于 35，则@x+=2 会将@x 的原始值加上 2，并将@x 设置为该新值（ 37 ）。T-SQL 提供的复合运算符见表 7-3。

表 7-3　复合运算符

运算符	详细信息链接	操作
+=	+=（加等于）	将原始值加上一定的量，并将结果存回原变量中
-=	-=（减等于）	将原始值减去一定的量，并将结果存回原变量中
*=	*=（乘等于）	将原始值乘上一定的量，并将结果存回原变量中
/=	/=（除等于）	将原始值除以一定的量，并将结果存回原变量中
%=	%=取模等于	将原始值除以一定的量，并将余数存回原变量中
&=	&=（位与等于）	对原始值执行位与运算，并将结果存回原变量中
^=	^=（位异或等于）	对原始值执行位异或运算，并将结果存回原变量中
|=	|=（位或等于）	对原始值执行位或运算，并将结果存回原变量中

（6）逻辑运算符

使用逻辑运算符可以对某个条件进行测试，以获得其真实情况。逻辑运算符和比较运算符一样，返回带有 TRUE、FALSE 或 UNKNOWN 值的 Boolean 数据类型。SQL Server 2019 的逻辑运算符见表 7-4。

表 7-4　SQL Server 2019 的逻辑运算符

运算符	含义
ALL	如果一组的比较都为 TRUE，那么就为 TRUE
AND	如果两个布尔表达式都为 TRUE，那么就为 TRUE
ANY	如果一组的比较中任何一个为 TRUE，那么就为 TRUE
BETWEEN	如果操作数在某个范围之内，那么就为 TRUE
EXISTS	如果子查询包含一些行，那么就为 TRUE
IN	如果操作数等于表达式列表中的一个，那么就为 TRUE
LIKE	如果操作数与一种模式相匹配，那么就为 TRUE
NOT	对任何其他布尔运算符的值取反
OR	如果两个布尔表达式中的一个为 TRUE，那么就为 TRUE
SOME	如果在一组比较中，有些为 TRUE，那么就为 TRUE

（7）作用域解析运算符

作用域解析运算符::提供对复合数据类型的静态成员的访问。复合数据类型是指包含多个简单数据类型和方法的数据类型。

（8）一元运算符

一元运算符包括+（正）、−（负）及～（按位非）运算符。一元运算符只对一个表达式执行操作。

（9）字符串串联运算符

字符串串联运算符使用+进行字符串串联。

2. 运算符的优先级

当一个复杂的表达式有多个运算符时，运算符优先级决定了执行运算的先后顺序。如果一个表达式中的两个运算符有相同的运算符优先级，则按从左向右的顺序求值。运算符的优先级从高到低见表 7-5。

级别	运 算 符
1	～（按位非）
2	*（乘）、/（除）、%（取模）
3	+（正、加、连接）、−（负、减）、&（位与）、^（位异或）、|（位或）
4	=、>、<、>=、<=、<>、!=、!>、!<（比较运算符）
5	NOT
6	AND
7	ALL、ANY、BETWEEN、IN、LIKE、OR、SOME
8	=（赋值）

表 7-5 　运算符的优先级

7.1.4 流程控制语句

1. BEGIN...END 语句块

BEGIN...END 用来设定一个程序块。执行时，将 BEGIN...END 内的语句组视为一个单元执行。

语法格式如下。

```
BEGIN
    {
    程序块
    }
END
```

BEGIN 和 END 语句用于下列情况。

● WHILE 循环需要包含语句块时。

● CASE 函数的元素需要包含语句块时。

● IF 或 ELSE 子句需要包含语句块时。

注意

BEGIN 和 END 语句必须成对使用，不能单独使用。BEGIN 语句单独出现在一行中，后跟 T-SQL 语句块。最后，END 语句单独出现在一行中，指示语句块的结束。

2．IF 语句

（1）不带 ELSE 子句的 IF 语句

若条件表达式的值为 TRUE，则执行语句块，之后执行后续语句；否则，直接执行后续语句。语法格式如下。

```
IF 条件表达式
    语句块
```

说明

若语句块为多个语句，应使用 BEGIN 和 END 将其括起来。

【例 7-6】若选课信息表中存在成绩在 70 分以下的学生，显示这些学生的学号、课程编号和成绩。

```
USE 学生选课管理
GO
DECLARE @message VARCHAR(100)
IF EXISTS(SELECT * FROM 选课信息表 WHERE 成绩<70)
    BEGIN
        SET @message='成绩小于 70 分的学生信息'
        PRINT @message
        SELECT * FROM 选课信息表 WHERE 成绩<70
END
```

（2）带 ELSE 子句的 IF 语句

IF…ELSE 语句的执行方式是，如果条件表达式的值为 TRUE，则执行 IF 后的语句块 1；否则，执行 ELSE 后的语句块 2。语法格式如下。

```
IF 条件表达式
    语句块 1
ELSE
    语句块 2
```

【例 7-7】若选课信息表中存在成绩在 60 分以下的学生，显示这些学生的学号、课程编号和成绩，否则显示"全部通过，没有 60 分以下的学生"。

```
USE 学生选课管理
GO
DECLARE @message VARCHAR(100)
IF EXISTS(SELECT * FROM 选课信息表 WHERE 成绩<60)
    BEGIN
        SET @message='成绩小于 60 分的学生信息'
        PRINT @message
        SELECT * FROM 选课信息表 WHERE 成绩<60
```

```
        END
    ELSE
      BEGIN
          SET @message='全部通过, 没有 60 分以下的学生'
          PRINT @message
    END
```

3. WHILE 语句

使用 WHILE 语句可多次执行同一个批处理语句或语句块。若指定的条件为真, 就重复执行语句, 可以使用 BREAK 和 CONTINUE 关键字在循环内部控制 WHILE 循环语句的执行。

微课 7-4
流程控制语句 ——
WHILE 语句

语法格式如下。

```
    WHILE 条件表达式
    { 语句块 }
    [BREAK]
    { 语句块 }
    [CONTINUE ]
    { 语句块 }
    END
```

参数说明如下。

- BREAK: 从最内层的 WHILE 循环中退出, 执行 END 关键字后面的语句。
- CONTINUE: 结束本次循环, 返回 WHILE 开始处, 重新执行。
- END: 结束循环体。

【例 7-8】 求数字 1~20 的和。

```
    DECLARE @n int, @sum int
    SET @n=0
    SET @sum=0
    WHILE @n<=20
    BEGIN
    SET @sum=@sum+@n
    SET @n=@n+1
    END
    PRINT '数字 1 至 20 的和为: '+CAST(@sum as varchar(10))
```

说明

该程序使用了 CAST 将数值转换成字符串。

练一练

通过编程实现 1 000 之内既是 2 的倍数, 同时又是 3 的倍数的数值之和。

4. CASE 语句

CASE 语句可计算条件列表并返回多个可能结果表达式之一。CASE 具有两种格式：一种是简单 CASE 语句，可将某个表达式与一组简单表达式进行比较以确定结果；另一种是搜索型的 CASE 语句，用于计算一组布尔表达式以确定结果。两种格式都支持可选的 ELSE 参数。

（1）简单 CASE 语句

语法格式如下。

```
CASE  测试表达式
    WHEN  测试值 1 THEN  结果表达式 1
    WHEN  测试值 2 THEN  结果表达式 2
    [...]
    [ELSE  结果表达式 n]
END
```

执行过程为，用测试表达式的值依次与每个 WHEN 子句的测试值进行比较，直到找到一个与测试表达式的值完全相同的测试值，便返回该 WHEN 子句指定的结果表达式。如果测试表达式与所有测试值的比较结果不为 TRUE，则在指定 ELSE 子句的情况下返回 ELSE 子句后的结果表达式。若没有指定 ELSE 子句，则返回 Null 值。

（2）搜索型的 CASE 语句

搜索型的 CASE 语句按指定顺序为每个 WHEN 子句的布尔表达式求值，返回第一个取值为 TRUE 的布尔表达式对应的结果表达式的值。当没有取值为 TRUE 的布尔表达式时，如果指定了 ELSE 子句，则返回其他结果表达式的值；若没有指定 ELSE 子句，则返回 Null。

语法格式如下。

```
CASE
    WHEN  布尔表达式  THEN  结果表达式 1
    [...n]
    [ELSE  其他结果表达式]
END
```

【例 7-9】使用 CASE 语句显示选课信息表中课程编号为 130201 的学生成绩状况，并按成绩由高到低排序。其中，成绩为空值为"无成绩"，成绩在 60 分以下为"不及格"，成绩在 60~74 分为"及格"，成绩在 75~84 分为"良"，成绩在 85 分及以上为"优秀"。

```
USE  学生选课管理
GO
SELECT  学号, 课程编号, 成绩=
CASE
    WHEN  成绩  IS NULL          THEN '无成绩'
    WHEN  成绩<60               THEN '不及格'
```

```
            WHEN  成绩>=60 AND  成绩<75     THEN '及格'
            WHEN  成绩>=75 AND  成绩<85     THEN '良'
            WHEN  成绩>=85 AND  成绩<=100 THEN '优秀'
      END
      FROM  选课信息表  WHERE  课程编号='130201'
      ORDER BY  成绩  DESC
```

5. GOTO 语句

GOTO 语句将执行流更改到标签处，跳过 GOTO 后面的 T-SQL 语句，并从标签位置继续处理。GOTO 语句和标签可在过程、批处理或语句块中的任何位置使用，标签由标识符与:组成。

语法格式如下。

```
GOTO  标签
```

【例 7-10】 使用 GOTO 计算 10 的阶乘。

```
DECLARE @RS INTEGER, @I INTEGER
SELECT @RS=1, @I=10
SQL_START:          --这是标签
SET @RS=@RS*@I
SET @I=@I-1
IF @I>1
    GOTO SQL_START
ELSE
    BEGIN
        PRINT '10 的阶乘为：'+CAST(@RS AS VARCHAR(10))
    END
```

6. WAITFOR 语句

WAITFOR 语句指定触发语句块、存储过程或事务执行的时间、时间间隔或事件。

语法格式如下。

```
WAITFOR
{
    DELAY 'time_to_pass'
  | TIME 'time_to_execute'
}
```

参数说明如下。

- DELAY：继续执行批处理、存储过程或事务之前等待的时间，最长可为 24 h。
- 'time_to_pass'：等待的时段。
- TIME：指定的运行批处理、存储过程或事务的时间。
- 'time_to_execute'：WAITFOR 语句完成的时间。

【例 7-11】延时 10 s 执行查询选课信息表命令。

```
WAITFOR DELAY '00:00:10'
USE 学生选课管理
GO
SELECT * FROM 选课信息表
```

【例 7-12】在时间为 10:30:00 的时候执行查询命令。

```
WAITFOR TIME '10:30:00'
USE 学生选课管理
GO
SELECT * FROM 选课信息表
```

7. RETURN 语句

RETURN 语句用于终止查询、存储过程或批处理的执行，使程序无条件返回。RETURN 语句后的语句不会被执行。

语法格式如下。

```
RETURN [整型表达式]
```

> **说明**
>
> 除非特别指明，所有系统存储过程返回 0 值表示成功，返回非 0 值则表示失败。

【例 7-13】判断课程编号为 130201 的学生成绩状况，若平均分低于 65 分，输出"该课程的平均成绩过低"，否则输出"该课程的学生成绩较好"。

```
--创建存储过程 ExProc
CREATE PROC ExProc @coursecode char(10)
AS
IF (SELECT AVG(成绩)
FROM 选课信息表
WHERE 课程编号=@coursecode
)>=65
RETURN 1
ELSE
RETURN 2
GO
--执行存储过程并判断
DECLARE @RValue char(10)
EXECUTE @RValue=ExProc '130201'
IF @RValue=1
    PRINT '该课程的学生成绩较好'
ELSE
```

```
        PRINT '该课程的平均成绩过低'
   GO
```

子任务 7.2 "学生选课管理"数据库中函数的定义与应用

SQL Server 2019 提供了许多内置函数，使用这些函数能方便、快捷地执行某些运算和操作。除了内置函数，SQL Server 2019 还允许用户自己定义所需要的函数。

7.2.1 应用系统提供的函数

1. 聚合函数

聚合函数对一组值执行计算并返回单一的值。除了 COUNT 函数，聚合函数忽略空值。聚合函数经常与 SELECT 语句的 GROUP BY 子句一同使用，常用的聚合函数见表 7-6。

函　数	功　能　描　述
AVG	计算一组数据的平均值
COUNT	返回组中项目的数量
MAX	返回表达式的最大值
MIN	返回表达式的最小值
SUM	返回表达式中所有值的和，或只返回 DISTINCT 值。SUM 只能用于数字列，空值将被忽略
CHECKSUM	返回按照表的某一行或一组表达式计算出来的校验和值
STDEV	返回给定表达式中所有值的统计标准偏差

拓展阅读
C919 首次试飞合肥

微课 7-6
聚合函数

表 7-6　常用的聚合
函数及其功能

聚合函数只能在 SELECT 语句的选择列表（子查询或外部查询）、HAVING 子句位置作为表达式使用。

【例 7-14】查询选课信息表中的学生数量、最高成绩及最低成绩。

```
   USE 学生选课管理
   GO
   SELECT COUNT(*) AS 学生数量,
        MAX(成绩) AS 最高成绩,
        MIN(成绩) AS 最低成绩
   FROM 选课信息表
```

练一练

查询并统计出学生信息表中的学生数量。

2. 字符串函数

字符串函数用于对字符串进行连接、截取等操作，表 7-7 列出了常用的字符串函数及其功能。

微课 7-7
字符串函数

函　数	功　能　描　述
ASCII(字符表达式)	返回字符表达式最左边字符的 ASCII 码
CHAR(整型表达式)	将 int ASCII 代码转换为字符的字符串函数
SPACE(整型表达式)	返回由指定数量的空格组成的字符串
LEN(字符表达式)	返回给定字符串表达式的字符（而不是字节）个数，其中不包含尾随空格
RIGHT(字符串,整数)	返回从字符串右边开始指定个数的字符
LEFT(字符串,整数)	返回从字符串左边开始指定个数的字符
SUBSTRING(字符串表达式,起始点,N)	返回字符串表达式中从"起始点"开始的 N 个字符
STR(浮点表达式[,总长度[,小数点右边的位数]])	返回由数字数据转换来的字符数据
LTRIM(字符串)	删除字符串左边的空格
RTRIM(字符串)	删除字符串右边的空格
LOWER(字符表达式)	返回将大写字符数据转换为小写字符数据的字符表达式
UPPER(字符表达式)	返回将小写字符数据转换为大写字符数据的字符表达式
REVERSE(字符表达式)	返回字符表达式的逆序
CHARINDEX(字符表达式 1,字符表达式 2,[起始位置])	返回字符串中指定表达式的起始位置
DIFFERENCE(字符表达式 1,字符表达式 2)	以整数返回两个字符表达式的 SOUNDEX 值之差
PATINDEX("%字符串%",表达式)	返回指定表达式中某模式第一次出现的起始位置；如果在全部有效的文本和字符数据类型中没有找到该模式，则返回 0
REPLICATE(字符表达式，正整数)	以指定的次数重复字符表达式
SOUNDEX(字符表达式)	返回由 4 个字符组成的代码，以评估两个字符串的相似性
STUFF(字符表达式 1,start,length,字符表达式 2)	删除指定长度的字符并在指定的起始点插入另一组字符
NCHAR(整型表达式)	根据 Unicode 标准所进行的定义，用给定整数代码返回 Unicode 字符
UNICODE(字符表达式)	返回字符表达式最左侧的 Unicode 代码

表 7-7　常用的字符串函数及其功能

【例 7-15】字符串函数的应用，结果如图 7-5 所示。

```
--显示学生信息表中所有姓"李"的学生
SELECT * FROM 学生信息表 WHERE LEFT(姓名,1)='李'
--指出"应用"在"数据库及应用"中的位置
SELECT CHARINDEX('应用','数据库及应用')
--指出 ASCII 码为 65 的字符
SELECT CHAR(65)
```

--计算"Welcome to China"的长度

SELECT LEN('Welcome to China')

--指出"good"和"GooD"的相似性

SELECT DIFFERENCE('good', 'GooD')

--把字符串"说 明"的中间的一个空格转换成 6 个空格。

SELECT STUFF('说 明', 2, 1, SPACE(6))

--将字符串"SQL Server 数据库"重复两遍

SELECT REPLICATE('SQL Server 数据库', 2)

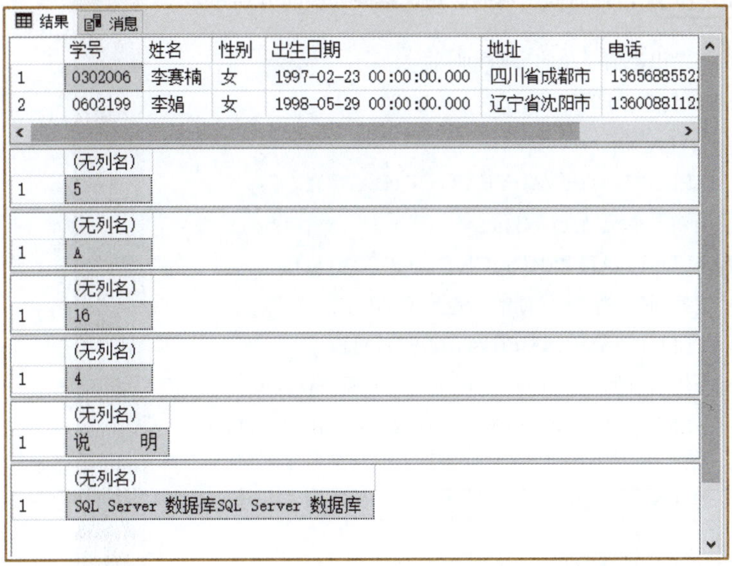

图 7-5
例 7-15 的运行结果

3. 日期和时间函数

日期和时间函数可对日期和时间输入值执行操作，返回一个字符串、数字或日期和时间值，表 7-8 列出了所有日期函数，表 7-9 列出了日期元素及其缩写和取值范围。

表 7-8 日期函数

函 数	功 能 描 述
DATEADD(日期元素,数值,日期)	在向指定日期加上一段时间的基础上，返回新的日期值
DATEDIFF(日期元素,起始日期,终止日期)	返回跨两个指定日期的日期和时间边界数
DATENAME(日期元素,日期)	返回代表指定日期的指定日期部分的字符串
DATEPART(日期元素,日期)	返回代表指定日期的指定日期部分的整数
GETDATE()	返回当前系统的日期和时间
YEAR(日期)	返回代表指定日期年份的整数
MONTH(日期)	返回代表指定日期月份的整数
DAY(日期)	返回代表指定日期的天的日期部分的整数
GETUTCDATE()	返回表示当前 UTC 时间（世界时间坐标或格林尼治标准时间）的 datetime 值

微课 7-8
日期和时间函数

143

表 7-9 日期元素及其缩写和取值范围

日期元素	缩写	取值	日期元素	缩写	取值
year	yy,yyyy	1 753～9 999	hour	hh	0～23
month	mm,m	1～12	minute	mi,n	0～59
day	dd,d	1～31	quarter	qq,q	1～4
dayofyear	dy,y	1～366	second	ss,s	0～59
week	wk,ww	0～52	millisecond	ms	0～999

【例 7-16】日期时间函数的应用，结果如图 7-6 所示。

```
--给出当前系统的日期和时间
SELECT GETDATE()
--输出系统当前的年份
SELECT DATEPART(YEAR , GETDATE())
--输出系统当前的月份
SELECT DATEPART(MONTH , GETDATE())
--返回代表指定日期的指定日期部分的字符串
SELECT DATENAME(DAY , GETDATE())
--使用日期函数计算 2000-06-16 至现在有多少年?
SELECT DATEDIFF(YY , '2000-06-16', GETDATE())
```

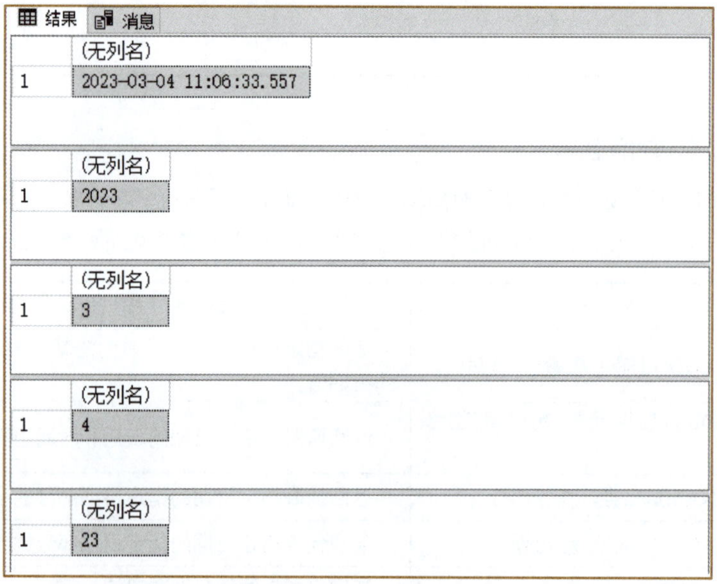

图 7-6
例 7-16 的运行结果

4. 数学函数

数学函数用来对数值型数据进行数学运算，表 7-10 列出了常用的数学函数及其功能。

数学函数	功能描述
ABS(数字表达式)	返回表达式的绝对值
ACOS(浮点表达式)	反余弦函数。返回以弧度表示的角，该角度值的余弦为指定的 float 表达式
ASIN(浮点表达式)	反正弦函数。返回以弧度表示的角，该角度值的正弦为给定的浮点表达式
ATAN(浮点表达式)	反正切函数。返回以弧度表示的角，该角度值的正切为给定的浮点表达式
COS(浮点表达式)	返回给定浮点表达式中指定角度（以弧度为单位）的三角余弦值
COT(浮点表达式)	返回给定浮点表达式中指定角度（以弧度为单位）的三角余切值
CEILING(数字表达式)	返回大于或等于所给数字表达式的最小整数
DEGREES(数值表达式)	将弧度转换为度
EXP(浮点表达式)	返回数值的指数形式
FLOOR(数值表达式)	返回小于或等于数值表达式值的最大整数，CEILING 的反函数
LOG(浮点表达式)	返回所给浮点表达式的自然对数
LOG10(浮点表达式)	返回底数为 10 的对数
PI()	返回 π 的值 3.14159265358979
POWER(数字表达式,指定次方)	返回给定表达式乘指定次方的值
RADIANS(数值表达式)	对于在数字表达式中输入的度数值返回弧度值
RAND(整型表达式)	返回 0 到 1 之间的随机 float 值
ROUND(数值表达式,整型表达式)	返回数字表达式并四舍五入为指定的长度或精度
SIGN(数值表达式)	返回给定表达式的零（0）或正（+1）、负（-1）性
SQUARE(浮点表达式)	返回给定表达式的平方
SIN(浮点表达式)	返回给定角度（以弧度为单位）的三角正弦值
SQRT(浮点表达式)	返回给定表达式的平方根
TAN(浮点表达式)	返回给定表达式的正切值（以弧度为单位）

表 7-10　常用的数学函数及其功能

注意

算术函数（如 ABS、CEILING、DEGREES、FLOOR、POWER、RADIANS 和 SIGN）返回与输入值具有相同数据类型的值。三角函数和其他函数（包括 EXP、LOG、LOG10、SQUARE 和 SQRT）将输入值转换为 float 型并返回 float 值。

【例 7-17】返回 1.00～3.00 范围的数字的平方根，结果如图 7-7 所示。

```
DECLARE @sv float
SET @sv = 1.00
WHILE @sv <3.00
    BEGIN
```

```
SELECT SQRT(@sv)
SELECT @sv = @sv + 1
END
```

图 7-7
例 7-17 的运行结果

> **说明**
>
> BEGIN…END 用来设定一个程序块，将 BEGIN…END 内的语句组视为一个单元执行。

【例 7-18】计算给定角度的正弦值。

```
DECLARE @jssin float
SET @jssin = 34.123
SELECT '正弦值为: ' + CONVERT(varchar, SIN(@jssin))
```

7.2.2 用户自定义函数

根据用户定义函数的返回值，可以将用户自定义函数分为标量值函数及表值函数。根据函数主体的定义方式，表值函数可分为内联表值函数及多语句表值函数。

如果 RETURNS 子句指定了一种标量数据类型，则函数为标量值函数，可以使用多条 Transact-SQL 语句定义标量值函数。如果 RETURNS 子句指定 TABLE，则函数为表值函数。

1. 用 CREATE FUNCTION 创建用户自定义函数

（1）标量函数

用户定义标量函数返回在 RETURNS 子句中定义的类型的单个数据值。

语法格式如下。

微课 7-9
标量值函数

```
CREATE FUNCTION 函数名
([ { @参数名 [ AS ] 类型
    [ = 默认值 ] }
    [ , …n ]
  ]
)
RETURNS 返回值的数据类型
[WITH   ENCRYPTION]
   [ AS ]
BEGIN
```

```
        函数体
        RETURN 函数返回值          --必须包括此语句
    END
```

参数说明如下。

- WITH ENCRYPTION：表示对函数定义文本进行加密，这样可以防止他人查看函数的定义文本。

【例 7-19】 创建一个标量函数 fn_chengji，根据教师编号、课程编号获取该教师所授课程的平均成绩，结果如图 7-8 所示。

```
USE 学生选课管理
GO
CREATE FUNCTION fn_chengji
(
@tea_code char(6),
@cou_code char(10),
)
RETURNS decimal(5,2)
AS
BEGIN
--声明返回值变量
DECLARE @avgchengji decimal(5,2)
--根据教师编号、课程编号获取该教师所授课程的平均成绩
SELECT @avgchengji=AVG(成绩)
FROM 选课信息表
WHERE 教师编号=@tea_code
AND 课程编号=@cou_code
--返回函数返回值
RETURN @avgchengji
END
GO
SELECT dbo.fn_chengji('060301','010146') AS 平均成绩
```

	平均成绩
1	77.50

图 7-8
调用标量函数的查询结果

（2）表值函数

① 内联表值函数。

语法格式如下。

微课 7-10
表值函数

```
CREATE FUNCTION 函数名
([{@参数名 [AS] 类型
    [= 默认值 ]}
    [ ,...n ]
  ]
)
RETURNS TABLE
[WITH  ENCRYPTION]
    [AS ]
    RETURN [ ( ] SELECT 语句 [ ) ]
```

> **说明**
>
> 此函数没有函数体，返回值为 TABLE 类型，返回值为 RETURN 后 SELECT 语句的查询结果。

【例 7-20】 创建一个内联表值函数 fn_name_chengji，该函数的输入参数为学生学号，返回姓名及总成绩，结果如图 7-9 所示。

```
USE 学生选课管理
GO
/*创建一个内联表值函数,该函数的输入参数为学生学号,返回姓名及总成绩*/
CREATE FUNCTION fn_name_chengji(@stu_no char(7))
RETURNS TABLE
AS
RETURN
(
SELECT b.姓名, SUM(成绩) AS '总成绩'
FROM 选课信息表 AS a
JOIN 学生信息表 AS b
ON a.学号=b.学号
WHERE a.学号=@stu_no
GROUP BY a.学号
)
GO
--调用内联表值函数 fn_name_chengji
SELECT * FROM fn_name_chengji('0301002')
```

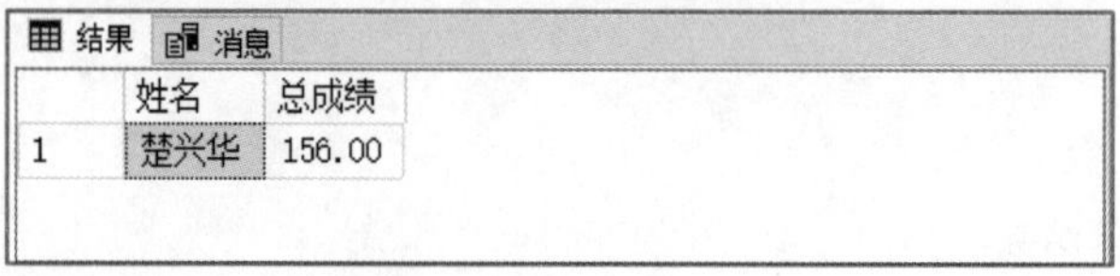

	姓名	总成绩
1	楚兴华	156.00

图 7-9
调用内联表值函数的查询结果

② 多语句表值函数。

148

语法格式如下。

```
CREATE FUNCTION 函数名
([{@参数名 [AS] 类型
   [= 默认值 ]}
   [,...n]
 ]
)
RETURNS @局部变量 TABLE <返回表的定义>
   [AS]
   BEGIN
       函数体
       RETURN
   END
```

【例7-21】 定义函数 SearchXueFen，并利用该函数查询学分大于 1 的课程信息，结果如图 7-10 所示。

```
USE 学生选课管理
GO
CREATE FUNCTION SearchXueFen(@xuefen numeric(3,2))
--@xuefen 为使用函数时要输入的参数
RETURNS @xuefenInfo TABLE
--@xuefenInfo 为局部变量，存放该函数返回的表，下面是该表的定义
(
课程编号 char(10),
课程名称 varchar(20),
学分 numeric(3,2)
)
AS
--下面是函数的执行部分，即生成表的部分
BEGIN
    INSERT @xuefenInfo          --该处引用了存放表的局部变量
    SELECT 课程编号,课程名称,学分
    FROM 课程信息表
    WHERE 学分>@xuefen
    --以上定义的是返回大于参数值的课程信息
    RETURN
END
GO
--应用该函数查询学分大于 1 的课程信息
SELECT * FROM SearchXueFen(1)
```

	课程编号	课程名程	学分
1	010146	动态网站建设	2.00
2	010272	游戏程序设计	2.00
3	060314	JSP程序设计	2.00
4	060317	Oracle数据库技术	2.00

图 7−10
调用多语句表值函数的查询结果

2. 自定义函数的修改

（1）使用对象资源管理器修改函数

【例 7−22】 修改函数 SearchXueFen，将查询大于某学分的课程信息改为查询小于某学分的课程信息。

第1步： 启动 SSMS，在对象资源管理器中，右击"数据库"→"学生选课管理"→"可编程性"→"函数"→"表值函数"→dbo.SearchXueFen，在弹出的快捷菜单中选择"修改"命令，如图 7−11 所示。

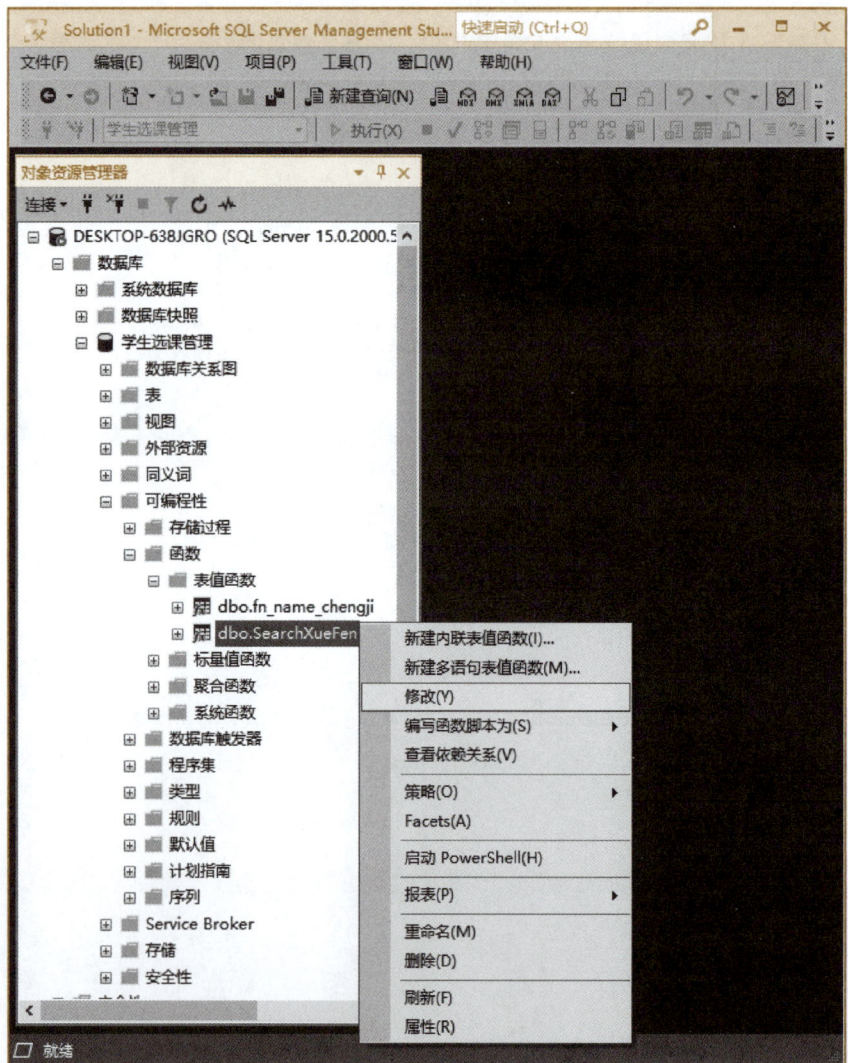

图 7−11
选择"修改"命令

第2步： 在打开函数的编辑界面中修改函数，如图 7-12 所示。

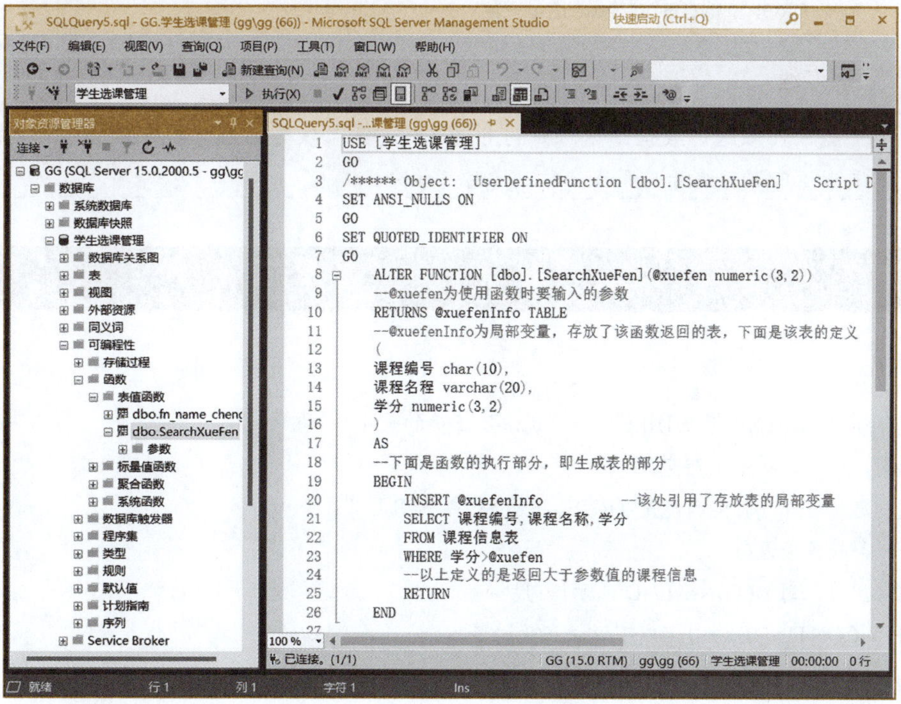

```
1   USE [学生选课管理]
2   GO
3   /****** Object:  UserDefinedFunction [dbo].[SearchXueFen]     Script D
4   SET ANSI_NULLS ON
5   GO
6   SET QUOTED_IDENTIFIER ON
7   GO
8       ALTER FUNCTION [dbo].[SearchXueFen](@xuefen numeric(3,2))
9       --@xuefen为使用函数时要输入的参数
10      RETURNS @xuefenInfo TABLE
11      --@xuefenInfo为局部变量，存放了该函数返回的表，下面是该表的定义
12      (
13      课程编号 char(10),
14      课程名称 varchar(20),
15      学分 numeric(3,2)
16      )
17      AS
18      --下面是函数的执行部分，即生成表的部分
19      BEGIN
20          INSERT @xuefenInfo            --该处引用了存放表的局部变量
21          SELECT 课程编号,课程名称,学分
22          FROM 课程信息表
23          WHERE 学分>@xuefen
24          --以上定义的是返回大于参数值的课程信息
25          RETURN
26      END
27
```

图 7-12
修改函数

第3步： 按题意要求修改完成后，单击工具栏中的"执行"按钮，完成修改。

（2）使用 ALTER FUNCTION 语句修改函数

ALTER FUNCTION 的使用方法与 CREATE FUNCTION 相类似，由于函数的返回值与函数类型相关，因此有多种 ALTER FUNCTION 的语法定义。只要掌握 CREATE FUNCTION 的用法，学会使用 ALTER FUNCTION 将很容易。例如，将 SearchXueFen 函数定义为返回小于某学分的课程信息，只需将"WHERE 学分>@xuefen"修改为"WHERE 学分<@xuefen"即可，其余定义部分不变。

3. 函数的删除

（1）通过对象资源管理器删除函数

在对象资源管理器中右击要删除的函数，在弹出的快捷菜单中选择"删除"命令，即可删除函数。

（2）使用 DROP FUNCTION 语句删除函数

从当前数据库中删除一个或多个用户自定义函数。

语法格式如下。

DROP FUNCTION 函数名 [, ...n]

【例 7-23】 删除函数 SearchXueFen。

USE 学生选课管理

```
GO
DROP FUNCTION SearchXueFen
```

科技·中国 7

练一练

创建一个多语句表值函数，并利用该函数查询课程类别为"必修课"的课程信息，要求返回课程编号、课程名称、学时、学分。

单 元 测 试

一、选择题

1. 关于流程控制语句 IF…ELSE 与 WHILE，以下说法不正确的是（   ）。

   A. 可嵌套使用，但在逻辑上不能交叉

   B. 需要给定判定表达式，其值只能是 TRUE、FALSE 或 NULL

   C. 可以包含一条或多条语句

   D. 多条语句使用时，用 BEGIN…END 表示语句块

2. 关于 BREAK 和 CONTINUE 语句，以下说法正确的是（   ）。

   A. BREAK 语句的作用是退出循环，结束程序

   B. BREAK 语句是退出本层循环到上层循环

   C. CONTINUE 语句的作用是回到循环头，检查下一次循环判定条件

   D. BREAK 和 CONTINUE 语句一般在 IF…ELSE 语句中执行

3. 下列（   ）语句可以用来从最内层的 WHILE 循环中退出，执行 END 关键字后面的语句。

   A. CLOSE   B. BREAK   C. EXIT

   D. 以上都是   E. 以上都不是

4. 要将一组语句执行 10 次，下列（   ）结构可以用来完成此项任务。

   A. IF…ELSE   B. WHILE   C. CASE   D. 以上都不是

5. 下列（   ）语句可以用来通知 SQL Server 等待 15 s，然后开始执行操作。

   A. WAITFOR '00:00:15' DELAY

   B. WAITFOR DELAY BY '00:00:15'

   C. WAITFOR DELAY '00:00:15'

   D. WAITFOR '00:0015'

二、填空题

1. 批处理是由一条或多条_____组成的语句集，可从应用程序一次性发送到 SQL Server 执行。

2. 在使用 T-SQL 语句编写的程序中，可以使用_____将多条 SQL 语句进行分隔，两个 GO 命令之间的 SQL 语句可以作为一个批处理。

3. _____也称为注解，是写在程序代码中的说明性文字，对程序的结构及功能进行文字说明。

4. 当一个复杂的表达式有多个运算符时，运算符优先级决定执行运算的先后顺序。如果一个表达式中的两个运算符有相同的运算符优先级时，则按_____顺序进行求值。

5. 使用_____语句可以创建用户自定义函数，使用_____语句可以修改用户自定义函数，使用_____语句可以删除用户自定义函数。

6. CASE 具有两种格式：一种是_____语句，将某个表达式与一组简单表达式进行比较以确定结果；另一种是_____语句，用于计算一组布尔表达式以确定结果。

7. 局部变量名以_____符号开头。

8. _____语句是无条件转移语句。

9. 指出下列语句完成的功能：_____。

```
SELECT '系部名称'=
    CASE  系部编码
        WHEN '001' THEN '经济管理系'
        WHEN '002' THEN '智能工程系'
        WHEN '003' THEN '会计系'
        WHEN '004' THEN '基础部'
        ELSE '其他系部'
    END
FROM  系部  WHERE  系部编码='001'
```

三、判断题

1. 批处理是由一条或多条 T-SQL 语句组成的语句集，可从应用程序一次性发送到 SQL Server 执行。
（   ）

2. 注释是程序代码中的文本字符串，编译器会忽略这些注释。注释会使得维护程序代码更容易。（   ）

单 元 实 训

1. 基本技能要求

① 显示储户表中存款在 1 万元以上的储户信息，若没有超过 1 万元的储户，则显示没有超过 1 万元的全部储户的信息。

② 创建一个函数 max_fun，其返回结果为指定年份单笔取款的最大值。调用该函数检索 2016 年单笔取款的最大值。

③ 创建一个内联表值函数 dd_fun，其返回结果为储户表中存款余额小于函数参数值的所有用户，并调用该函数检索储户表中存款余额小于 5 000 元的所有储户。

④ 利用 T-SQL 语句查看内联表值函数 dd_fun 的定义信息，并对该函数进行加密。

单元实训指导 7
"学生选课管理"数据库
的 T-SQL 程序设计

2. 拓展技能要求

创建一个多语句表值函数 cc_fun 和一个内联表值函数 ss_fun，实现函数返回值为指定年限的所有储户的存取款信息，要求显示储户的姓名、储蓄所名称、存取日期、存取代码、存取金额，并利用它来查询 2016 年存款的所有储户的信息。

专业能力测评表

（在□中打√，A——掌握，B——基本掌握，C——未掌握）

业务能力	评价指标	自测结果	备注
使用控制语句实现"学生选课管理"数据库的应用逻辑	1. 批处理、注释及脚本	□A　□B　□C	
	2. 变量	□A　□B　□C	
	3. 运算符及运算符的优先级	□A　□B　□C	
	4. 流程控制语句	□A　□B　□C	
"学生选课管理"数据库中函数的定义与应用	1. 应用系统提供的函数	□A　□B　□C	
	2. 用户自定义函数	□A　□B　□C	
其他			
教师评语：			
成绩		教师签字	

任务 8 "学生选课管理"数据库的存储过程、触发器及游标的应用

知识目标

- 了解存储过程的概念和类型。
- 掌握创建与执行存储过程的方法。
- 了解触发器的概念和类型。
- 掌握触发器的创建及使用方法。
- 掌握游标的使用方法。

能力目标

- 能够熟练创建、执行、查看、修改和删除存储过程。
- 能够熟练设计、查看、修改和删除触发器。
- 能够进行游标的声明、打开、读取、关闭及释放。

素养目标

- 培养学生珍惜青春韶华的意识，使他们懂得时间宝贵，努力学习，脚踏实地，默默奉献。
- 培养学生知行合一、学用结合的能力，使他们能够将所学知识与实践相结合，将学到的知识应用于实际生活和祖国现代化建设中。

【情境描述】

学院信息中心使用一个应用程序来管理学生选课信息，这个应用程序要求从下拉列表框中选择学生学号，然后检索指定学生的姓名、性别、所选课程名称和成绩，并在对应的控件中显示。当利用应用程序向专业信息表中增加记录时，若插入了系部信息表中没有的系部编号，将提示用户"系部编号不存在，无法插入记录"，否则提示"记录成功插入"的信息。为了实现以上两个功能，小王为该数据库创建了一个存储过程，在应用程序中调用该存储过程即可方便地检索对应学生的选课信息。同时，小王在专业信息表中创建了一个触发器，当向专业信息表插入记录时，可提示相关的信息。

【任务分解】

从上述情境描述中可见，存储过程和触发器都是一组完成特定功能的 T-SQL 语句集。本任务主要介绍存储过程、触发器及游标等知识，完成存储过程、触发器及游标在"学生选课管理"数据库中的应用。这里对该任务进行分解，共包括以下 3 个子任务。

- 使用存储过程维护"学生选课管理"系统的基本信息。
- 使用触发器维护"学生选课管理"系统的业务逻辑。
- 使用游标处理"学生选课管理"系统中的数据。

8.1.1　存储过程概述

使用 T-SQL 语言进行编程有两种方法：一种是在本地存储 T-SQL 程序，执行时，将程序中的语句发送到 SQL Server，并对数据进行处理；另一种是将部分使用 T-SQL 语言编写的程序作为存储过程存储在 SQL Server 中，通过调用存储过程来对数据进行处理。在实际应用中，更多的是使用第二种方法，也就是在 SQL Server 中使用存储过程，而不是在客户机上调用 T-SQL 编写一段程序。

微课 8-1
存储过程概述

1．认识存储过程

存储过程是一组能够完成特定功能的 T-SQL 语句的集合，经编译后存储在数据库服务器中，可以接收参数并返回状态值和参数值。存储过程可以由应用程序通过调用来执行，它是封装重复性工作的一种有效的方法。使用存储过程能够显著提高应用程序的处理能力，并降低编写及维护数据库应用程序的难度。数据库开发人员及管理人员通过编写存储过程来运行经常执行的管理任务，或者应用复杂的业务规则。

2．存储过程的优点

（1）执行速度快

对于一般的 T-SQL 语句，每次执行时都需要进行编译和优化，而存储过程是经过预编译的，在创建时经过了语法检查和性能优化，在执行时就不需要重复这些步骤，因此使用存储过程可以提高执行速度。

（2）可以提高数据的安全性

系统管理员可以只给用户授予访问存储过程的权限，而不授予访问存储过程涉及的表或视图的权限，这样用户只能通过存储过程来操作数据库中的数据，而不能直接操作有关的表，从而保证数据库中数据的安全性。

（3）存储过程可以降低网络负载

存储过程中包含大量的 T-SQL 语句，它以一个独立的单元存放在服务器上。调用存储过程时，只需传递执行存储过程的调用命令，就能将执行结果返回调用过程或批处理，减少网络上数据的传输。

3．存储过程的分类

存储过程可以分为系统存储过程、用户定义的存储过程和扩展存储过程等。

（1）系统存储过程

系统存储过程由系统自动创建，存储在 master 数据库中，前缀为 sp_。系统存储过程完成的功能主要是从系统表中获取信息。系统管理员可以通过系统存储过程完成复杂的 SQL Server 的管理工作。

拓展阅读
默默奉献

（2）用户定义存储过程

用户定义的存储过程是由用户创建并完成特定功能的存储过程，可在 T-SQL 中开发，或者作为对.NET Framework 公共语言运行时（CLR）方法的引用开发。

临时存储过程是用户定义存储过程的一种形式。临时存储过程与永久存储过程相似，只是临时存储过程存储于 tempdb 中。临时存储过程有两种类型：本地过程和全局过程。它们在名称、可见性及可用性上有区别。本地临时存储过程的名称以单个数字符号（#）开头；全局临时过程的名称以两个数字符号（##）开头，创建后对任何用户都是可见的，且在使用该过程的最后一个会话结束时被删除。

（3）扩展存储过程

扩展存储过程是允许用户使用一种编程语言创建的应用程序，是可以在 SQL Server 实例中动态加载和运行的 DLL。扩展存储过程直接在 SQL Server 实例的地址空间中运行，用户可以像使用普通存储过程一样使用它。

8.1.2 创建存储过程

1. 使用对象资源管理器创建存储过程

使用对象资源管理器创建存储过程的步骤如下。

微课 8-2
创建简单存储过程

第1步： 启动 SSMS，在对象资源管理器中，右击"数据库"→"学生选课管理"→"可编程性"→"存储过程"选项，在弹出的快捷菜单中选择"新建"→"存储过程"命令，如图 8-1 所示。

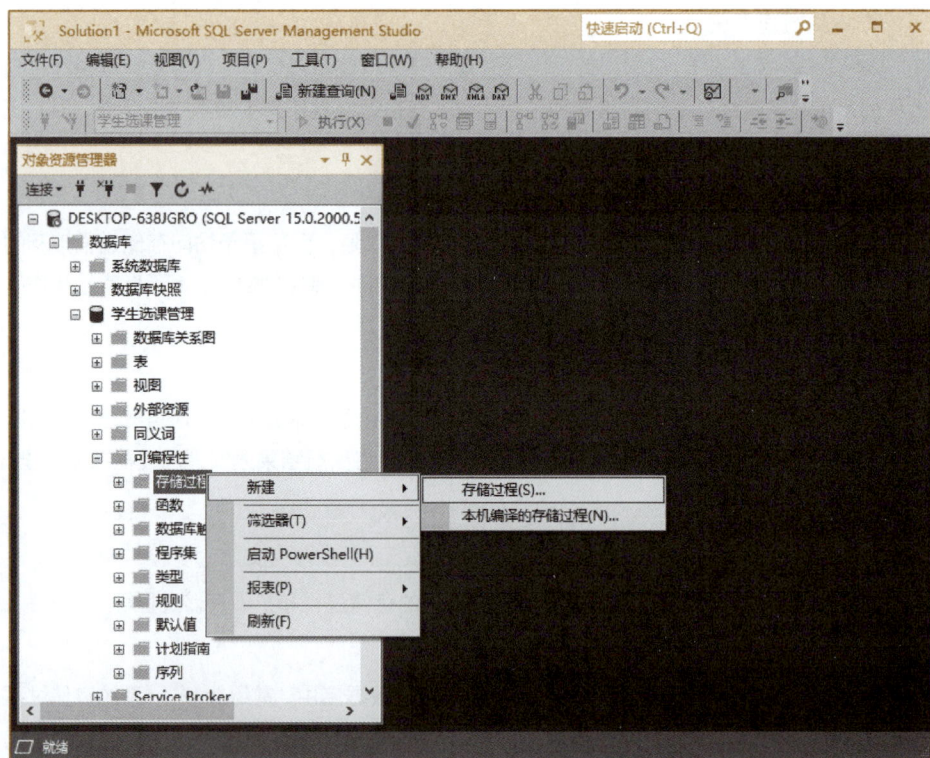

图 8-1
选择"新建"→
"存储过程"命令

第2步： 在弹出界面的"新建查询"文本框中输入创建存储过程的 T-SQL 语句。

第3步： 单击工具栏中的"分析"按钮，如图 8-2 所示，以检查存储过程是否存在语法问题。如果语法完全正确，单击"执行"按钮，即可完成存储过程的创建。

图 8-2
单击"分析"按钮

2. 使用 CREATE PROCEDURE 语句创建存储过程

语法格式如下。

```
CREATE PROCEDURE 存储过程名
[输入参数 1 数据类型,
输入参数 2 数据类型,
……
输出参数 1 数据类型 OUTPUT,
输出参数 2 数据类型 OUTPUT,
……
]
[ WITH ENCRYPTION ]
AS
        SQL 语句
```

参数说明如下。

● OUTPUT：表示该参数是输出参数。

● ENCRYTPION：将存储过程进行加密。

（1）创建简单存储过程

【例 8-1】 使用 CREATE PROCEDURE 语句创建存储过程"sel_学生选课"，该存储过程从学生信息表、课程信息表、选课信息表中检索所有学生的姓名、性别、所选课程名称和成绩。

微课 8-3
引入情境创建简单
存储过程

```
USE  学生选课管理
--建立存储过程 sel_学生选课
CREATE PROCEDURE sel_学生选课
AS
  SELECT 姓名,性别,课程名称,成绩
  FROM 学生信息表 A INNER JOIN 选课信息表 B
  ON A.学号=B.学号  INNER JOIN 课程信息表 C
  ON B.课程编号=C.课程编号
GO
--执行存储过程 sel_学生选课
EXEC sel_学生选课
```

（2）创建和执行带有参数的存储过程

① 使用带简单参数的存储过程。

【例 8-2】 使用 CREATE PROCEDURE 语句创建存储过程"sel_指定学生选课"，该

微课 8-4
创建和执行带有参数
的存储过程

微课 8-5
引入情境创建和执行带
有参数的存储过程

存储过程从学生信息表、课程信息表、选课信息表中检索指定学生的姓名、性别、所选课程名称和成绩，要求将学号通过一个输入参数传递给存储过程。

```
USE 学生选课管理
--建立存储过程 sel_指定学生选课
CREATE PROCEDURE sel_指定学生选课
@xh char(8)
AS
    SELECT 姓名,性别,课程名称,成绩
    FROM 学生信息表 A INNER JOIN 选课信息表 B
    ON A.学号=B.学号 INNER JOIN 课程信息表 C
    ON B.课程编号=C.课程编号
    WHERE A.学号=@xh
GO
--执行存储过程 sel_指定学生选课
EXEC sel_指定学生选课 '0301001'
```

② 使用输出参数。

输出参数用于把返回值赋予变量并传给调用它的存储过程或应用程序。当声明输出参数时，需要在声明参数的后面加上 OUTPUT，以表明此参数为输出参数。

【例 8-3】创建存储过程 course_select_count，该过程将返回某课程的选课学生数量。

```
USE 学生选课管理
CREATE PROCEDURE course_select_count
@course_id char(10),
@course_nums SMALLINT OUTPUT
AS
SET @course_nums=
(
SELECT count(*) FROM 选课信息表
WHERE 课程编号=@course_id
)
PRINT @course_nums
GO
--执行存储过程,返回课程编号为 130201 课程的选课学生数量
DECLARE @cid char(10),@cnums SMALLINT
SET @cid='130201'
EXEC course_select_count @cid, @cnums
```

运行结果如图 8-3 所示。

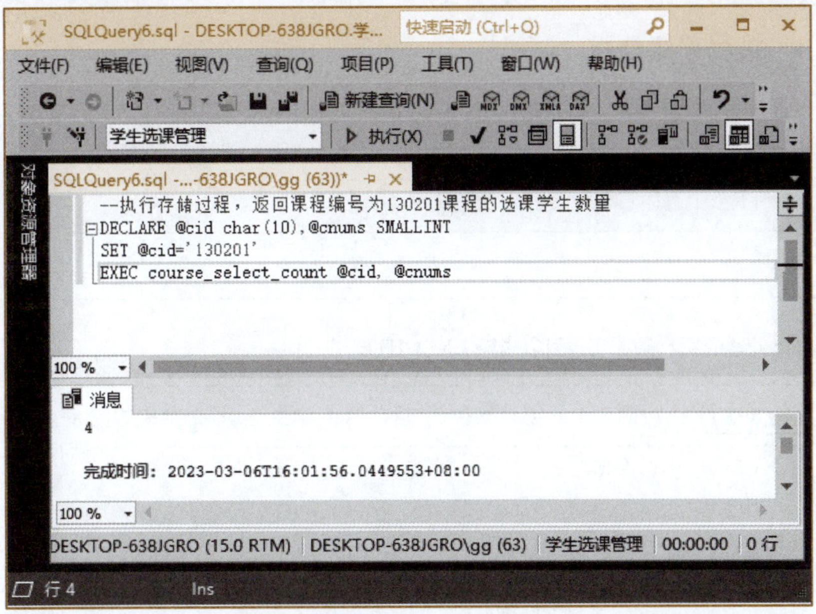

图 8-3
执行带输出参数的存储过程

③ 使用带有通配符参数的存储过程。

【例 8-4】 使用 CREATE PROCEDURE 语句创建存储过程"sel_选课",该存储过程从课程信息表、选课信息表中检索被选课程名称中包含"程序"的课程名称,要求将含有"程序"的课程名称通过参数传递给存储过程。

```
USE 学生选课管理
GO
--建立存储过程 sel_选课
CREATE PROCEDURE sel_选课
@course_name varchar(20)='%程序%'
AS
    SELECT DISTINCT 课程名称
    FROM 课程信息表 A INNER JOIN 选课信息表 B
    ON A.课程编号=B.课程编号
    WHERE 课程名称 like @course_name
GO
    --执行存储过程 sel_选课
    EXEC sel_选课
```

📖 练一练
- -
使用 CREATE PROCEDURE 语句创建存储过程"sel_班级学生",该存储过程根据班级名称从学生信息表、班级信息表中检索指定班级的学生的学号、姓名和性别信息,要求将班级名称通过参数传递给存储过程。
- -

8.1.3 执行存储过程

创建完存储过程后，可以使用 EXECUTE 语句来执行存储过程。

语法格式如下。

EXEC[UTE] 存储过程名 [参数值，……]

说明

若 **EXECUTE** 语句是批处理的第一条语句，可以省略 **EXECUTE**。

【例 8-5】执行例 8-1 所创建的存储过程"sel_学生选课"，结果如图 8-4 所示。

USE 学生选课管理

GO

EXEC sel_学生选课

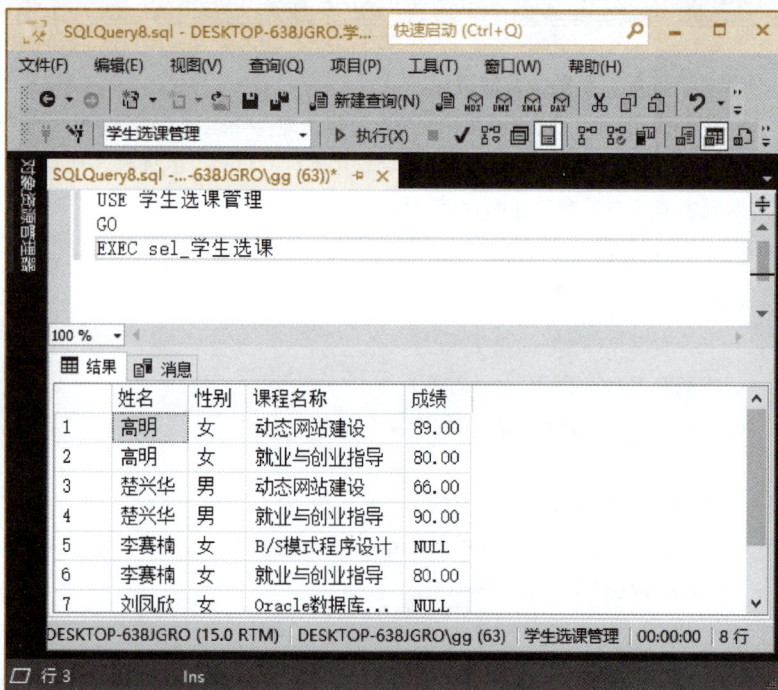

图 8-4
执行存储过程 sel_学生
选课后的效果

【例 8-6】使用 EXECUTE 命令传递参数，执行例 8-2 创建的存储过程"sel_指定学生选课"。

USE 学生选课管理

GO

EXEC sel_指定学生选课 '0602199'

练一练

执行存储过程"sel_班级学生"，并观察结果是否正确。

• 8.1.4 管理存储过程

存储过程被创建后，可以对其进行管理和维护，包括修改、查看、重命名和删除存储过程。

1. 修改存储过程

（1）使用对象资源管理器修改存储过程

第1步： 启动 SSMS，在对象资源管理器中，展开"数据库"→"学生选课管理"→"可编程性"→"存储过程"节点。

第2步： 右击要修改的存储过程，在弹出的快捷菜单中选择"修改"命令，如图 8-5 所示。

第3步： 在"修改存储过程"对话框的"文本"文本框中修改存储过程源程序。

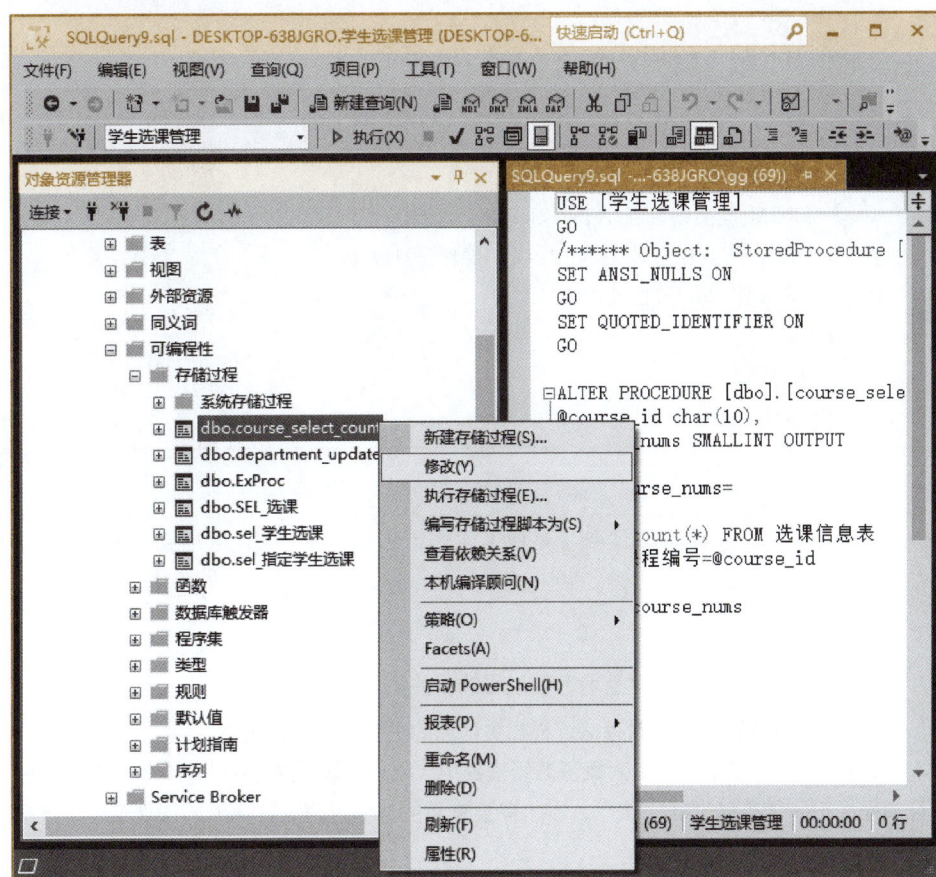

微课 8-6
管理存储过程

图 8-5
选择"修改"命令

（2）使用 ALTER PROCEDURE 语句修改存储过程

语法格式如下。

```
ALTER PROCEDURE 存储过程名
[输入参数 1 数据类型，
输入参数 2 数据类型，
……
```

163

```
            输出参数 1 数据类型 OUTPUT,
            输出参数 2 数据类型 OUTPUT,
            ……
            ]
            [ WITH ENCRYPTION ]
            AS
                SQL 语句
```

相关参数的含义参见 CREATE PROCEDURE 语句。

【例 8-7】修改例 8-1 建立的存储过程"sel_学生选课",要求对此存储过程进行加密,其他要求不变。

```
            USE 学生选课管理
            GO
            ALTER PROCEDURE sel_学生选课
            WITH ENCRYPTION
            AS
                SELECT 姓名,性别,课程名称,成绩
                FROM 学生信息表 A INNER JOIN 选课信息表 B
                ON A.学号=B.学号 INNER JOIN 课程信息表 C
                ON B.课程编号=C.课程编号
            GO
            --执行存储过程
            EXEC sel_学生选课
```

📐 练一练
- -
　　修改存储过程 course_select_count,该存储过程将返回某学生的选课数量。执行所建立的存储过程,并观察结果。
- -

2. 查看存储过程

（1）使用对象资源管理器查看存储过程的相关信息

使用对象资源管理器查看存储过程相关信息的主要操作步骤如下。

第1步:启动 SSMS,在对象资源管理器中,展开"数据库"→"学生选课管理"→"可编程性"→"存储过程"节点,右击需要查看的存储过程,在弹出的快捷菜单中选择"属性"命令,如图 8-6 所示。

第2步:此时便可在打开的界面中查看存储过程的属性,如图 8-7 所示,在"选择页"选项区域中有"常规""权限""扩展属性"选项,功能如下。

- 在"常规"选项设置界面,可以查看该存储过程的创建日期、属于哪个数据库和数据库用户等信息。
- 在"权限"选项设置界面,可以查看该存储过程的名称,并且可以为该存储过程添加用户,授予其权限。
- 在"扩展属性"选项设置界面,可以向数据库对象添加自定义属性。

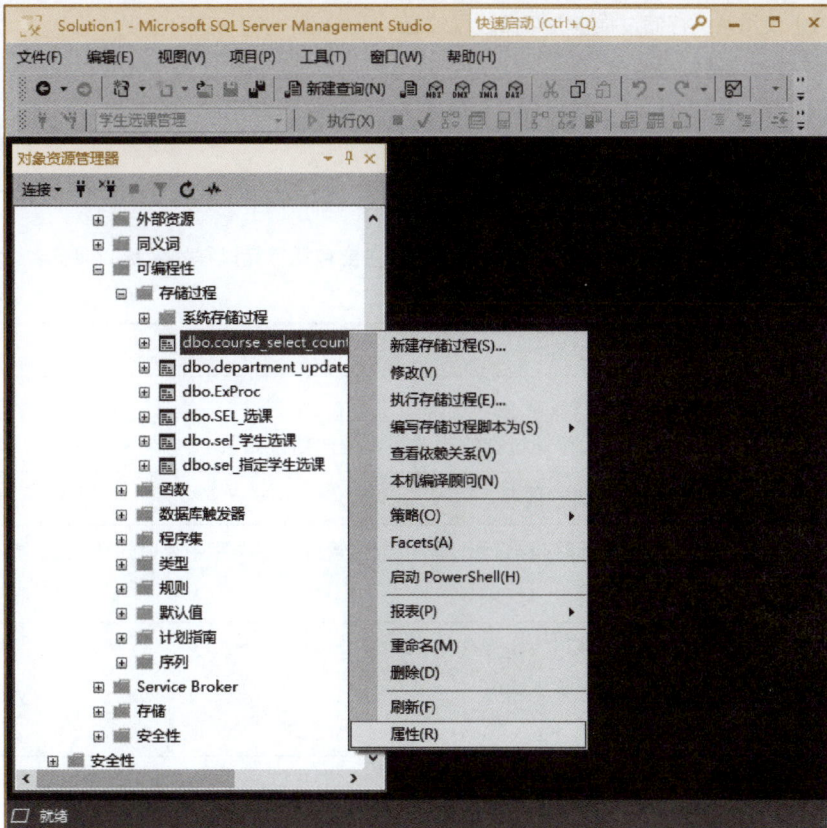

图 8-6
选择"属性"命令

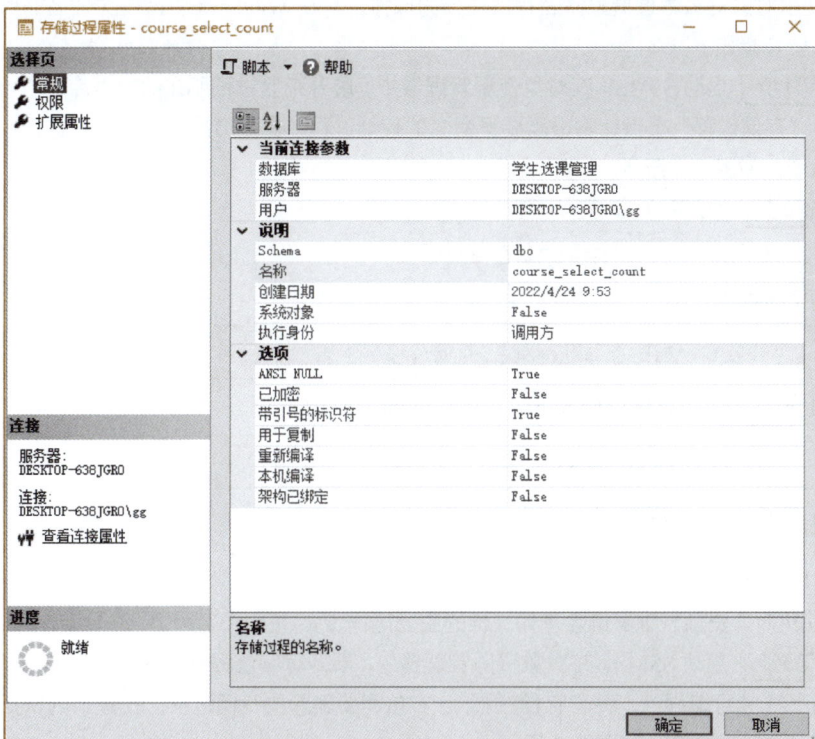

图 8-7
查看存储过程属性

（2）使用系统存储过程查看存储过程信息

① 查看存储过程的定义。

使用 SP_HELPTEXT 查看存储过程的定义，语法格式如下。

SP_HELPTEXT 存储过程名

② 查看存储过程的一般信息。

使用 SP_HELP 查看存储过程的一般信息，主要包括存储过程的名称、拥有者、类型和创建时间等，语法格式如下。

SP_HELP 存储过程名

③ 查看存储过程的相关性。

使用 SP_DEPENDS 查看存储过程的相关性，语法格式如下。

SP_DEPENDS 存储过程名

【例 8-8】使用系统存储过程查看"学生选课管理"数据库中存储过程"sel_学生选课"的相关信息。

EXEC SP_HELPTEXT   'sel_学生选课' EXEC SP_HELP 'sel_学生选课' EXEC SP_DEPENDS 'sel_学生选课'

3. 重命名存储过程

（1）使用对象资源管理器重命名存储过程

使用对象资源管理器重命名存储过程的操作，与在 Windows 中修改文件名的操作相似，主要步骤如下。

第1步：启动 SSMS，在对象资源管理器中，展开存储过程所在的数据库→"可编程性"→"存储过程"节点，右击需要重命名的存储过程，在弹出的快捷菜单中选择"重命名"命令，如图 8-8 所示。

第2步：输入新的存储过程名。

（2）使用系统存储过程重命名存储过程

语法格式如下。

SP_RENAME 存储过程原名, 存储过程新名

【例 8-9】将存储过程 course_select_count 更改为 csc。

SP_RENAME course_select_count,csc

4. 删除存储过程

（1）使用对象资源管理器删除存储过程

使用对象资源管理器删除存储过程的主要操作步骤如下。

第1步：启动 SSMS，在对象资源管理器中，展开存储过程所在的数据库→"学生选课管理"→"可编程性"→"存储过程"，右击需要删除的存储过程，在弹出的快捷菜单中选择"删除"命令，如图 8-9 所示。

图 8-8
选择"重命名"命令

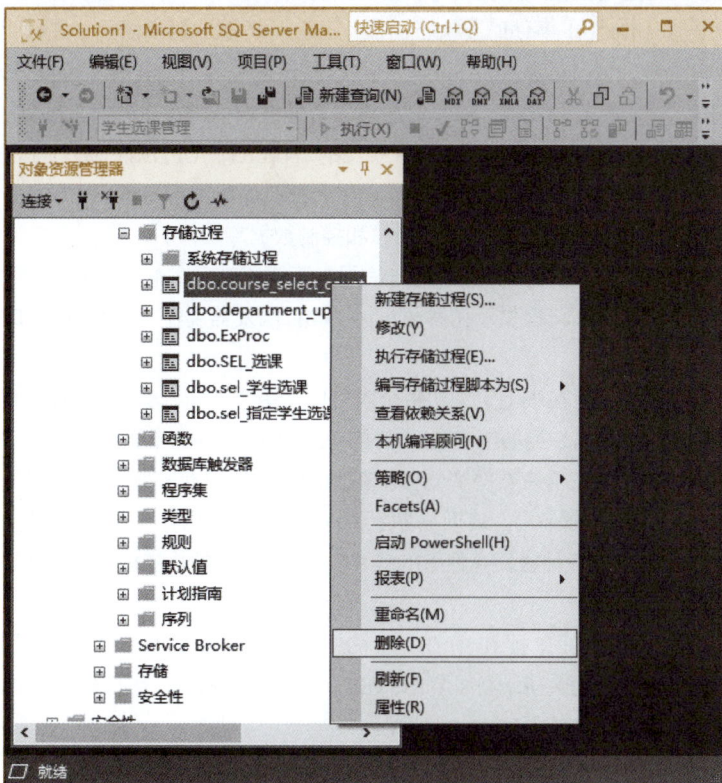

图 8-9
选择"删除"命令

第2步： 在弹出的"删除对象"界面中单击"确定"按钮，该存储过程被删除。

（2）使用 DROP PROCEDURE 语句删除存储过程

语法格式如下。

> DROP PROCEDURE　存储过程名　[,...n]

【例 8-10】 使用 T-SQL 语句删除"学生选课管理"数据库中的存储过程 course_select_count。

> DROP PROCEDURE course_select_count

子任务 8.2　使用触发器维护"学生选课管理"系统的业务逻辑

8.2.1　触发器概述

微课 8-7
触发器概述

触发器是一种特殊类型的存储过程，是 SQL Server 为保证数据完整性、确保系统正常工作而设置的一种技术。当触发器所保护的数据发生变化时，触发器就会自动运行，以保证数据的完整性与正确性。例如，当需要对表中的数据进行修改操作时，如对表的 INSERT、DELETE、UPDATE 操作定义了触发器，则相应的触发器会被自动执行。

1. 触发器的类型

SQL Server 包括两大类触发器：DML 触发器和 DDL 触发器。

DML 触发器是当数据库服务器对表或视图发出 INSERT、UPDATE 或 DELETE 语句等数据操作语言（DML）事件时要执行的操作。该种类型的触发器用于在数据被修改时强制执行业务规则，以及扩展 SQL Server 约束、默认值和规则的完整性检查逻辑。

DDL 触发器同常规触发器一样，它将激发存储过程以响应事件。与 DML 触发器不同的是，DDL 触发器不会为响应针对表或视图的 INSERT、UPDATE 或 DELETE 语句而激发，只是为响应以 CREATE、ALTER 和 DROP 开头的数据定义语言（DDL）语句而激发。DDL 触发器能够用于管理任务，如审核和控制数据库操作。

本书主要介绍 DML 触发器的创建与使用，下面所涉及的触发器均是 DML 触发器（简称触发器）。SQL Server 提供了两种类型的 DML 触发器：AFTER 触发器和 INSTEAD OF 触发器。

AFTER 触发器只能在表上定义。每个表可以有多个不同名称的 AFTER 触发器，在执行了 INSERT、UPDATE 或 DELETE 语句操作后便执行 AFTER 触发器。

INSTEAD OF 触发器在数据变动以前被触发，并取代变动数据的操作（INSERT、UPDATE 或 DELETE 操作），转而去执行触发器定义的操作。可在表和视图上指定 INSTEAD OF 触发器，每种触发事件（INSERT、UPDATE 或 DELETE 操作）只能有一个 INSTEAD OF 触发器。

如果触发器表存在约束，则在 INSTEAD OF 触发器执行之后和 AFTER 触发器执行之前检查这些约束。如果违反了约束，将回滚 INSTEAD OF 触发器操作，且不激活 AFTER 触发器。

2. 触发器的优点

① DML 触发器可通过数据库中的相关表实现级联更改。

② DML 触发器能够强制执行比 CHECK 定义的约束更为复杂的约束。

③ DML 触发器能够引用其他表中的列，而 CHECK 约束则不能。

④ DML 触发器能够评估修改数据前与修改数据后的表状态，并根据其差异采取对策。

⑤ 一个表中的多个同类 DML 触发器（INSERT、UPDATE 或 DELETE）允许采取多个不同的操作来响应同一个修改语句。

3. inserted 表和 deleted 表

在创建触发器前，需要了解两个与触发器密切相关的专用临时表：inserted 表和 deleted 表。系统可为每个触发器创建专用临时表，其表结构与触发器作用的表结构相同。专用临时表被放在内存中，由系统维护，用户可以对其进行查询，不能对其进行修改。触发器执行完成后，与该触发器相关的临时表被删除。

① inserted 表用于存储 INSERT 和 UPDATE 语句所影响的行的副本。在一个插入或更新事务的处理中，新建行被同时添加到 inserted 表和触发器表中。inserted 表中的行是触发器表中新行的副本。

② deleted 表用于存储 DELETE 和 UPDATE 语句所影响的行的复本。在执行 DELETE 或 UPDATE 语句时，行从触发器表中删除，并传输到 deleted 表中。

8.2.2　创建触发器

1. 使用对象资源管理器创建触发器

在对象资源管理器中创建触发器的步骤如下。

第1步： 启动 SSMS，在对象资源管理器中，展开"数据库"→"学生选课管理"→"表"→"dbo.教师信息表"，右击"触发器"，在弹出的快捷菜单中选择"新建触发器"命令，如图 8-10 所示。

微课 8-8
引入情境创建触发器

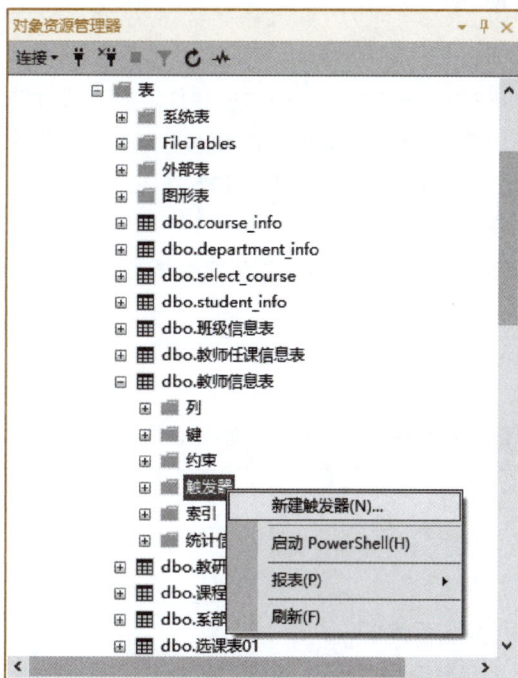

图 8-10
选择"新建触发器"命令

第2步： 此时打开创建触发器模板，在模板中输入创建触发器的文本，单击工具栏中的"执行"按钮，完成触发器的创建。

2. 使用 CREATE TRIGGER 语句创建触发器

语法格式如下。

```
CREATE TRIGGER 触发器名
ON 表名|视图名
[ WITH ENCRYPTION ]
{ FOR | AFTER | INSTEAD OF }
{ [DELETE] [, ] [INSERT] [, ] [UPDATE] }
AS { sql 语句 }
```

参数说明如下。

- WITH ENCRYPTION：表示对 CREATE TRIGGER 语句的文本进行加密。
- AFTER：事后触发器是默认的触发器类型，指定 DML 触发器仅在触发 SQL 语句中指定的所有操作都已成功执行时才被激发。该类型的触发器不能在视图或临时表上定义。
- INSTEAD OF：表示执行触发器中的 SQL 语句来代替引起触发器执行的操作。
- { [DELETE] [,] [INSERT] [,] [UPDATE] }：指定在表或视图上执行哪些数据修改语句时将激活触发器的关键字。

> **说明**
>
> CREATE TRIGGER 语句必须是批处理中的第一条语句，创建触发器的语句必须作为一个独立的批处理。

3. 触发器的实现

（1）AFTER 触发器

如果为表的 INSERT、DELETE、UPDATE 操作定义了 AFTER 触发器，则在完成 INSERT、DELETE、UPDATE 操作后，相应的 AFTER 触发器被激活。这种类型的触发器只能在表上定义，每个表可以创建多个 AFTER 触发器。

微课 8-9
AFTER 触发器

① INSERT 触发操作。

当向触发器表插入数据时，INSERT 触发操作被激活。新数据行被插入触发器表和临时表 inserted 中。

【例 8-11】 在"学生选课管理"数据库的专业信息表中建立一个名为 insert_department 的触发器，当向专业信息表中增加记录时，若插入系部信息表中没有的系部编号，将提示用户"系部编号不存在，无法插入记录"，否则提示"记录成功插入"的信息。

```
USE 学生选课管理
GO
IF EXISTS(SELECT name
          FROM sysobjects
          WHERE name='insert_department' AND type='TR')
```

```
        DROP TRIGGER insert_department
GO
CREATE TRIGGER insert_department ON 专业信息表
FOR insert
AS
DECLARE @dept char(2)
SELECT @dept=系部信息表.系部编号
FROM 系部信息表, inserted
WHERE 系部信息表.系部编号=inserted.系部编号
IF @dept<>''
    PRINT '记录成功插入'
ELSE
    BEGIN
        PRINT '系部编号不存在,无法插入记录'
        ROLLBACK TRANSACTION
    END
GO
```

📖 练一练

在 "学生选课管理" 数据库的班级信息表中建立一个名为 insert_class 的触发器, 当向班级信息表中增加记录时, 若插入专业信息表中没有的专业编号, 将提示用户 "专业编号不存在, 无法插入记录", 否则提示 "记录成功插入" 的信息。

------

② DELETE 触发操作。

当对触发器表执行 DELETE 操作时, DELETE 触发操作被激活。删除触发器表中的记录, 会将被删除的记录放入临时表 deleted 中。

【例 8-12】 在 "学生选课管理" 数据库的专业信息表中建立一个名为 delete_spec 的触发器, 当删除专业信息表中的记录时, 若班级信息表中引用了该记录的系部编号, 将提示用户 "该专业被班级信息表引用, 不能删除该条记录", 否则提示 "记录成功删除" 的信息。

```
USE 学生选课管理
GO
IF EXISTS(SELECT name
            FROM sysobjects
            WHERE name='delete_spec' AND type='TR')
    DROP TRIGGER delete_spec
GO
CREATE TRIGGER delete_spec ON 专业信息表
FOR delete
AS
```

```
IF(SELECT COUNT(*)
    FROM    班级信息表 a INNER JOIN deleted b
    ON      a.专业编号=b.专业编号)>0
      BEGIN
        PRINT '该专业被班级信息表引用,不能删除该条记录'
        ROLLBACK TRANSACTION
      END
ELSE
  PRINT '记录成功删除'
GO
```

③ UPDATE 触发器。

对触发器表执行 UPDATE 操作时,UPDATE 触发操作被激活。更新触发器表中的记录,会将原始记录放入临时表 deleted 中,将更新后的记录放入临时表 inserted 中。

【例 8-13】 在"学生选课管理"数据库的选课信息表中建立一个名为 update_trig 的触发器,当更新选课信息表中的成绩字段时,自动依据课程信息表中的学分字段值为其学分赋值。

```
USE 学生选课管理
GO
CREATE TRIGGER update_trig
ON 选课信息表
FOR UPDATE
AS
DECLARE @score int, @sno char(7), @courseno char(10)
IF UPDATE(成绩)
BEGIN
  SELECT @score=inserted.成绩,
@sno=inserted.学号,
@courseno=inserted.课程编号
  FROM inserted,选课信息表
  WHERE 选课信息表.学号=inserted.学号
  AND 选课信息表.课程编号=inserted.课程编号
  IF(@score>=60)
    UPDATE 选课信息表
    SET 学分=(SELECT 学分
            FROM 课程信息表
            WHERE 课程编号=@courseno)
    WHERE 课程编号=@courseno
    AND 学号=@sno
  ELSE
```

172

```
        UPDATE  选课信息表
        SET  学分=0
        WHERE  课程编号=@courseno
        AND  学号=@sno
    END
```

（2）INSTEAD OF 触发器

在为表或视图的 INSERT、DELETE、UPDATE 操作定义了 INSTEAD OF 触发器以后，当执行 INSERT、DELETE、UPDATE 语句时，相应的 INSTEAD OF 触发器被激活，且触发器定义的操作会取代激活触发器的 INSERT、DELETE、UPDATE 等操作，即激活触发器的操作并不会被执行。

微课 8-10
INSTEAD OF 触发器

【例 8-14】 在"学生选课管理"数据库的选课信息表中建立一个名为 ins_sel_cou_trg 的触发器，当向选课信息表中插入记录时，学号、课程编号、教师编号字段不能为空值，成绩、学分字段必须为空值。若不满足以上条件，则不允许向选课信息表中插入记录。

```
CREATE TRIGGER ins_sel_cou_trg
    ON  选课信息表
    INSTEAD OF INSERT
AS
    IF((SELECT  成绩  FROM inserted) IS NOT NULL
        OR (SELECT  学分  FROM inserted) IS NOT NULL)
        OR
        ((SELECT  学号  FROM inserted) IS NULL
    OR (SELECT  课程编号  FROM inserted) IS NULL
    OR (SELECT  教师编号  FROM inserted) IS NULL
    PRINT '出错了,不能向选课信息表中插入记录! 因为成绩、学分必须为空值,学号、
课程编号、教师编号、专业编号字段不能为空值'
    ELSE
        INSERT INTO  选课信息表
            SELECT * FROM inserted
GO
--测试 ins_sel_cou_trg 触发器
PRINT '插入一个选课信息'
INSERT INTO  选课信息表(学号,课程编号,成绩,教师编号)
    VALUES('0602101', '060317', 80, '060301')
PRINT '再插入一个选课信息'
INSERT INTO  选课信息表(学号,课程编号,教师编号)
    VALUES('0602101', '060317', '060301')
```

173

【例 8-15】在"学生选课管理"数据库的课程信息表中建立一个名为 del_cou_trg 的触发器,当删除课程信息表中某个记录时,如果选课信息表中存在与删除的课程编号相同的记录,则不允许删除该记录。

```
USE 学生选课管理
GO
ALTER TRIGGER del_cou_trg
  ON 课程信息表
  INSTEAD OF DELETE
AS
  declare @course_no char(10)
  SELECT @course_no=课程编号 FROM deleted
  IF(SELECT DISTINCT 课程编号
FROM 选课信息表
WHERE 课程编号=@course_no) IS NULL
  DELETE 课程信息表
  WHERE 课程编号 IN(SELECT 课程编号
  FROM    deleted)
  ELSE
    PRINT '选课信息表中存在该课程信息,请先删除选课信息表中的数据后,再进行
本操作'
GO
--测试 del_cou_trg 触发器
DELETE 课程信息表 WHERE 课程编号='130201'
```

• 8.2.3　管理触发器

微课 8-11
管理触发器

触发器被创建后,可以对其进行管理和维护,包括修改、查看、重命名及删除触发器等。

1. 修改触发器

（1）使用对象资源管理器修改触发器的定义

在对象资源管理器中修改触发器的步骤如下。

第1步：启动 SSMS,在对象资源管理器中,展开"数据库"→触发器所在的数据库（如"学生选课管理"）→"表"→触发器所在的表（如"dbo.专业信息表"）→"触发器",右击需要修改的触发器,在弹出的快捷菜单中选择"修改"命令,如图 8-11所示。

第2步：根据需要修改触发器。

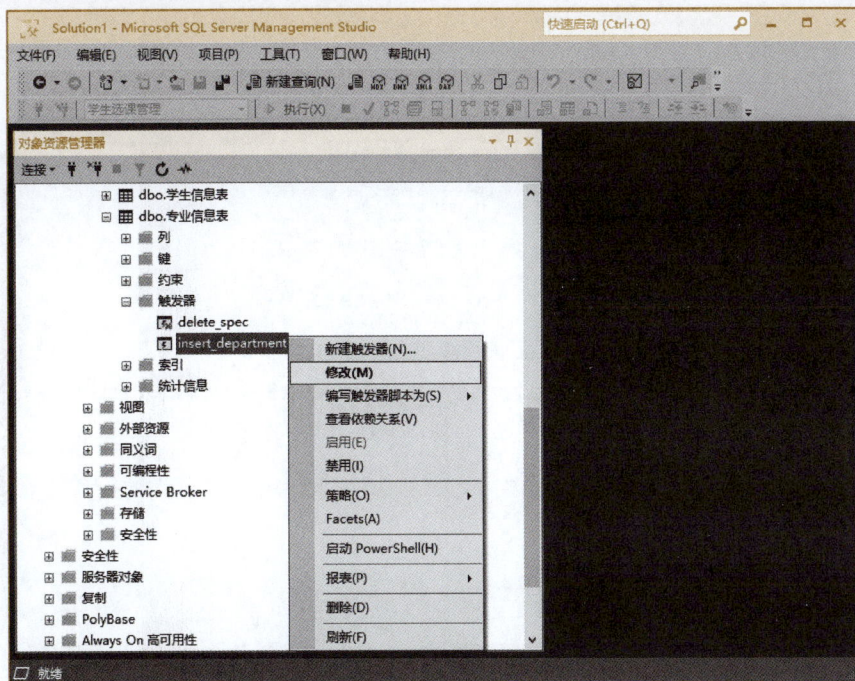

图 8-11
选择"修改"命令

（2）使用 ALTER TRIGGER 语句修改触发器的定义

使用 ALTER TRIGGER 语句修改已创建的触发器的语法类似于创建触发器的语法，只要把 CREATE 改为 ALTER 即可。但若触发器是用 WITH ENCRYPTION 创建的，要使该选项保持启用，必须在 ALTER TRIGGER 语句中再次指定。

语法格式如下。

```
ALTER TRIGGER 触发器名
ON 表名|视图名
[ WITH ENCRYPTION ]
{ FOR | AFTER | INSTEAD OF }
{ [ INSERT ] [ , ] [ UPDATE ] [ , ] [ DELETE ] }
AS { sql 语句 }
```

> **说明**
>
> **ALTER TRIGGER** 的有关参数说明同 **CREATE TRIGGER**。

2．查看触发器

（1）使用对象资源管理器查看触发器信息

在对象资源管理器中查看触发器信息的步骤如下。

第1步： 启动 SSMS，在对象资源管理器中，展开"数据库"→指定的数据库→"表"→要查看触发器的表（如"dbo.课程信息表"）→"触发器"，右击要查看的触发器（del_cou_trg），在弹出的快捷菜单中选择"修改"命令，如图 8-12 所示。

第2步： 在弹出的"修改触发器"对话框中会显示触发器的定义信息。

175

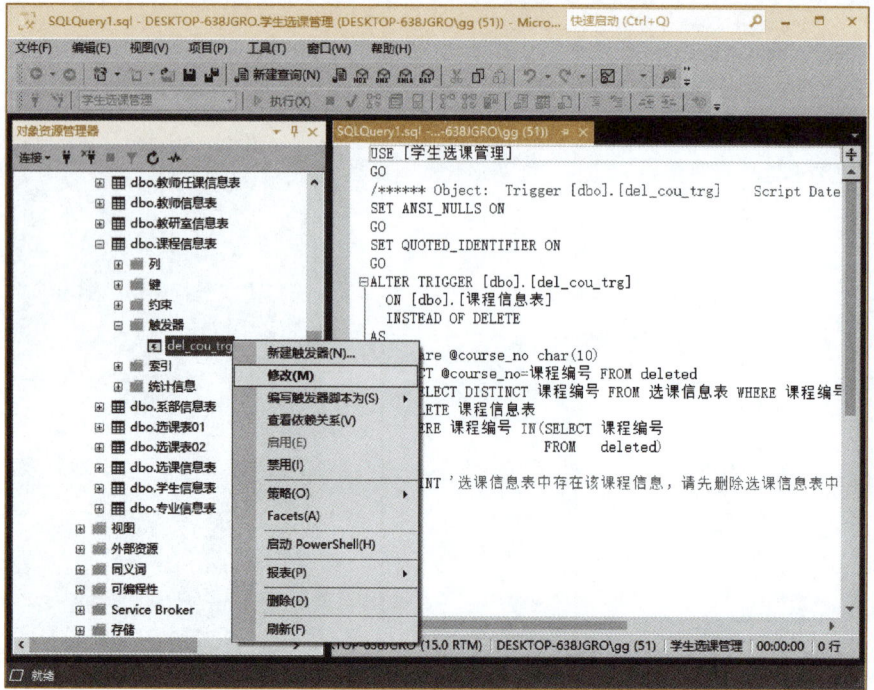

图 8-12
选择"修改"命令

（2）使用对象资源管理器查看触发器的依赖关系

启动 SSMS，在对象资源管理器中，展开"数据库"→指定的数据库→"表"→要查看触发器的表（如"dbo.课程信息表"）→"触发器"，右击要查看的触发器（del_cou_trg），在弹出的快捷菜单中选择"查看依赖关系"命令，此时会打开"对象依赖关系-del_cou_trg"窗口，如图 8-13 所示。

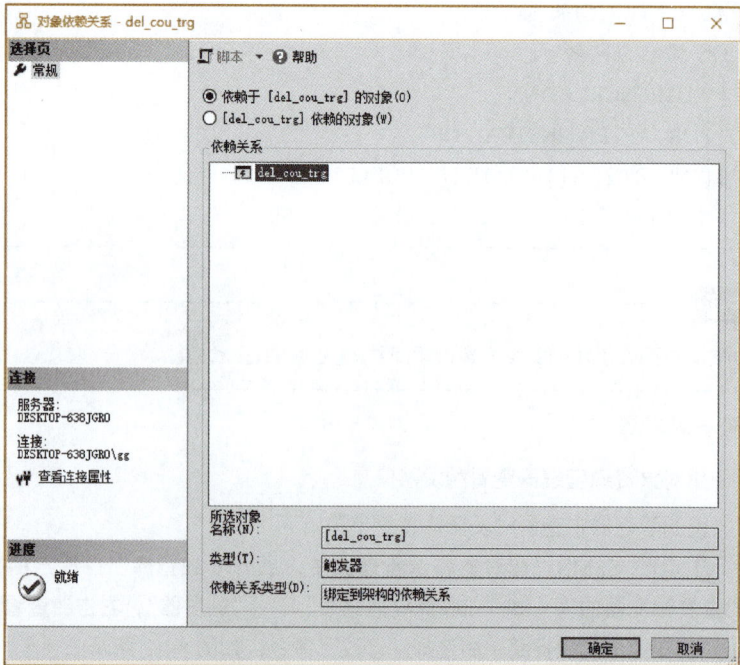

图 8-13
"对象依赖关系-del_cou_trg"
窗口

176

（3）使用系统存储过程查看触发器信息

① 查看触发器的定义信息。

语法格式如下。

> SP_HELPTEXT 触发器名

【例 8-16】 查看触发器 insert_department 的定义信息。

> USE 学生选课管理
>
> GO
>
> SP_HELPTEXT insert_department

② 查看触发器的名称、所有者、类型及创建时间。

语法格式如下。

> SP_HELP 触发器名

【例 8-17】 查看 insert_department 触发器的名称、所有者、类型及创建时间。

> USE 学生选课管理
>
> GO
>
> SP_HELP insert_department

3. 删除触发器

（1）使用对象资源管理器删除触发器

启动 SSMS，在对象资源管理器中展开指定的服务器和数据库，右击需要删除的触发器，在弹出的快捷菜单中选择"删除"命令，如图 8-14 所示。在弹出的"删除对象"界面中选中要删除的触发器，单击"确定"按钮，完成触发器的删除。

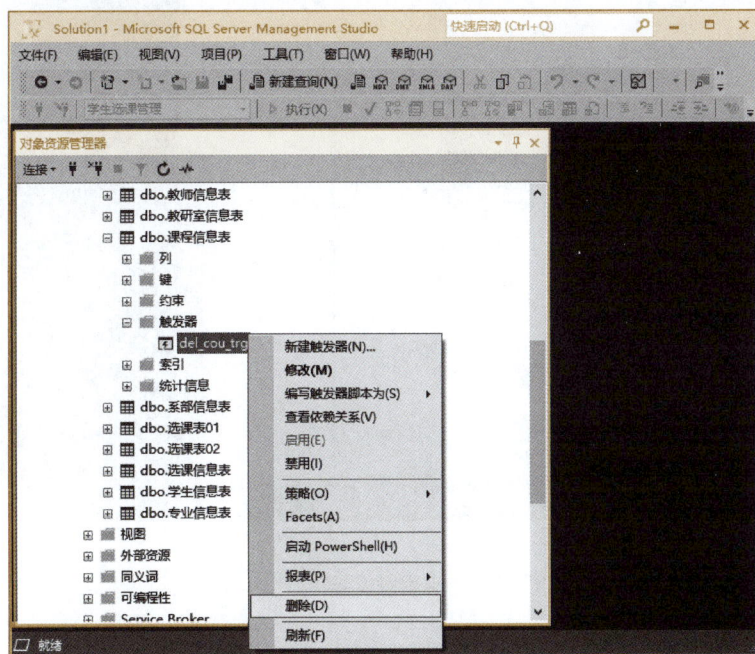

图 8-14
选择"删除"命令

（2）使用 DROP TRIGGER 语句删除 DML 触发器

语法格式如下。

DROP TRIGGER 触发器名 [,...n]

【例 8-18】 删除触发器 insert_department。

USE 学生选课管理
GO
DROP TRIGGER insert_department

4. 禁止、启用触发器

对于创建的触发器，若暂时不用，可以禁止其执行。触发器被禁止后，对表进行数据操作时，不会激活与数据操作相关的触发器。当需要触发器时，可以再启用。

（1）使用对象资源管理器实现禁用、启用触发器

启动 SSMS，在对象资源管理器中，展开"数据库"→"学生选课管理"→"表"→"dbo.专业信息表"→"触发器"，右击要禁用、启用的触发器，在弹出的快捷菜单中选择相应的命令即可，如图 8-15 所示。

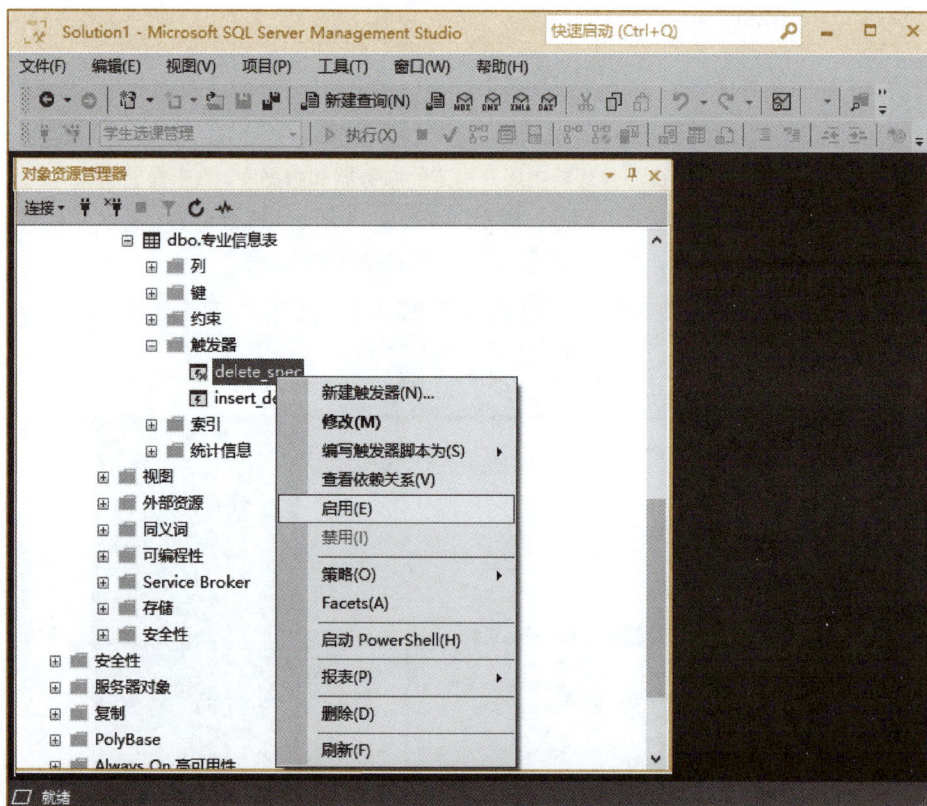

图 8-15
启用触发器

（2）使用 T-SQL 语句实现禁用、启用触发器

① 禁用触发器。

禁用触发器的语法格式如下。

- DISABLE TRIGGER 触发器名 ON 表名
- ALTER TABLE 表名 DISABLE TRIGGER 触发器名

② 启用触发器。

启用触发器的语法格式如下。

- ENABLE TRIGGER 触发器名 ON 表名
- ALTER TABLE 表名 ENABLE TRIGGER 触发器名

练一练

查看触发器 delete_spec 基本信息及该触发器的定义。

子任务 8.3 使用游标处理 "学生选课管理" 系统中的数据

8.3.1 游标概述

在 SQL Server 中,使用 SELECT 语句生成的记录集合被当作一个整体单元来处理,无法对其中的一条或一部分记录单独处理。但是,在数据库应用程序中,常常需要对记录集合逐行操作。SQL Server 中的游标实现了对记录集合进行逐行处理,从而满足数据应用程序每次处理一条或一部分记录的要求。

游标是处理数据的一种方法,可看作是一个表中记录的指针,作用于 SELECT 语句生成的记录集,能够实现在记录集中逐行向前或者向后访问数据。使用游标,能够在记录集中的任意位置显示、修改和删除当前记录的数据。

8.3.2 游标的基本操作

微课 8-12
游标的基本操作

1. 游标的基本操作步骤

游标的基本操作如下。

- 声明游标。
- 打开游标。
- 提取数据。
- 关闭游标。
- 释放游标。

(1)声明游标。

语法格式如下。

```
DECLARE 游标名 CURSOR
[ LOCAL | GLOBAL ]
[ FORWARD_ONLY | SCROLL ]
[ STATIC | KEYSET | DYNAMIC | FAST_FORWARD ]
[ READ_ONLY]
FOR SELECT 语句
[ FOR UPDATE [ OF 列名 [ ,...n ] ] ]
```

参数说明如下。

- LOCAL：表示游标的生命周期只能存在于当前批处理、函数或存储过程，其作用域是局部的。
- GLOBAL：表示游标的作用域是全局的。
- FORWARD_ONLY：表示游标只能由开始向结束的方向读取，该参数是默认参数。
- SCROLL：表示游标可以任意移动，所有的提取选项（如 FIRST、LAST、PRIOR、NEXT、RELATIVE、ABSOLUTE）均可用。
- STATIC：表示游标对应的数据集是一个副本存放在 tempdb 中，即打开游标后，当表中的数据发生变化（INSERT、UPDATE、DELETE）时，不会影响游标的数据集。
- DYNAMIC：该参数与 STATIC 相反，打开游标后，当表中的数据发生变化时（INSERT、UPDATE、DELETE），游标的数据集也会发生变化。
- KEYSET：表示打开游标后，将数据集的主键作为副本存放在 tempdb 中。当非主键的值发生变化（如 UPDATE、DELETE）时，游标的数据集也会发生变化，而 INSERT 不会受到影响。
- FAST_FORWARD：该参数是 FORWARD_ONLY 的升级版，它会根据系统开支和性能，自动将游标设置成静态计划或动态计划，性能比 FORWARD_ONLY 好。
- READ_ONLY：表示游标为只读。
- SELECT 语句：用来定义游标所要处理的结果集。在 SELECT 语句中，不允许使用关键字 COMPUTE、COMPUTE BY、FOR BROWSE 和 INTO。
- UPDATE [OF 列名[,…n]]：定义游标中能够更新的列。若提供了"OF 列名[,…n]"就只允许修改列出的列。如果在 UPDATE 中未指定列的列表，除非指定了 READ_ONLY 并发选项，否则则所有列均可更新。

【例 8-19】声明变量及游标，游标的查询结果集为学生信息表中学生的学号、姓名、电话。

```
USE 学生选课管理
GO
--声明与结果集有关的变量
DECLARE @sno char(7),
        @sname varchar(10),
        @stel char(14)
--声明游标
DECLARE select_student cursor for
SELECT 学号,姓名,电话
FROM 学生信息表
```

（2）打开游标。

创建游标后，需将其打开才能从中提取记录，可使用 OPEN 语句打开游标。

语法格式如下。

```
OPEN 游标名
```

【例 8-20】打开游标 select_student。

```
OPEN select_student
```

（3）从游标中提取数据。

打开游标后，可以从中提取记录并显示在屏幕上。FETCH 语句用于显示游标中的记录。

语法格式如下。

```
FETCH [ [FIRST | LAST |PRIOR| NEXT]
        |ABSOLUTE { n | @nvar }
        | RELATIVE { n | @nvar }
     ]
FROM 游标名
[INTO @变量名 [,…n] ]
```

参数说明如下。

- FIRST：返回游标中的第一行并将其作为当前行。
- LAST：返回游标中的最后一行并将其作为当前行。
- PRIOR：返回紧邻当前行前面的结果行，且当前行递减为返回行。如果 FETCH PRIOR 为对游标的首次提取操作，则没有行返回，且游标置于首行之前。
- NEXT：返回紧跟当前行之后的结果行，且当前行递增为结果行。如果 FETCH NEXT 为对游标的首次提取操作，则返回结果集中的首行。NEXT 是默认的游标提取选项。
- ABSOLUTE {n|@nvar}：指定绝对行。当 n 或@nvar 为正数时，返回从游标头开始的第 n 行，并将返回的行变为新的当前行；当 n 或@nvar 为负数时，返回游标尾之前的第 n 行，并将返回的行变为新的当前行；当 n 或@nvar 为 0 时，则没有行返回。n 必须为整型常量，且@nvar 必须为 smallint、tinyint 或 int。
- RELATIVE {n|@nvar}：指定相对行。当 n 或@nvar 为正数时，返回当前行之后的第 n 行并将返回的行变为新的当前行；当 n 或@nvar 为负数时，返回当前行之前的第 n 行并将返回的行变为新的当前行；当 n 或@nvar 为 0 时，返回当前行。如果对游标进行第一次提取操作时，将 FETCH RELATIVE 的 n 或@nvar 指定为负数或 0，则没有行返回。n 必须为整型常量，且@nvar 必须为 smallint、tinyint 或 int。
- INTO @变量名[,…n]：存入变量。允许将提取操作的列数据放到局部变量中。列表中的各个变量从左到右与游标结果集中的相应列相关联。各变量的数据类型必须与相应结果列的数据类型匹配。变量的数目必须与游标选择列表中列的数目一致。

【例 8-21】从游标 select_student 中读取记录并赋值给变量，循环输出每条记录。

```
BEGIN
    PRINT '学生记录分别为:'
```

```
                    --提取游标中的第一条记录,将其字段内容分别存入变量中
                    FETCH NEXT FROM select_student INTO @sno,@sname,@stel
                    --检测全局变量@@FETCH_STATUS,如果有记录,继续循环
                    WHILE(@@FETCH_STATUS=0)
                       BEGIN
                          PRINT @sno+','+@sname+','+@stel
                          --提取游标中的下一条记录,将其字段内容分别放入变量中
                          FETCH NEXT FROM select_student INTO @sno,@sname,@stel
                       END
                    END
```

说明

@@FETCH_STATUS 返回针对连接当前打开的任何游标发出的上一条游标 **FETCH** 语句的状态,具体返回值及描述见表 **8-1**。

表 8-1 @@FETCH_STATUS 的返回值及描述

返回值	描述
0	FETCH 命令成功执行
−1	FETCH 命令失败或此行不在结果集中
−2	所提取的数据不存在

（4）关闭游标。

利用游标处理完数据后,应关闭游标,使用 CLOSE 语句关闭游标。

语法格式如下。

```
CLOSE 游标名
```

【例 8-22】关闭游标 select_student。

```
CLOSE select_student
```

（5）释放游标。

关闭游标后并没有释放游标所用的系统资源,还应使用 DEALLOCATE 语句释放资源。

语法格式如下。

```
DEALLOCATE 游标名
```

【例 8-23】释放游标 select_student。

```
DEALLOCATE select_student
```

【例 8-24】声明一个名为 student_select_course 的游标,该游标从学生信息表、课程信息表、选课信息表中检索所有学生的选课情况,显示学号、姓名、课程名

称、成绩字段，记录集如图 8-16 所示。分别提取出记录集中的数据，结果如图 8-17 所示。

	学号	姓名	课程名称	成绩
1	0301001	高明	动态网站建设	89.00
2	0301001	高明	就业与创业指导	80.00
3	0301002	楚兴华	动态网站建设	66.00
4	0301002	楚兴华	就业与创业指导	90.00
5	0302006	李赛楠	B/S模式程序设计	NULL
6	0302006	李赛楠	就业与创业指导	80.00
7	0602101	刘凤欣	Oracle数据库技术	NULL
8	0602199	李娟	游戏程序设计	NULL

图 8-16
记录集

结果　消息

	学号	姓名	课程名称	成绩
1	0301001	高明	就业与创业指导	80.00

	学号	姓名	课程名称	成绩
1	0301002	楚兴华	动态网站建设	66.00

	学号	姓名	课程名称	成绩
1	0302006	李赛楠	B/S模式程序设计	NULL

	学号	姓名	课程名称	成绩
1	0301001	高明	动态网站建设	89.00

	学号	姓名	课程名称	成绩
1	0602199	李娟	游戏程序设计	NULL

图 8-17
例 8-24 执行结果

```
USE 学生选课管理
GO
DECLARE student_select_course CURSOR
SCROLL
FOR
SELECT a.学号,姓名,课程名称,成绩
FROM 学生信息表 a INNER JOIN 选课信息表 b
ON a.学号=b.学号
INNER JOIN 课程信息表 c
ON b.课程编号=c.课程编号
GO
OPEN student_select_course
GO
--提取结果集中的第 2 条记录
FETCH ABSOLUTE 2 FROM student_select_course
```

```
--提取结果集中当前记录的下一条记录
FETCH NEXT FROM student_select_course
--提取结果集中相对当前记录后面的第 2 条记录
FETCH RELATIVE 2 FROM student_select_course
--提取结果集中的第 1 条记录
FETCH FIRST FROM student_select_course
--提取结果集中的最后一条记录
FETCH LAST FROM student_select_course
--关闭游标
CLOSE student_select_course
--释放游标
DEALLOCATE student_select_course
```

> **说明**
>
> 本例中使用绝对位置提取第 **2** 行，使用 **NEXT** 提取其后一行（即第 **3** 行），使用相对位置提取第 **5** 行（即相对于当前记录的第 **2** 行）、使用 **FIRST** 提取第 **1** 行，以及使用 **LAST** 提取最后一行。

2. 利用游标修改表中的数据

【**例 8-25**】创建游标 spec_cursor，提取专业信息表中专业编号为 590106 的记录，并将其"专业名称"列的值改为"信息管理"。

微课 8-13
利用游标修改表中的
数据

科技.中国 8

```
USE 学生选课管理
GO
DECLARE spec_cursor CURSOR SCROLL
FOR
SELECT * FROM 专业信息表 WHERE 专业编号='590106'
FOR UPDATE
OPEN spec_cursor
FETCH spec_cursor
UPDATE 专业信息表 SET 专业名称='信息管理' WHERE CURRENT OF spec_cursor
SELECT * FROM 专业信息表
CLOSE spec_cursor
DEALLOCATE spec_cursor
```

单 元 测 试

一、选择题

1. 以下（　　）选项是创建存储过程的语句。

   A. CREATE TRIGGER　　　　　　B. CREATE PROCEDURE

    C. CREATE VIEW   D. CREATE TABLE

2. 下列（　　）选项可用于检索游标中的记录。

    A. DEALLOCATE   B. DROP   C. FETCH

    D. CREATE   E. OPEN

3. 下列（　　）T-SQL 语句能够声明游标。

    A. OPEN   B. CLOSE

    C. ONLY   D. DECLARE

4. 以下（　　）选项是创建触发器的语句。

    A. CREATE VIEW   B. CREATE PROCEDURE

    C. CREATE TRIGGER   D. CREATE TABLE

5. （　　）触发器是为响应以 CREATE、ALTER 和 DROP 开头的数据定义语言语句而激发的。

    A. DDL   B. DML

    C. AFTER   D. INSTEAD OF

6. 触发器语句中使用了（　　）这两种特殊的表。

    A. deleted 表和 inserted 表   B. update 表和 inserted 表

    C. select 表和 deleted 表   D. 以上都是

7. 下列关于存储过程参数的说法，正确的是（　　）。

    A. 存储过程不能有参数

    B. 存储过程只能有一个参数

    C. 存储过程必须有多个参数

    D. 存储过程可以没有参数，也可以有一个或多个参数

8. 使用 EXECUTE 语句执行存储过程时，在（　　）情况下可以省略 EXECUTE。

    A. 此语句是批处理中的首条语句

    B. 此语句是批处理中的最后一条语句

    C. 此语句是批处理中位于中间的语句

    D. 上述 3 种说法都正确

9. 下列关于 AFTER 触发器的说法中，正确的是（　　）。

    A. AFTER 触发器只能在表上定义，每个表只能创建一个 AFTER 触发器

    B. AFTER 触发器只能在表上定义，每个表可以创建多个 AFTER 触发器

    C. AFTER 触发器可以在表或视图上定义，每个表只能创建一个 AFTER 触发器

    D. ATER 触发器可以在表或视图上定义，每个表可以创建多个 AFTER 触发器

10. 下列关于 INSTEAD OF 触发器的说法中，正确的是（　　）。

    A. INSTEAD OF 触发器只能在表上定义

    B. INSTEAD OF 触发器只能在视图上定义

    C. INSTEAD OF 触发器可以在表或视图上定义

    D. INSTEAD OF 触发器不可以在表或视图上定义

二、填空题

1. 系统存储过程一般以_____作为前缀。

2. 创建存储过程的 T-SQL 语句是_____。

3. 执行 INSERT 操作时，插入触发表中的新记录同时被插入_____表中。

4. 执行 DELETE 操作时，从触发器表中删除的记录被插入_____表中。

5. 执行 UPDATE 操作时，触发器表中的原始记录被插入_____表中，修改后的记录被插入_____表中。

6. 使用游标，能够在记录集中的任意位置显示、修改和删除当前记录的数据。游标的基本操作包括_____、_____、_____、_____、_____。

单 元 实 训

1. 基本技能要求

① 在"活期存款"数据库中，创建一个名为"存取款情况"的存储过程并执行。该存储过程从储户、储蓄所和存取款单表中检索所有储户的存取款信息，要求显示储户的姓名、储蓄所的名称、存取日期、存取代码、存取金额。

② 在"活期存款"数据库中，建立一个名为"储户查询"的存储过程并执行。该存储过程从储户、储蓄所和存取款单表中检索指定储户的姓名、储蓄所的名称、存取日期、存取代码、存取金额，要求将储户的姓名通过参数传递给存储过程。

单元实训指导 8
存储过程、触发器及
游标的应用

③ 在存取款单表中创建一个 AFTER 触发器 INS_CQ_TR1，当向存取款单表中插入记录时，如果存取代码为 1（存款），则允许向存取款单表中插入记录，且自动修改储户表中的存款额；如果存取代码为 0（取款），则要检查取款金额是否大于储户表中的存款额。如果取款金额大于储户表中的存款额，则不允许向存取款单表中插入记录；如果取款金额小于储户表中的存款额，则允许向存取款单表中插入记录，且自动修改储户表中的存款额。

④ 自拟 3 个记录并插入存取款单表中，以测试触发器 INS_CQ_TR1。

⑤ 在存取款单表中创建一个 INSTEAD OF 触发器 INS_CQ_TR2，当向存取款单表中插入记录时，如果存取代码为 1（存款），则允许向存取款单表中插入记录，且自动修改储户表中的存款额；如果存取代码为 0（取款），则要检查取款金额是否大于储户表中的存款额。如果取款金额大于储户表中的存款额，则不允许向存取款单表中插入记录；如果取款金额小于储户表中的存款额，则允许向存取款单表中插入记录，且自动修改储户表中的存款额。

⑥ 自拟 3 个记录并插入存取款单表中，以测试触发器 INS_CQ_TR2。

⑦ 由于存取记录是重要的历史数据，因此不允许删除。在存取款单表中创建 AFTER 触发器 DEL_CQ_TR1 和 INSTEAD OF 触发器 DEL_CQ_TR2，禁止删除此表中的记录，读者可尝试删除表中的任意一条记录，以分别测试这两种触发器。

⑧ 在存取款单表中创建 AFTER 触发器 UPDATE_CQ_TR1 和 INSTEAD OF 触发器 UPDATE_CQ_TR2，禁止更新此表中的数据。读者可尝试更新表中的数据，以分别测试这两种触发器。

2. 拓展技能要求

① 声明一个名为"存取_cursor1"的游标，该游标从储户、储蓄所和存取款单表中检索所有储户的存取款信息，要求显示储户的姓名、储蓄所的名称、存取日期、存取代码、存取金额，并显示第一条记录和最后一条记录。

② 使用在线文档，了解 SQL Server 2019 中的存储过程、触发器及游标等更多内容。

专业能力测评表

（在□中打√，A——掌握，B——基本掌握，C——未掌握）

业务能力	评价指标	自测结果	备注
使用存储过程维护"学生选课管理"系统的基本信息	1. 存储过程概述	□A　□B　□C	
	2. 创建存储过程	□A　□B　□C	
	3. 执行存储过程	□A　□B　□C	
	4. 管理存储过程	□A　□B　□C	
使用触发器维护"学生选课管理"系统的业务逻辑	1. 触发器概述	□A　□B　□C	
	2. 创建触发器	□A　□B　□C	
	3. 管理触发器	□A　□B　□C	
使用游标处理"学生选课管理"系统中的数据	1. 游标概述	□A　□B　□C	
	2. 游标的基本操作	□A　□B　□C	
其他			
教师评语：			
成绩		教师签字	

任务 9 "学生选课管理" 数据库的事务处理

知识目标

- 了解事务的特性，以确保数据库操作的可靠性和数据的完整性。
- 了解事务的嵌套和并发操作对数据库性能和数据一致性的影响，学会使用适当的并发控制技术来解决并发访问问题。

能力目标

- 能够理解事务的概念和特性，能够使用语句管理事务的开始、回滚和提交操作。
- 具备处理数据库故障和异常情况的能力，能够使用事务处理语句进行数据的回滚和恢复操作。
- 能够通过事务处理语句确保数据库操作的一致性，保证数据的完整性和准确性。

素养目标

- 使学生意识到银行、金融数据操作安全的重要性，培养学生对待事物认真严谨的态度，增强责任意识和责任担当，坚守共产主义理想信念，找准正确的人生方位，向着目标乘风破浪。
- 让学生认识到维护社会公平正义的最后一道防线是公正司法，增强法律意识，进而让学生深刻理解要想促进社会公平正义，必须全面依法治国。

【情境描述】

学院对系部编号进行调整，需要修改机电工程系的系部编号，因此在系部信息表中对机电工程系系部编号进行修改。为了保持数据的一致性，还需要修改班级信息表、教研室信息表、专业信息表中的机电工程系系部编号。如果执行完第一条 UPDATE 修改语句后，计算机突然出现故障，无法继续执行第 2 条 UPDATE 修改语句，此时必须撤销第一条 UPDATE 语句，否则数据库中的数据永远处于不一致的状态。这个操作任务需要通过事务完成，将两条语句放到一个事务中，提交事务后，这两条 UPDATE 语句要么都执行，要么都不执行（当一条没有执行，另一条已经执行时，就撤销操作）。

【任务分解】

从上述情境描述中可见，事务保证了数据的一致性、完整性和安全性。本任务主要介绍事务的概念、特性、分类，以及显示事务、隐式事务的处理方法，完成"学生选课管理"数据库的事务处理。这里对该任务进行分解，共包括以下两个子任务。

- "学生选课管理"数据库的显示事务处理。
- "学生选课管理"数据库的隐式事务处理。

9.1.1 事务概述

事务是单个的工作单元。如果某一事务处理成功，则在该事务中进行的所有数据修改均会被提交，成为数据库的永久组成部分。如果遇到错误，则必须取消或回滚，将所有对数据的修改全部清除。典型的事务实例是银行账号之间的转账，账号 A 转出 10 000 元到账号 B，这笔转账业务分解为两部分：一是账号 A 减去 10 000 元，二是账号 B 增加 10 000元。这两项操作要么同时成功（转账成功），要么同时失败（转账失败）。若只有一项成功，那么应该撤销所有的操作（回滚事务），即什么也没发生。

拓展阅读
3.8 万变成 38 万

微课 9-1
事务概述

1. 事务的特性

事务有 4 个特性（ACID），即原子性（A）、一致性（C）、隔离性（I）和持久性（D）。

- 原子性：事务必须是原子工作单元，对其数据进行的修改，要么全都执行，要么全都不执行。

- 一致性：在完成事务时，必须使所有的数据都保持一致。在相关数据库中，所有规则都必须应用于事务的修改，以保持所有数据的完整性。事务结束时，所有内部数据的结构都必须是正确的。

- 隔离性：由并发事务所做的修改必须与任何其他并发事务所做的修改隔离。事务识别数据时数据所处的状态，要么是另一并发事务修改它之前的状态，要么是第二个事务修改它之后的状态，不能查看中间状态的数据。

- 持久性：事务完成后对系统的影响是永久性的。

2. 事务的分类

根据运行模式，SQL Server 将事务分为 4 种类型：自动提交事务、显式事务、隐式事务和批处理级事务。

- 自动提交事务：这是 SQL Server 的默认模式，它将单独的语句视为一个事务。如果成功执行，则自动提交；如果执行时出现错误，则自动回滚。

- 显式事务：显式地定义和结束的事务，又称为用户定义事务。每个事务均以 BEGIN TRANSACTION 语句显式开始，以 COMMIT 或 ROLLBACK 语句显式结束。

- 隐式事务：通过设置 SET IMPLICIT_TRANSACTIONS ON 语句，将隐式事务模式打开。当以隐式事务操作时，SQL Server 将在提交或回滚事务后自动启动新事务，不需要描述事务的开始，但每个事务仍以 COMMIT（提交）或 ROLLBACK（回滚）语句显式完成。

- 批处理级事务：只能应用于多个活动结果集（MARS），在 MARS 会话中启动的 T-SQL 显式或隐式事务变为批处理级事务。当批处理完成时，没有提交或回滚的批处理级事务自动由 SQL Server 进行回滚。

9.1.2 显示事务处理语句

微课 9-2
显示事务处理语句

1. BEGIN TRANSACTION

BEGIN TRANSACTION 语句标记一个显式本地事务的起始点。

191

语法格式如下。

> BEGIN { TRAN | TRANSACTION } 事务名

参数说明如下。

- 事务名：命名时应遵循标识符规则，但是不允许标识符多于 32 个字符。

2. COMMIT TRANSACTION

COMMIT TRANSACTION 标志一个成功的隐式事务或显式事务的完成。

语法格式如下。

> COMMIT { TRAN | TRANSACTION } 事务名

3. ROLLBACK TRANSACTION

ROLLBACK TRANSACTION 将显式事务或隐式事务回滚到事务的起点或事务内某个保存点。

语法格式如下。

> ROLLBACK { TRAN | TRANSACTION } 事务名

4. SAVE TRANSACTION 语句

使用 SAVE TRANSACTION 语句可建立一个保存点，使用户能够将事务回滚到该保存点的状态，而不是简单地回滚整个事务。

语法格式如下。

> SAVE TRANSACTION 保存点名

> **说明**
>
> 在编写事务处理程序时，使用到的全局变量如下。
>
> - @@error：最近一次执行的语句引发的错误号，未出错时其值为 0。
> - @@rowcount：受影响的行数。

【例 9-1】 使用命令定义一个事务，向系部信息表中插入两条记录，最后提交事务。

```
USE 学生选课管理
GO
BEGIN TRANSACTION
INSERT INTO 系部信息表
    VALUES('07', '智能工程系', '张三丰', '12345678', '院部')
INSERT INTO 系部信息表
    VALUES('08', '电子工程系', '王', '23456789', '院部')
COMMIT TRANSACTION
SELECT *
FROM 系部信息表
WHERE 系部编号='07' OR 系部编号='08'
```

执行结果如图 9-1 所示,从中可以看到,以上两条记录被插入系部信息表中。

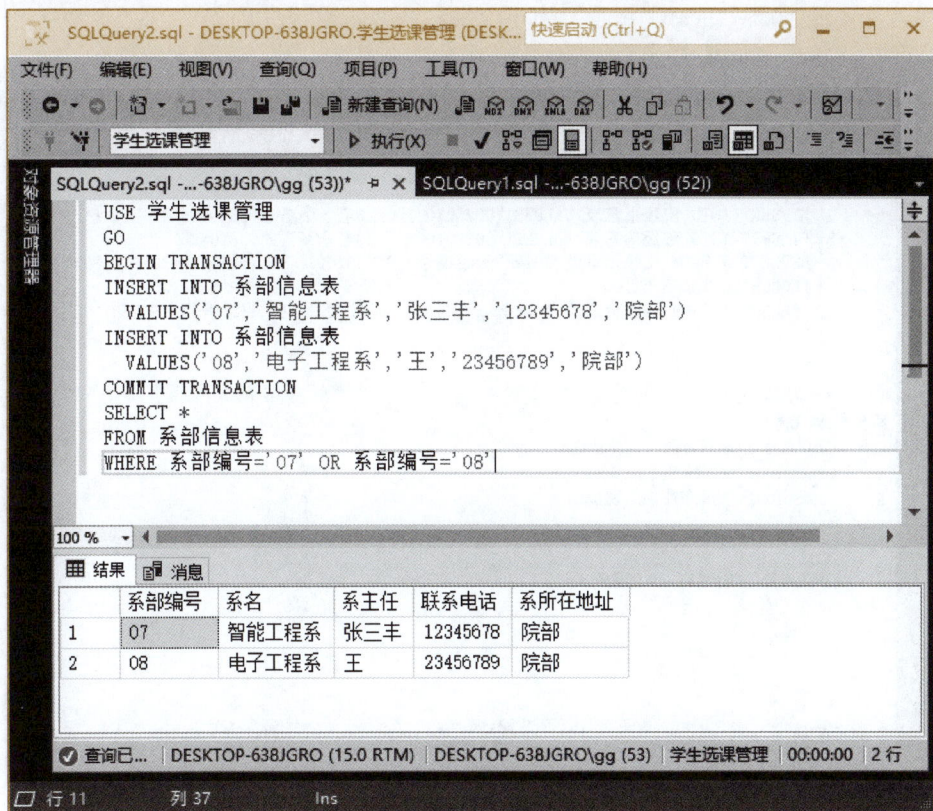

图 9-1
例 9-1 执行结果

【例 9-2】使用命令定义一个事务,向班级信息表中插入两条记录后回滚事务。

```
USE 学生选课管理
GO
BEGIN TRANSACTION
INSERT INTO 班级信息表
VALUES('062301001', '23 电子商务 1', '620405')
INSERT INTO 班级信息表
VALUES('062301002', '23 电子商务 2', '620405')
SELECT *
FROM 班级信息表
WHERE 班级编号='062301001' or 班级编号='062301002'
ROLLBACK TRANSACTION
SELECT *
FROM 班级信息表
WHERE 班级编号='062301001' or 班级编号='062301002'
```

执行结果如图 9-2 所示,从中可以看到,数据回滚后以上两条记录没有被插入班级信息表中。

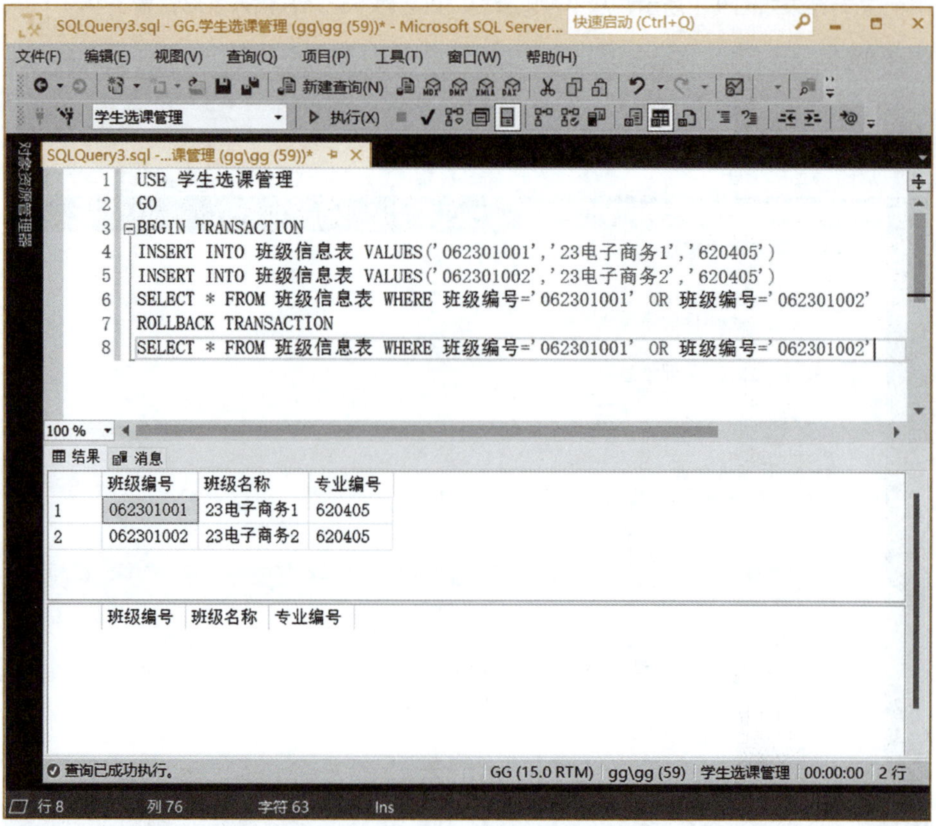

图 9-2
例 9-2 执行结果

【例 9-3】 使用命令定义一个事务，向班级信息表中插入一条记录后，设置一个保存点 s1，然后向班级信息表中添加另一条记录，最后将事务回滚到该保存点。

```
USE 学生选课管理
GO
BEGIN TRANSACTION
INSERT INTO 班级信息表
VALUES('062301001', '23 电子商务 1', '620405')
SAVE TRANSACTION s1
INSERT INTO 班级信息表
VALUES('062301002', '23 电子商务 2', '620405')
ROLLBACK TRANSACTION s1
SELECT *
FROM 班级信息表
WHERE 班级编号='062301001' or 班级编号='062301002'
```

执行结果如图 9-3 所示，从中可以看到，保存点前的一条记录被添加，保存点后的记录没有被插入班级信息表中。

194

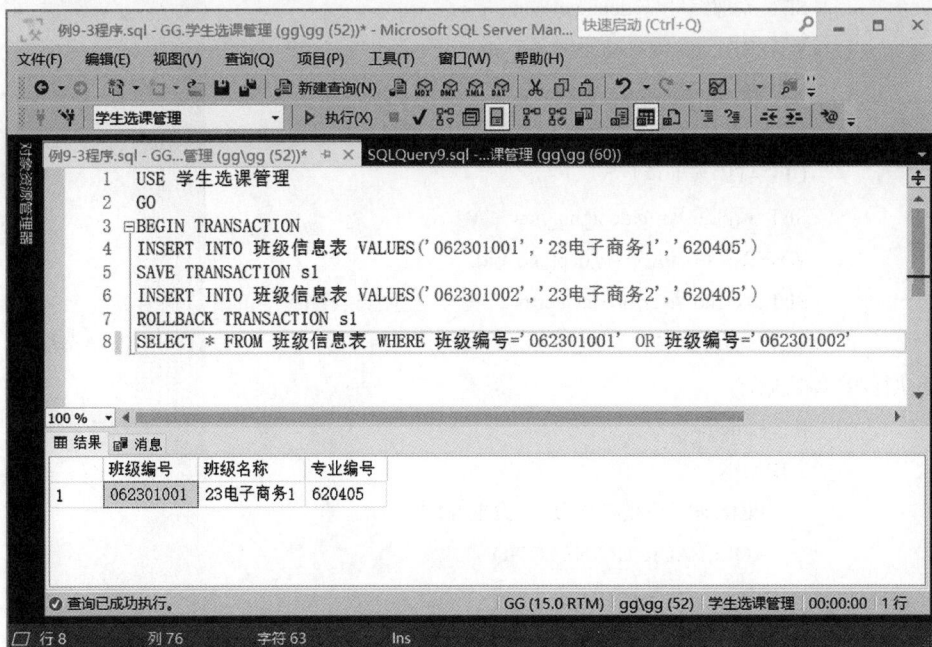

图 9-3
例 9-3 执行结果

【例 9-4】在存储过程中定义事务，当将系部信息表中机电工程系的系部编号 02 修改为 12 时，为了保持数据的一致性，还需要修改班级信息表、教研室信息表、专业信息表中的机电工程系系部编号。

```
CREATE PROCEDURE department_update
@dept_no_old char(6),
@dept_no_new char(6)
AS
BEGIN TRANSACTION
    DECLARE @errno int
    SET @errno=0
    --修改系部信息表中的系部编号
    UPDATE 系部信息表
    SET 系部编号=@dept_no_new
    WHERE 系部编号=@dept_no_old
      SET @errno=@errno+@@error   --加上执行过程中产生的错误编号
        --修改班级信息表中的系部编号
    UPDATE 班级信息表
    SET 系部编号=@dept_no_new
    WHERE 系部编号=@dept_no_old
    SET @errno=@errno+@@error   --加上执行过程中产生的错误编号
    --修改教研室信息表中的系部编号
    UPDATE 教研室信息表
```

195

```
                    SET  系部编号=@dept_no_new
                    WHERE  系部编号=@dept_no_old
                    SET @errno=@errno+@@error    --加上执行过程中产生的错误编号
                     --修改专业信息表中的系部编号
                    UPDATE  专业信息表
                    SET  系部编号=@dept_no_new
                    WHERE  系部编号=@dept_no_old
                    SET @errno=@errno+@@error    --加上执行过程中产生的错误编号
                /*根据是否产生错误决定事务是提交还是撤销,使用 4 个 UPDATE 语句,要么都
        不执行,要么都执行*/
                    If @errno>0
                      BEGIN
                        PRINT('事务处理失败,回滚事务! ')
                        ROLLBACK TRANSACTION
                      END
                    ELSE
                      BEGIN
                        PRINT('事务处理成功,提交事务! ')
                        COMMIT TRANSACTION
                      END
                GO
                --执行修改系部编号
                EXEC department_update '02', '12'
                GO
                --查询相关表的信息
                SELECT * FROM  系部信息表
                SELECT * FROM  班级信息表
                SELECT * FROM  教研室信息表
                SELECT * FROM  专业信息表
```

> **说明**
>
> 当执行任意一条 UPDATE 修改语句后,计算机突然出现故障,无法继续执行后面的操作,必须撤销前面的 UPDATE 语句,否则数据库中的数据永远处于不一致的状态。完成这个操作任务需要提交事务,把 4 个 UPDATE 语句放到一个事务中,提交事务后,这 4 个 UPDATE 语句要么都执行,要么都不执行(只要有一条没有执行,就对前面已经执行的语句进行撤销)。

【例 9-5】 使用事务解决银行转账业务:张三、李四、王五、小张账户的余额均为 10 000 元。

① 不使用事务,从张三的账户向李四的账户转账 10 000 元。

② 使用事务，从王五的账户向小张的账户转账 10 000 元，观察结果。

```
IF NOT EXISTS (SELECT * FROM SYSOBJECTS WHERE name='bank')
BEGIN
CREATE TABLE bank
(
bankid int identity(1, 1) Primary Key,
username varchar(50) not null,
rmbnum float not null
)
END
-- add constraint    限制账户存额必须大于 0
ALTER TABLE bank ADD CONSTRAINT CK_bank_rmbnum CHECK(rmbnum>0)
-- 向表中写入数据
INSERT INTO BANK (username, rmbnum) VALUES ('张三', 10000)
INSERT INTO BANK (username, rmbnum) VALUES ('李四', 10000)
INSERT INTO BANK (username, rmbnum) VALUES ('王五', 10000)
INSERT INTO BANK (username, rmbnum) VALUES ('小张', 10000)
-- 执行转账, 将张三的账户中的 10 000 元转到李四的账户上
DECLARE @howmuch FLOAT
SET @howmuch=10000
UPDATE bank SET rmbnum=rmbnum-@howmuch WHERE username='张三'
UPDATE bank SET rmbnum=rmbnum+@howmuch WHERE username='李四'
--因为 CHECK 约束要求账户余额大于 0, 前者违背 CHECK 约束执行失败, 后者
成功
--张三的账户余额为 10 000 元, 李四的账户余额变为 20 000 元。由于没有使用事务,
导致转账结果错误
SELECT * FROM bank
--update bank set rmbnum=10000
SET NOCOUNT ON  -- 设置不显示影响的行数
print('查看转账前账户余额：')
BEGIN TRANSACTION
 declare @errno int
 declare @num int
 set @errno=0
 set @num=10000
 --将王五的账户余额减少@num
UPDATE bank SET rmbnum=rmbnum-@num WHERE username='王五'
SET @errno=@errno+@@error  --加上执行过程中产生的错误编号
 -- 将小张的账户余额增加@num
UPDATE bank SET rmbnum=rmbnum+@num WHERE username='小张'
```

197

```
                SET @errno=@errno+@@error
            -- 根据是否产生错误决定事务是提交还是撤销,使用两个 UPDATE 语句,要么都
        不执行,要么都执行
            --从王五的账户向小张的账户转账 10 000 元,王五的账户余额为 0,违反 CHECK
        约束,王五的账户减少 10 000 失败,那么小张的账户增加 10 000 元同时失败
                IF @errno>0
                    BEGIN
                        PRINT('事务处理失败,回滚事务!')
                        ROLLBACK TRANSACTION
                    END
                ELSE
                    BEGIN
                        PRINT('事务处理成功,提交事务!')
                        COMMIT TRANSACTION
                    END
                PRINT('查看转账后账户余额:')
                SELECT * FROM Bank
```

✎ 练一练

应用事务完成以下功能。

① 在"学生选课管理"系统中,为了保证数据的完整性和一致性,若某个学生的学号发生改变,不仅学生信息表中的信息需要修改,选课信息表中的学号也需要修改。

② 当一个学生退学后,若学生信息表中的相关数据被删除,那么选课信息表中相应的数据也被删除。

子任务 9.2 "学生选课管理"数据库的隐式事务处理

微课 9-3
隐式事务处理

•9.2.1 隐式事务概述

隐式事务表示在提交或回滚当前事务后,SQL Server 自动开始的事务。隐式事务无须使用 BEGIN TRANSACTION 语句标志事务的开始,只需结束或回滚事务。在回滚后,SQL Server 又自动开始一个新事务。

在隐式事务模式下,当执行 ALTER TABLE 语句、CREATE 语句、DELETE 语句、DROP 语句、FETCH 语句、GRANT 语句、INSERT 语句、OPEN 语句、REVOKE 语句、SELECT 语句、TRUNCATE TABLE 语句、UPDATE 语句中任一条语句时,SQL Server 都将自动启动一个新事务。

•9.2.2 隐式事务处理语句

启动隐式事务模式的语句如下。

SET IMPLICIT_TRANSACTIONS ON

关闭隐式事务模式的语句如下。

```
SET IMPLICIT_TRANSACTIONS OFF
```

结束或回滚事务的语句如下。

```
COMMIT TRANSACTION、COMMIT WORK、ROLLBACK TRANSACTION 或
ROLLBACK WORK
```

> **说明**
>
> 记录系统内事务处理数量的全局变量为@@TRANCOUNT,当@@TRANCOUNT 的值大于 1 时,则 **COMMIT TRANSACTION** 命令将使@@TRANCOUNT 按 1 递减,直至为 **0**。

【例 9-6】 隐式事务的应用一。

第1步: 启动 SSMS,打开"新建查询"窗口。

第2步: 设置连接为隐式事务模式。

```
SET IMPLICIT_TRANSACTIONS ON
GO
```

第3步: 检验事务是否已经启动。

```
CREATE TABLE Table1     --创建一个表
       (C1 int PRIMARY KEY)
```

第4步: 使用@@TRANCOUNT 测试事务是否已经打开。

```
SELECT @@TRANCOUNT AS [Transaction Count]
```

第5步: 若结果为 1,则表示当前连接已经打开了一个事务;若结果为 0,则表示当前没有事务;若结果大于 1,则表示有嵌套事务。

第6步: 向表中插入一条记录后再次检查@@TRANCOUNT。

```
INSERT INTO Table1 VALUES(10)
GO
SELECT @@TRANCOUNT AS [Transaction Count]
```

@@TRANCOUNT 的值仍为 1,因为已经打开了一个事务,所以 SQL Server 没有开始一个新事务。

第7步: 回滚该事务并再次检查@@TRANCOUNT。可以看出,执行完 ROLLBACK TRANSACTION 语句后,@@TRANCOUNT 的值为 0。

```
ROLLBACK TRANSACTION
GO
SELECT @@TRANCOUNT AS [Transaction Count]
```

第8步: 查询表 Table1 中的数据。

```
SELECT * FROM Table1
```

因为表已经不存在,所以将得到一个错误信息。这个隐式事务起始于 CREATE TABLE 语句,且 ROLLBACK TRAN 语句取消了第一条语句后所做的所有工作。

第9步: 关闭隐式事务。

```
SET IMPLICIT_TRANSACTIONS OFF
```

注意

使用隐式事务时不能忘记提交或回滚事务。因为没有显式的 BEGIN TRANSACTION 语句,所以这些步骤很容易被遗忘,并导致事务长期运行,从而在连接关闭时产生不必要的回滚,以及与其他连接之间的阻塞问题。

【例 9-7】 隐式事务的应用二。

```
USE 学生选课管理
GO
SET XACT_ABORT OFF
GO
SET IMPLICIT_TRANSACTIONS ON
--第 1 个隐式事务
SELECT * INTO 专业信息表_备份 FROM 专业信息表
DELETE FROM 专业信息表_备份
INSERT 专业信息表_备份 VALUES('91', '测试专业', '01');
--提交或回滚第 1 个隐式事务
IF @@ERROR!=0
    ROLLBACK TRAN
ELSE
    COMMIT TRAN
GO
--第 2 个隐式事务
DELETE FROM 专业信息表_备份
INSERT 专业信息表_备份 VALUES('92', '游戏专业', '01')
--提交或回滚第 2 个隐式事务
IF @@ERROR!=0
    ROLLBACK TRAN
ELSE
    COMMIT TRAN
GO
--第 3 个隐式事务
SELECT * FROM 专业信息表_备份
DROP TABLE 专业信息表_备份
--提交或回滚第 3 个隐式事务
```

```
IF @@ERROR!=0
    ROLLBACK TRAN
ELSE
    COMMIT TRAN
GO
SET IMPLICIT_TRANSACTIONS OFF
GO
```

看一看

编写有效事务的指导原则如下。

● 不要在事务处理期间要求用户输入信息。

● 在事务启动之前，完成所有需要的信息输入。如果在事务处理期间还需要输入其他信息，则回滚当前事务，并在用户输入之后重新启动该事务。事务处理过程中需要的信息应尽量在事务启动之前输入，以免因为等待用户输入信息而长时间占用系统资源。事务占用的所有资源都会保留相当长的时间，这有可能造成阻塞问题。如果用户没有响应，则事务仍然保持活动状态，并锁定关键资源，直到用户响应为止，但是用户可能几分钟甚至几小时都不响应。

● 不要在浏览数据时打开事务。

● 在所有预备的数据分析完成之前，不应启动事务。

● 保持事务简短。

● 在确定所要进行的修改之后再启动事务，执行修改语句，然后立即提交。

● 在事务中尽量控制访问的数据量，这样可以减少锁定的行数，从而减少事务之间的"争夺"。

单 元 测 试

一、选择题

1. （　　）是 SQL Server 中的执行单元，它可以是一条 SQL 语句、一组 SQL 语句或整个程序。这些操作要么都做，要么都不做，是一个不可分割的工作单位。

  A. 事务　　　　　　B. 更新　　　　　　C. 插入　　　　　　D. 以上都不是

2. 下列选项中，（　　）语句用于清除从最近的事务语句以来所有的修改。

  A. COMMIT TRANSACTION　　　　　B. ROLLBACK TRANSACTION

  C. BEGIN TRANSACTION　　　　　　D. SAVE TRANSACTION

3. 下列选项中，（　　）语句是用于定义事务的起始点。

  A. COMMIT TRANSACTION　　　　　B. ROLLBACK TRANSACTION

  C. BEGIN TRANSACTION　　　　　　D. SAVE TRANSACTION

4. 下列选项中，使用（　　）语句能够提交一个事务。

  A. COMMIT TRANSACTION　　　　　B. ROLLBACK TRANSACTION

  C. BEGIN TRANSACTION　　　　　　D. SAVE TRANSACTION

5. 下列选项中，使用（　　）语句能够回滚事务。

  A. COMMIT TRANSACTION　　　　　B. ROLLBACK TRANSACTION

  C. BEGIN TRANSACTION　　　　　　D. SAVE TRANSACTION

6. 事务的持久性是由数据库管理系统的（　　）部件负责的。

    A. 恢复管理   B. 并发控制

    C. 完整性约束   D. 存储管理

7. 实现数据库的（　　）特性，能够避免对未提交更新的依赖（"脏数据"的读出）。

    A. 完整性   B. 并发性

    C. 安全性   D. 可移植性

二、填空题

1. 事务的 4 个属性是_____、_____、_____、_____。

2. 根据运行模式，SQL Server 将事务分为 4 种类型，即_____、_____、_____、_____。

单 元 实 训

1. 基本技能要求

① 创建一个事务，在任意两个储户之间进行转账，若都成功，则提交事务，否则回滚。

② 创建一个事务，先向储户表中添加一条记录，并设置保存点，再修改其中一个储户的姓名，并提交。

③ 创建一个事务，修改储蓄所表中的一条储蓄所编号，并同时修改存取款单表中的储蓄所编号。若两条修改语句都成功，则提交事务，否则回滚。

单元实训指导 9
"学生选课管理"数据库
的事务处理

2. 拓展技能要求

了解 SQL Server 分布式事务的知识。

专业能力测评表

（在□中打√，A——掌握，B——基本掌握，C——未掌握）

业务能力	评价指标	自测结果	备注
"学生选课管理"数据库的显示事务处理	1. 事务概述	□A □B □C	
	2. 显示事务处理语句	□A □B □C	
"学生选课管理"数据库的隐式事务处理	1. 隐式事务概述	□A □B □C	
	2. 隐式事务处理语句	□A □B □C	
其他			
教师评语：			
成绩		教师签字	

任务 10 "学生选课管理"数据库的安全管理

知识目标

- 掌握 SQL Server 2019 的身份验证模式。
- 掌握登录账号和数据库用户账号的相关知识。
- 了解服务器角色和固定数据库角色的权限。
- 了解应用程序角色的特点。
- 掌握自定义数据库角色的方法。
- 掌握权限的种类及权限管理的内容。

能力目标

- 能够进行登录账号的创建与管理。
- 能够进行数据库用户账号的创建与管理。
- 能够使用对象资源管理器和 T−SQL 语句管理服务器角色和数据库角色。
- 能够使用对象资源管理器和 T−SQL 语句设置权限、拒绝权限和删除权限。

素养目标

- 深入理解"党的二十大报告中提到要完善网络、数据安全保障体系建设"的意义，让学生充分认识到数据安全的重要性。
- 培养学生维护国家安全和稳定的责任意识，使他们明确自己作为公民的权利和义务，能够在维护国家安全和稳定方面发挥积极的示范作用，为社会的和谐与稳定作出贡献。

【情境描述】

学院信息中心又招来一位工作人员，该员工主要负责对学生选课信息进行维护。该员工对学生选课的具体权限为：对"学生选课管理"数据库的所有表具有查询权限；对选课信息表具有插入和更新权限。数据库开发人员小张首先对 SQL Server 进行了正确的配置，以使该员工能够访问 SQL Server 服务器，随后他为该员工创建了一个登录账号，并设置了密码，同时将登录账号添加为"学生选课管理"数据库的用户，最后授予该用户对所有表具有 SELECT 权限，对选课信息表具有插入和更新权限。

【任务分解】

从上述情境描述中可见，SQL Server 的安全性管理是建立在认证和访问许可两个机制上的，认证是用来确定登录 SQL Server 的用户的账号和密码是否正确，以此来验证是否具有连接 SQL Server 的权限。但是，通过验证阶段并不代表能够访问 SQL Server 中的数据，用户只有获取访问数据库的权限之后才能够对服务器上的数据库进行权限许可下的各种操作。本任务介绍 SQL Server 2019 的身份验证、用户账号、角色和权限等知识，以实现对"学生选课管理"数据库的安全管理。这里对该任务进行分解，共包括以下 4 个子任务。

- "学生选课管理"数据库的登录管理。
- "学生选课管理"数据库的用户账号管理。
- "学生选课管理"数据库的角色管理。
- "学生选课管理"数据库的权限管理。

10.1.1 安全模式概述

安全性对任何一个数据库管理系统来说都是至关重要的,数据库中存放着大量重要的数据,如果安全性不好,就有可能对系统中的重要数据造成危害。SQL Server 通过设置不同级别的用户和分配不同的权限来保证数据库的安全性。一个用户如果要访问 SQL Server 数据库中的数据,必须提供有效的认证信息。数据库引擎必须经过以下 3 个认证过程。

1. 登录身份验证(操作系统级的验证)

登录身份验证用来确认登录用户的登录账号和密码的正确性,以此来验证用户是否具有连接 SQL Server 数据库服务器的资格。这里只验证该用户是否具有连接到数据库服务器的"连接权",即用户首先要获得计算机操作系统的使用权。

2. 用户账号验证(SQL Server 级的验证)

当用户通过登录身份验证后,即登录到数据库服务器后,若要访问具体的某个数据库,必须拥有对该数据库访问的用户账号,即必须通过用户账号验证。

3. 操作许可验证(数据库级的验证)

当用户通过上述两级验证后,若要操作数据库中的数据或对象,还必须拥有相应操作的操作许可权,即必须通过许可验证。

10.1.2 登录身份验证模式

在 SQL Server 2019 的 SSMS 中,连接数据库引擎的实例时提供 5 种身份验证模式,包括 Windows 身份验证、SQL Server 身份验证、Azure Active Directory-支持 MFA 的通用目录、Azure Active Directory-密码和 Active Directory-集成。本书主要介绍 Windows 身份验证模式和 SQL Server 混合身份验证模式。

微课 10-1
登录身份验证模式

1. Windows 身份验证模式

SQL Server 数据库系统通常运行在 Windows 服务器上,而 Windows 作为网络操作系统,本身就具备管理登录、验证账户合法性的能力。Windows 验证模式正是利用了用户安全性和账号管理的机制,允许 SQL Server 使用 Windows 的用户名和密码。用户只要通过 Windows 的验证,即可连接到 SQL Server。此时,SQL Server 也就不需要管理一套登录数据。对于使用 Windows 验证模式的用户,需要将用户的信息注册到 SQL Server 登录信息中,建立 Windows 与 SQL Server 之间的信任关系。

2. 混合验证模式

混合验证模式是指允许以 SQL Server 验证模式或者 Windows 验证模式对登录

的用户账号进行验证。其工作模式是，客户机的用户账号和密码首先进行 SQL Server 身份验证，如果通过验证，则登录成功，否则再进行 Windows 身份验证。如果 Windows 身份验证通过，则登录成功；如果未通过验证，则无法使用 SQL Server 服务器。

提供混合身份验证模式是为了兼容。一方面，Windows 客户端以外的其他客户必须使用混合身份验证模式，使用 SQL Server 账户和密码连接服务器；另一方面，SQL Server 早期的应用程序可能使用的是 SQL Server 账户和密码连接的服务器。

Windows 验证模式和 SQL Server 验证模式各有优势。Windows 验证模式更加安全，因为 Windows 操作系统具有较高的安全性。SQL Server 验证模式较为简单，它允许应用程序的所有用户使用同一个登录标识，而 Windows 验证模式需要为每一个用户建立用户账户。

【例 10-1】 设置身份验证模式。

第1步：启动 SSMS，在对象资源管理器中，右击要设置验证模式的服务器，在弹出的快捷菜单中选择"属性"命令，如图 10-1 所示。

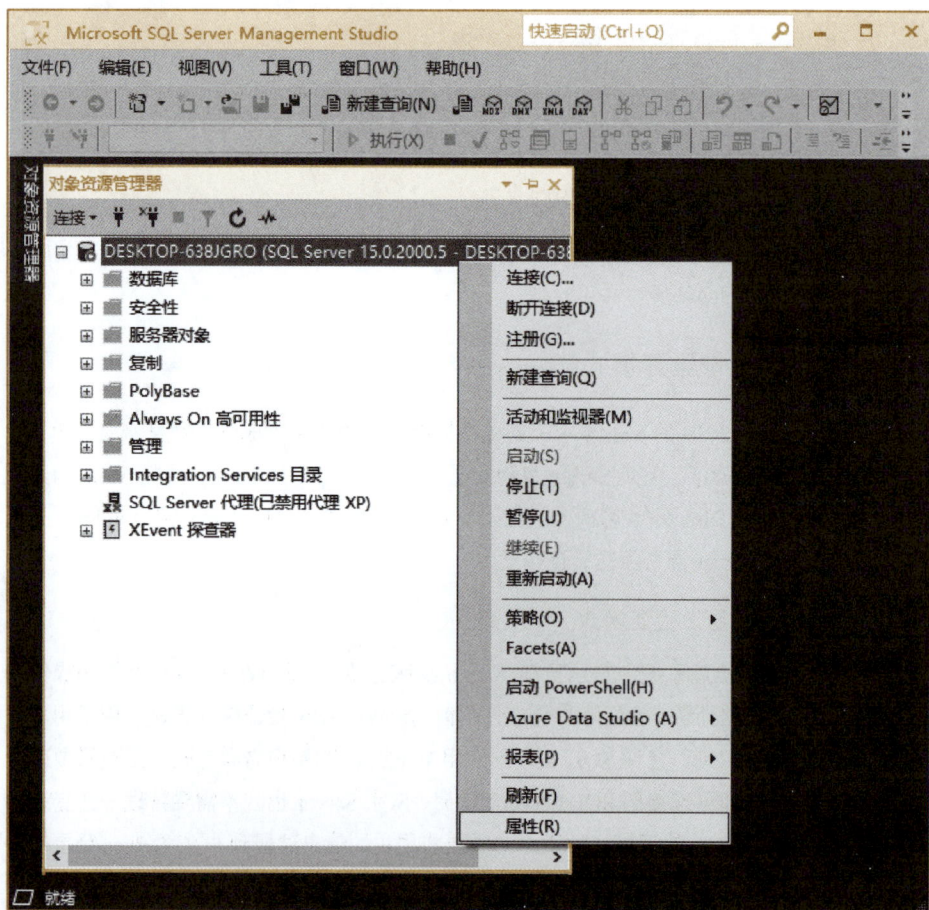

图 10-1
选择"属性"命令

第2步：在弹出的"服务器属性"窗口中选择"安全性"选项，在右侧"服务器身份验证"选项区域中可以选择要设置的认证模式；在"登录审核"选项区域中可以选择跟踪记录用户登录时的各种信息，如登录成功或登录失败的信息等；在"服务器代理账户"选项区域中可以设置当启动并运行 SQL Server 时默认的登录者，如图 10-2 所示。

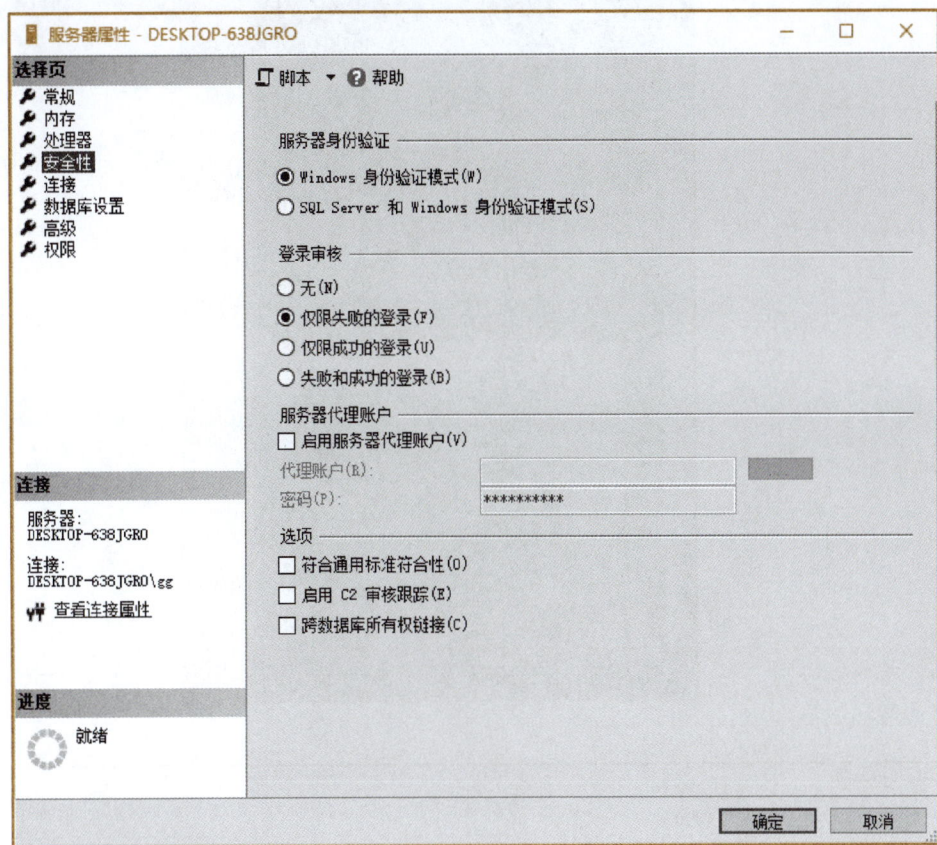

图 10-2
安全性设置

10.1.3 登录账号的创建与管理

1. 使用资源管理器创建与管理服务器登录账号

【例 10-2】使用对象资源管理器创建 Windows 登录账号。

创建 Windows 登录账号的步骤如下。

（1）建立 Windows 用户。

第1步：以管理员身份登录 Windows，右击"开始"菜单，在弹出的快捷菜单中选择"计算机管理"命令，如图 10-3 所示。

第2步：在弹出的"计算机管理"窗口中，依次展开"计算机管理（本地）"→"系统工具"→"本地用户和组"节点，右击"用户"选项，在弹出的快捷菜单中选择"新用户"命令，如图 10-4 所示。

微课 10-2
使用对象资源管理器
创建与管理服务器
登录账号

207

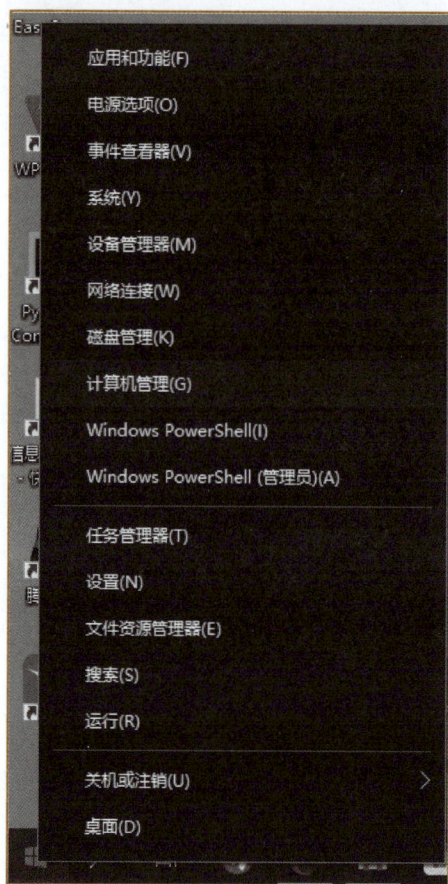

图 10-3
选择"计算机管理"命令

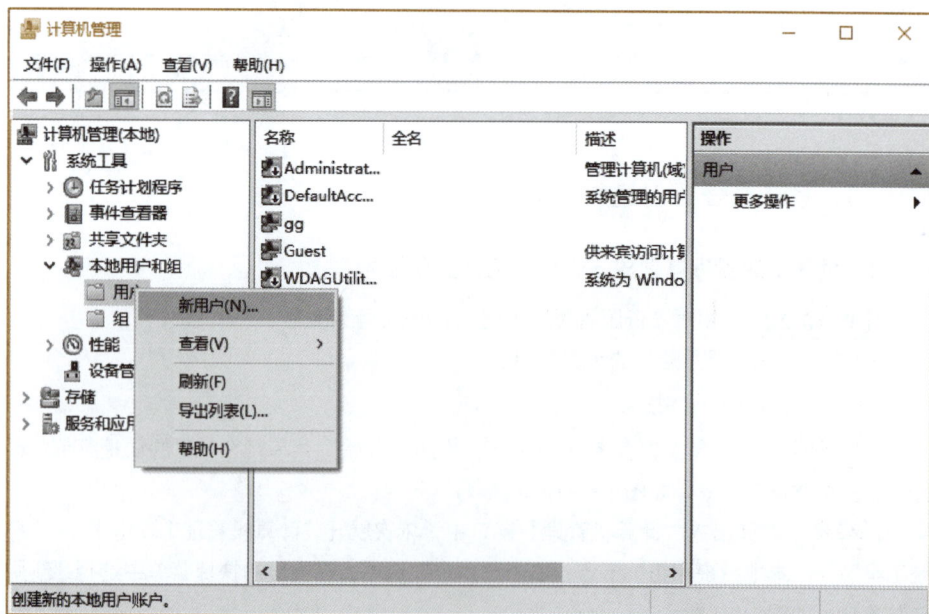

图 10-4
选择"新用户"命令

第3步：在弹出的"新用户"对话框中设置用户名、密码等信息，单击"创建"按钮，再单击"关闭"按钮，如图 10-5 所示。

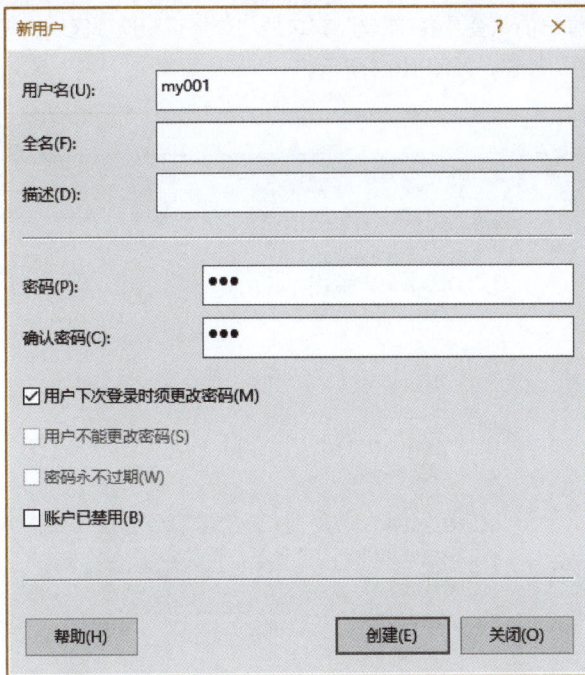

图 10-5
"新用户"对话框

（2）将 Windows 账号加入 SQL Server 中

第1步： 在对象资源管理器中展开"安全性"节点，右击"登录名"选项，在弹出的快捷菜单中选择"新建登录名"命令，如图 10-6 所示。

图 10-6
选择"新建登录名"命令

第2步： 在弹出的"登录名-新建"窗口的"选择页"选项区域选择"常规"选项，在右侧单击"搜索"按钮，如图 10-7 所示。

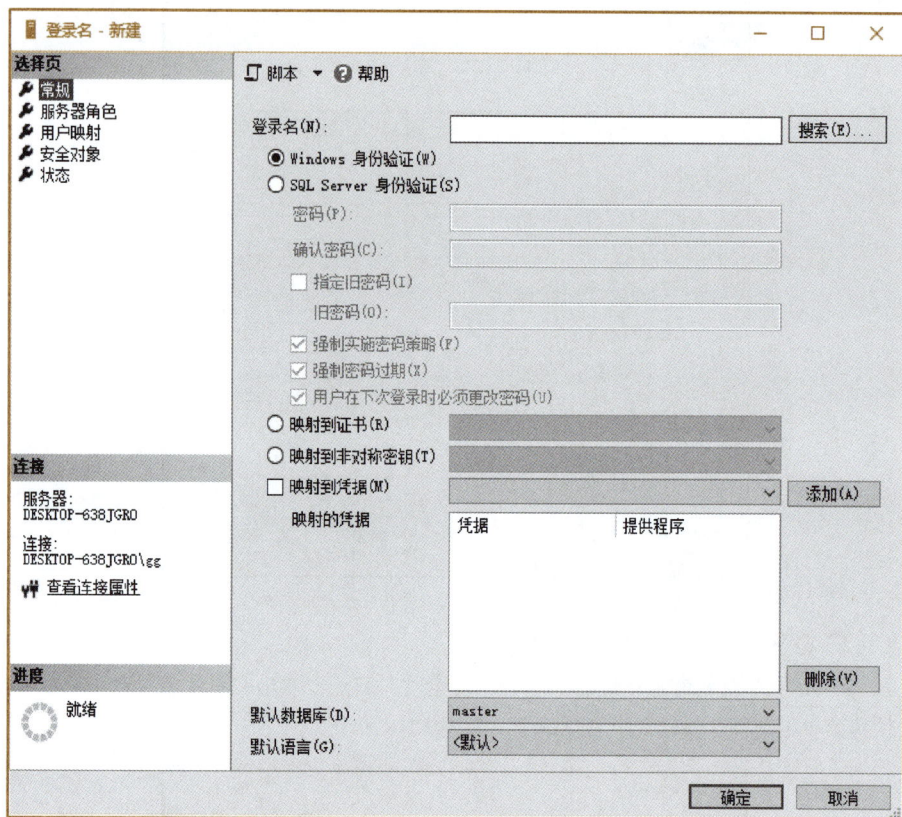

图 10-7
"登录名-新建"窗口

第3步： 在弹出的"选择用户或组"对话框中单击"高级"按钮，如图 10-8 所示。

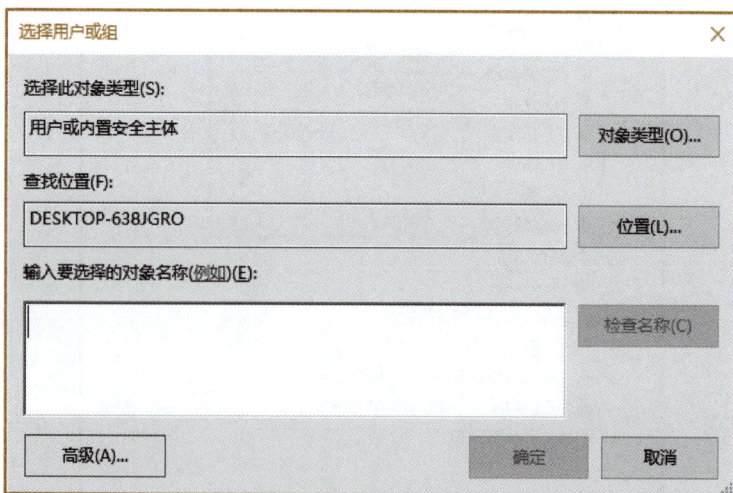

图 10-8
"选择用户或组"对话框

第4步： 在展开的对话框中单击"立即查找"按钮，在"搜索结果"列表框中双击建立的新用户名，如 my001（本例中的 DESKTOP-638JGRO 为本地计算机名，不同的计算机有不同的计算机名），如图 10-9 所示。

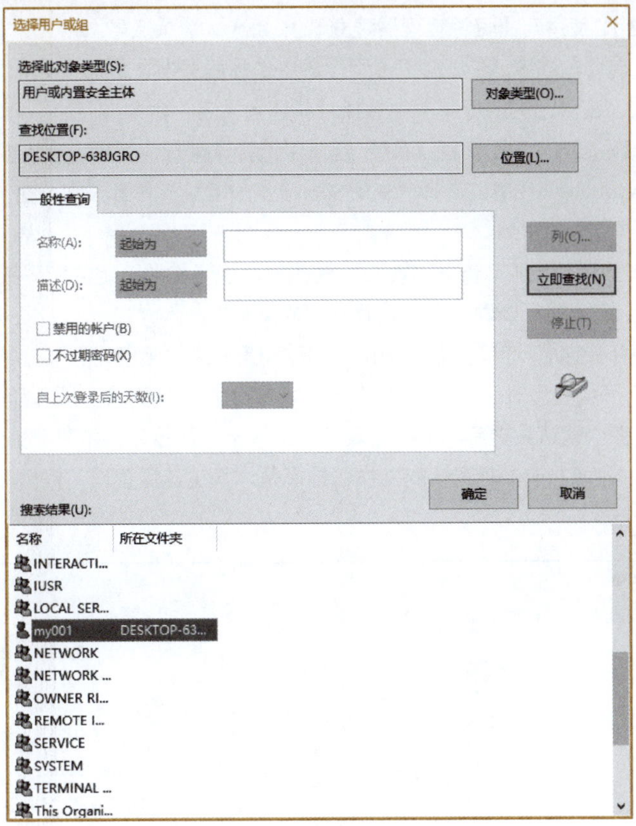

图 10-9
查找新建的用户名

第5步： 在"登录名-新建"窗口中设置好其他选项后，单击"确定"按钮，完成
Windows 账号的创建，如图 10-10 所示。

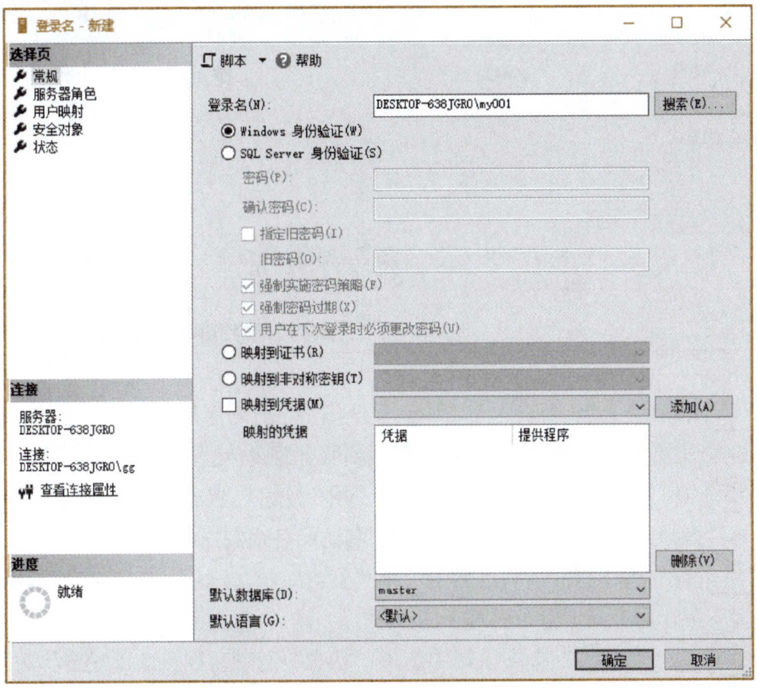

图 10-10
完成 Windows 账号的创建

【例 10-3】使用对象资源管理器建立 SQL Server 登录账号。

第1步：启动 SSMS，在对象资源管理器中选择服务器，展开"安全性"节点，右击"登录名"选项，在弹出的快捷菜单中选择"新建登录名"命令。

第2步：在打开的"登录名-新建"窗口中选择"常规"选项，在右侧"登录名"文本框中输入 mysql_login_001，选择"SQL Server 身份验证"单选按钮，在"密码"及"确认密码"文本框中输入密码。

第3步：选中"强制实施密码策略"复选框，表示按照一定的密码策略来检验设置的密码。强制密码策略可以确保密码具有一定的复杂性。

● "强制密码过期"选项：表示使用密码过期策略来检验密码。

● "用户在下次登录时必须更改密码"选项：表示每次使用该登录名都必须更改密码。

第4步：在"默认数据库"下拉列表框中选择某个数据库，如"学生选课管理"，表示登录账号 mysql_login_001 默认的工作数据库是"学生选课管理"数据库，如图 10-11所示。

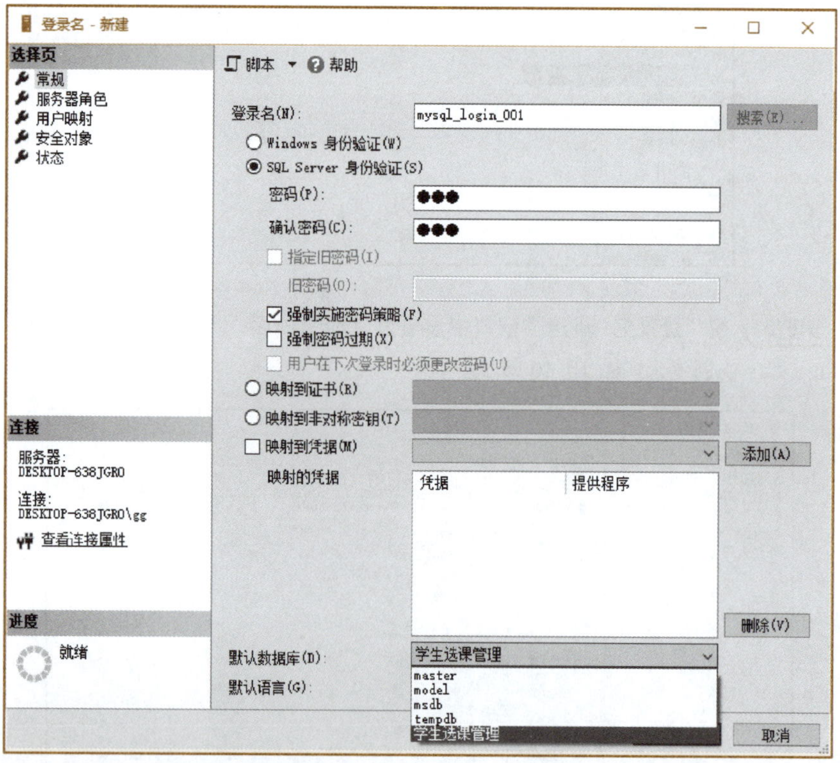

图 10-11
设置常规参数

第5步：在"登录名-新建"窗口中的"选择页"选项区域中选择"服务器角色"选项，在该选项设置界面可以设置登录账号所属的服务器角色。

第6步：在"选择页"选项区域中选择"用户映射"选项，在该选项设置界面可以设置服务器的登录账号将使用什么数据库用户名访问各个数据库。

第7步：在"选择页"选项区域中选择"安全对象"选项，在该选项设置界面可以设置对特定对象（服务器、登录名等）的权限。

第8步：在"选择页"选项区域中选择"状态"选项，在该选项设置界面可以设置是否允许该登录账号连接到数据库引擎，以及是否启用该登录账号等。

第9步： 单击"确定"按钮，完成 SQL Server 登录账号的创建。

> **说明**
>
> 在 Windows 环境下，如果要使用 SQL Server 账号登录 SQL Server，首先应将 SQL Server 的认证模式设置为混合模式，然后再建立 SQL Server 的登录账号。

2. 使用 T-SQL 语句创建和维护服务器登录账号

（1）使用系统存储过程创建服务器登录账号

语法格式如下。

微课 10-3
使用 T-SQL 语句创建
和维护服务器登录账号

```
SP_ADDLOGIN '登录名称','登录密码','默认数据库'
```

参数说明如下。

- "登录名称"和"登录密码"可以包含 1～128 个字符，包括字母、符号和数字。但是，登录名称不能包含反斜线"\"、保留的登录名称（如 sa）或已经存在的登录名称，也不能是空字符串或 Null。
- 不能在用户定义事务内执行 SP_ADDLOGIN。

【例 10-4】 为用户 mylogin1 创建 SQL Server 登录，密码为 000，且不指定默认数据库。

```
EXEC SP_ADDLOGIN   'mylogin1','000'
```

【例 10-5】 为用户 mylogin2 创建 SQL Server 登录，密码为 000，默认数据库为"学生选课管理"。

```
EXEC SP_ADDLOGIN 'mylogin2','000','学生选课管理'
```

（2）使用系统存储过程修改服务器登录账号

语法格式一如下。

```
SP_PASSWORD '旧密码','新密码','登录名'
```

功能：把登录账号的旧密码改为新密码。

语法格式二如下。

```
SP_DEFAULTDB '登录名','默认数据库的名称'
```

功能：修改登录名的默认数据库，但新的默认数据库必须存在。

【例 10-6】 设置登录名为 mylogin1 的默认数据库为"学生选课管理"。

```
EXEC SP_DEFAULTDB 'mylogin1','学生选课管理'
```

（3）使用系统存储过程删除服务器登录

语法格式如下。

```
SP_DROPLOGIN '登录名称'
```

功能：删除 SQL Server 登录名。

【例 10-7】 删除登录账号 mylogin1。

```
EXEC SP_DROPLOGIN 'mylogin1'
```

子任务 10.2 "学生选课管理"数据库的用户账号管理

　　某位用户通过 Windows 验证或 SQL Server 验证登录到 SQL Server 服务器后，并不自动拥有对所有数据库的访问权限，还必须拥有数据库用户账号。数据库用户账号在特定的数据库内创建，并关联一个登录名，通过授权给用户，来指定用户可以访问的数据库对象的权限。一个登录账号在一个数据库中只能有一个用户账号，但是一个登录账号可以在不同的数据库中各有一个用户账号。如果在新建登录账号的过程中指定对每个数据库具有存取权限，那么在该数据库中将自动创建一个与该登录账号同名的用户账号。如果在创建新的登录账号时没有指定对每个数据库的存取权限，那么在该数据库中为新的登录账号创建一个用户账号后，该登录账号会自动具有对该数据库的访问权限。

拓展阅读
数据库安全管理

👐 看一看

　　dbo 是数据库中的默认用户，安装 SQL Server 系统之后，dbo 用户就自动存在了，dbo 用户拥有在数据库中操作的所有权限。默认情况下，sa 登录名在各数据库中对应的用户是 dbo 用户。

• 10.2.1　使用对象资源管理器创建与管理数据库的用户账号

微课 10-4
使用对象资源管理器创建与管理数据库的用户账号

1. 创建数据库的用户

　　【例 10-8】　在"学生选课管理"数据库中创建一个用户账号 myuser001，登录名使用 my001。

　　第1步：　启动 SSMS，在对象资源管理器中选择服务器，依次展开"数据库"→"学生选课管理"→"安全性"节点，右击"用户"选项，在弹出的快捷菜单中选择"新建用户"命令，如图 10-12 所示。

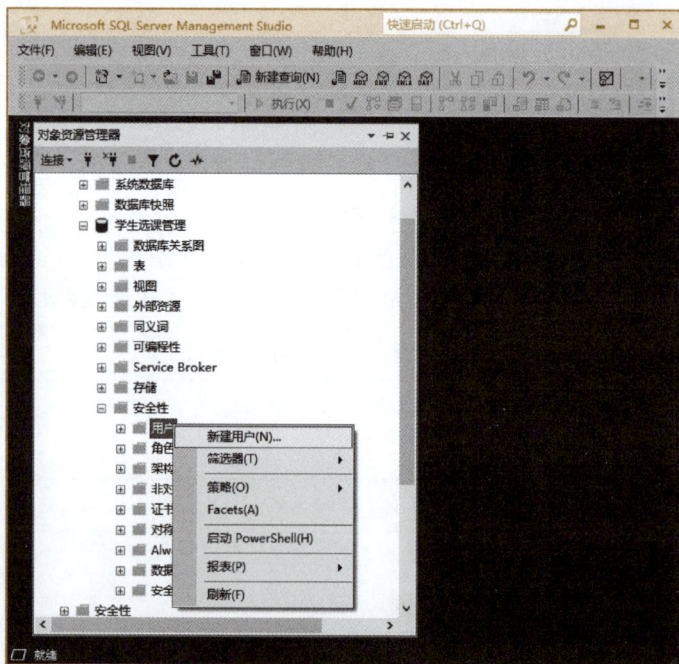

图 10-12
选择"新建用户"命令

第2步： 在弹出的"数据库用户–新建"窗口的"用户名"文本框中输入名称，如 myuser001，单击"登录名"文本框后的 ... 按钮，打开"选择登录名"对话框，选择存在 SQL Server 系统中的登录名，如图 10-13 所示。

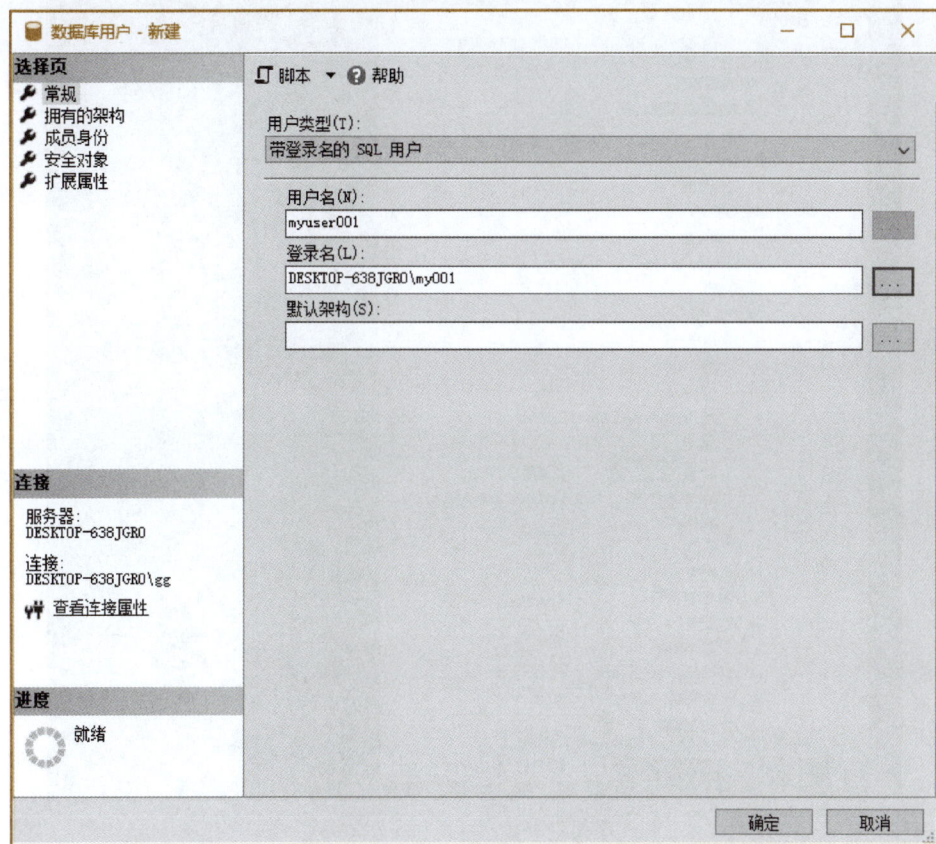

图 10-13
选择登录名

第3步： 在"默认架构"下拉列表框中选择该数据库用户的默认架构。

第4步： 在"选择页"选项区域中选择"成员身份"选项，进入"数据库角色成员身份"选项设置界面，从中选择赋予用户什么样的数据库角色。

第5步： 在"选择页"选项区域中选择"安全对象"选项，进入"安全对象"选项设置界面，从中可添加数据库用户可以访问的数据库对象。

第6步： 单击"确定"按钮，完成数据库用户的创建。

2. 删除数据库的用户

【例 10-9】 删除"学生选课管理"数据库中的用户账号 myuser001。

第1步： 启动 SSMS，在对象资源管理器中选择服务器，依次展开"数据库"→"学生选课管理"→"安全性"→"用户"节点，右击目标用户 myuser001，在弹出的快捷菜单中选择"删除"命令，如图 10-14 所示。

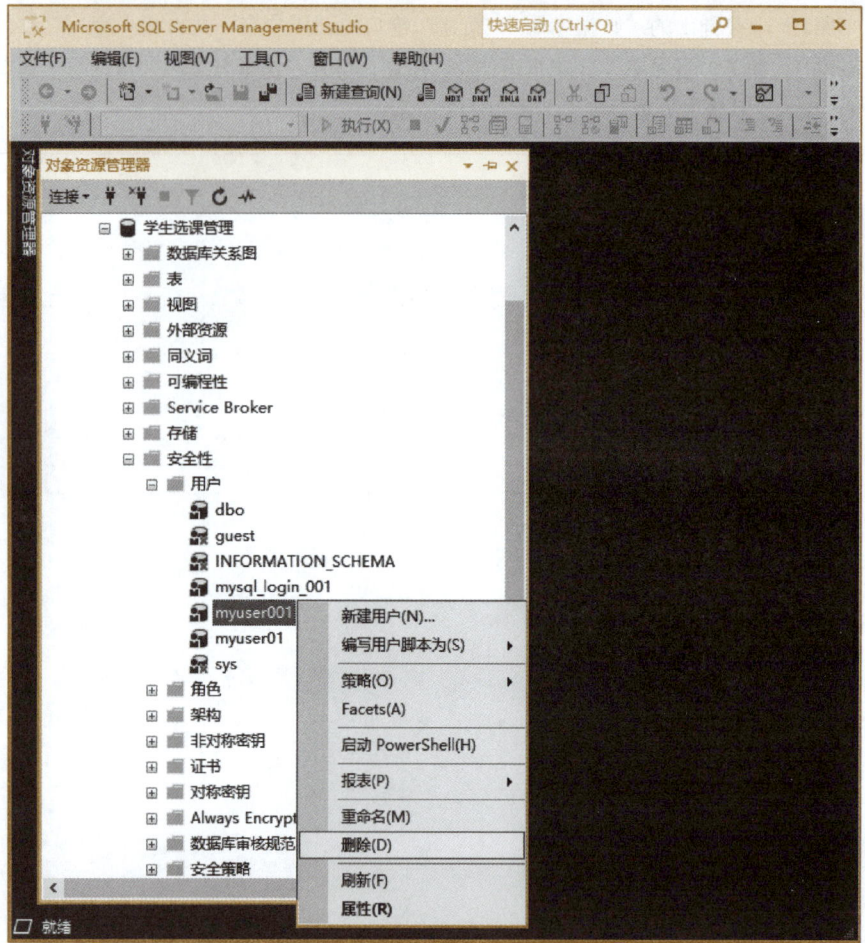

图 10-14
选择"删除"命令

第2步： 在弹出的"删除对象"对话框中单击"确定"按钮，完成数据库用户的删除。

•10.2.2　使用 T-SQL 命令创建与管理用户账户

微课 10-5
使用 T-SQL 命令创建
与管理用户账户

1. 创建数据库用户

语法格式如下。

> SP_GRANTDBACCESS '登录账号名称'

也可以在向数据库添加用户账号时，使用与登录账号名称不同的用户名。

> SP_GRANTDBACCESS '登录账号名称','用户账号名称'

功能：为 SQL Server 登录者建立一个相匹配的数据库用户账号。

【例 10-10】 将用户 DESKTOP-638JGRO\my001 加入数据库"学生选课管理"中，其用户名为 myuser001。

> EXEC SP_GRANTDBACCESS 'DESKTOP-638JGRO\my001','myuser001'

2. 删除数据库用户

语法格式如下。

> SP_REVOKEDBACCESS '用户账号名称'

功能：将数据库用户从当前数据库中删除。

> **说明**
>
> 删除数据库用户，与其相匹配的登录者就无法使用该数据库。如果被删除的数据库用户在当前数据库中拥有任一对象（如表、视图或存储过程），则将无法用该语句将它从数据库中删除，只有在删除其所拥有的对象后，才能将数据库用户删除。

【例 10-11】 删除"学生选课管理"数据库用户 myuser001。

> SP_REVOKEDBACCESS 'myuser001'

3. 查看数据库用户信息

语法格式如下。

> SP_HELPUSER '用户账号名称'

功能：显示当前数据库的指定用户信息。若省略'用户账号名称'，则显示所有用户信息。

【例 10-12】 显示"学生选课管理"数据库用户 myuser001 的用户信息。

> SP_HELPUSER 'myuser001'

子任务 10.3 "学生选课管理"数据库的角色管理

10.3.1 角色的分类

角色能把用户组成一个可以集体授权的单元，用来管理数据库对象和保证数据的安全性。SQL Server 管理者在设置访问权限时，应该首先创建角色，然后将某些用户设置为某一角色，这样只对角色进行权限设置，便可以实现对该角色所有用户权限的设置，极大地减少管理员的工作量。

微课 10-6
数据库的角色

SQL Server 支持 3 种角色，即服务器角色、数据库角色和应用程序角色。

1. 服务器角色

服务器角色的权限作用域为服务器范围，可以管理服务器。如果创建了一个服务器角色，那么用户通过这个角色登录后能执行该角色被许可的任何任务。表 10-1 按照从低到高的顺序列出了所有服务器角色的权限。

服务器角色名	描　述
批量管理员（bulkadmin）	该服务器角色的成员能够运行 BULK INSERT 语句。该语句允许从文本文件中将数据导入 SQL Server 数据库中，为需要执行插入大容量数据的域账户而设计
数据库创建者（dbcreator）	该服务器角色的成员能够创建、修改、删除和还原数据库
磁盘管理员（diskadmin）	该服务器角色用于管理磁盘文件，如添加备份设备
进程管理员（processadmin）	可以通过执行多个进程做多个事件。例如，生成一个进程用于高速缓存写数据，同时生成另一个进程用于高速缓存读取数据。该角色的成员能够删除进程
安全管理员（securityadmin）	该服务器角色的成员可以管理登录名及其属性，可以授权、拒绝、撤销服务器级权限或数据库级权限，且可以重置 SQL Server 登录名的密码
服务器管理员（serveradmin）	该服务器角色成员可以设置服务器范围配置选项和关闭服务器
安装管理员（setupadmin）	为需要管理链接服务器和控制启动存储过程的用户而设计
系统管理员（sysadmin）	该服务器角色的成员可以在 SQL Server 中能执行任何任务

表 10-1　服务器角色及权限

2. 数据库角色

数据库角色是在数据库级别定义的，且存在于每个数据库中。数据库角色为某一用户或某一组用户授予不同级别的管理、访问数据库及数据库对象的权限。这些权限是数据库专有的，并且还可以使一个用户属于同一数据库的多个角色。SQL Server 提供了两种不同类型的数据库角色，分别是固定的数据库角色和用户自定义的数据库角色。

（1）固定的数据库角色

固定的数据库角色都是为系统创建的，用户不能创建，只能将用户加入，使其成为固定的数据库角色成员，SQL Server 的 10 种固定的数据库角色见表 10-2。

数据库角色	描　述
db_owner	数据库的所有者，能够执行数据库的所有管理操作
db_accessadmin	能够添加或删除用户
db_securityadmin	执行语句及对象权限管理
db_ddladmin	能够增加、修改或删除数据库中的对象
db_backupoperator	能够执行数据库备份和恢复
db_datareader	能够读取用户表中的所有数据
db_datawriter	能够更改用户表中的所有数据
db_denydatareader	禁止用户查看用户表中的数据
db_denydatawriter	禁止修改任意用户表中的数据

表 10-2　固定的数据库角色

看一看

数据库中每一个用户都属于 public 数据库角色，这是一种特殊的固定数据库角色，特点如下。
- 捕获数据库中的所有默认权限。
- 无法将用户、组或角色指派给 public 数据库角色，因为默认情况下，它们都属于该角色。
- public 数据库角色含在每个数据库中，包括 master、msdb、tempdb、model 和所有用户数据库。
- public 数据库角色无法删除。

如果想让数据库中的每个用户都能有某个特定的权限，则需要将该权限指派给 public 数据库角色；如果没有给用户专门授予对某个对象的权限，它们将默认拥有 public 数据库角色的权限。

（2）用户自定义的数据库角色

固定数据库角色的权限是系统设定的，不能进行更改，如果有一类用户具有相同的权限，而固定数据库角色中又没有相符合的角色，就可以自己创建数据库角色，然后加入这些用户，称为自定义的数据库角色成员。

3. 应用程序角色

应用程序角色是一个数据库主体，它可以使应用程序能够用其自身的、类似用户的权限来运行。在使用应用程序时，仅允许特定用户来访问数据库中的特定数据。如果不使用这些特定的应用程序连接，就无法访问这些数据，从而实现安全管理的目的。与数据库角色相比，应用程序角色有 3 个特点：一是在默认情况下，该角色不包含任何成员；二是在默认情况下，该角色是非活动的，必须将其激活之后才能发挥作用；三是该角色有密码，只有拥有应用程序角色正确密码的用户才可以激活该角色。当激活某个应用程序角色后，用户会失去自己原有的权限，转而拥有应用程序角色的权限。应用程序角色的创建、修改，可使用 CREATE APPLICATION ROLE、ALTER APPLICATION ROLE 语句。本书主要介绍服务器角色和数据库角色的管理，应用程序角色的管理请读者自行查找资料进行学习。

10.3.2　使用对象资源管理器管理角色

1. 使用对象资源管理器管理服务器角色

（1）添加服务器角色的成员

【例 10-13】将 my001 添加为服务器角色 sysadmin 的成员。

第1步：启动 SSMS，在对象资源管理器中选择服务器，依次展开"安全性"→"登录名"节点，右击登录名 DESKTOP-638JGRO\my001，在弹出的快捷菜单中选择"属性"命令，如图 10-15 所示。

第2步：在弹出的"登录属性-DESKTOP-638JGRO\my001"窗口的"选择页"选项区域中选择"服务器角色"选项，在右侧"服务器角色"列表框中选中 sysadmin 复选框，单击"确定"按钮，完成将 my001 添加为服务器角色 sysadmin 成员的设置，如图 10-16 所示。

微课 10-7
使用对象资源管理器
管理角色

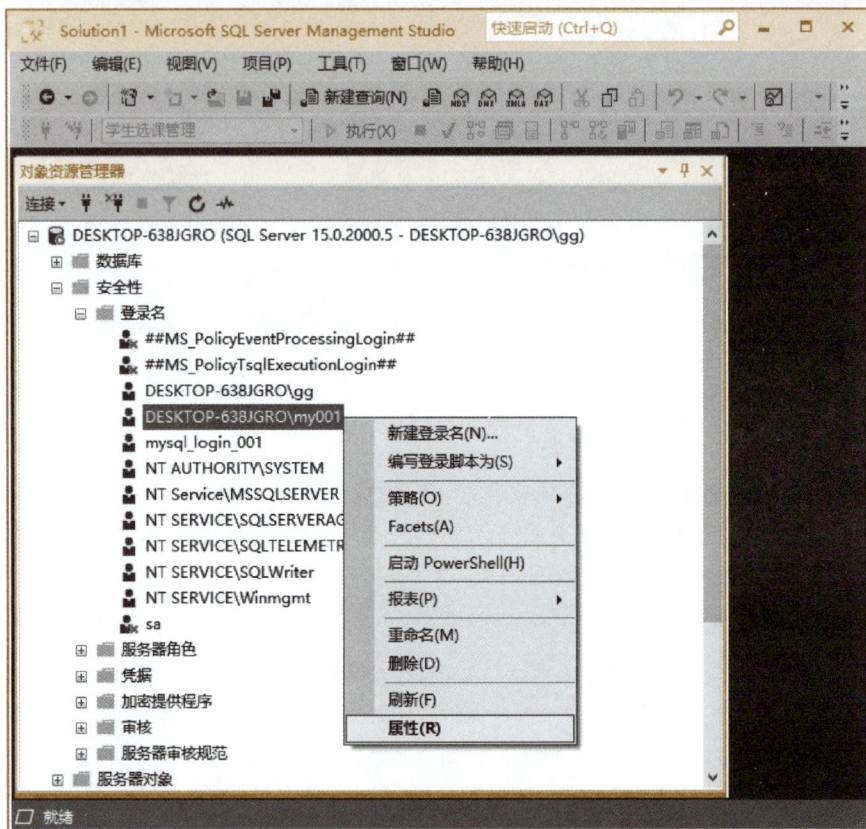

图 10-15
选择"属性"命令

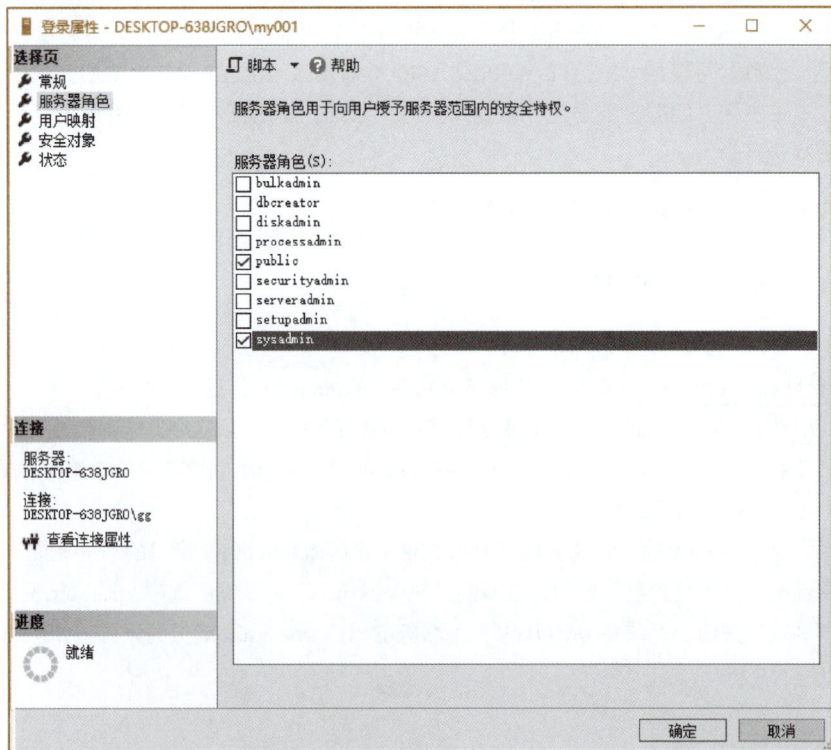

图 10-16
添加服务器角色

（2）查看服务器角色的成员

启动 SSMS，在对象资源管理器中依次展开数据库所在的服务器→"安全性"→"服务器角色"节点，双击 sysadmin 选项，打开"服务器角色属性-sysadmin"窗口，能够看到角色中已存在添加的 my001 登录名，如图 10-17 所示。

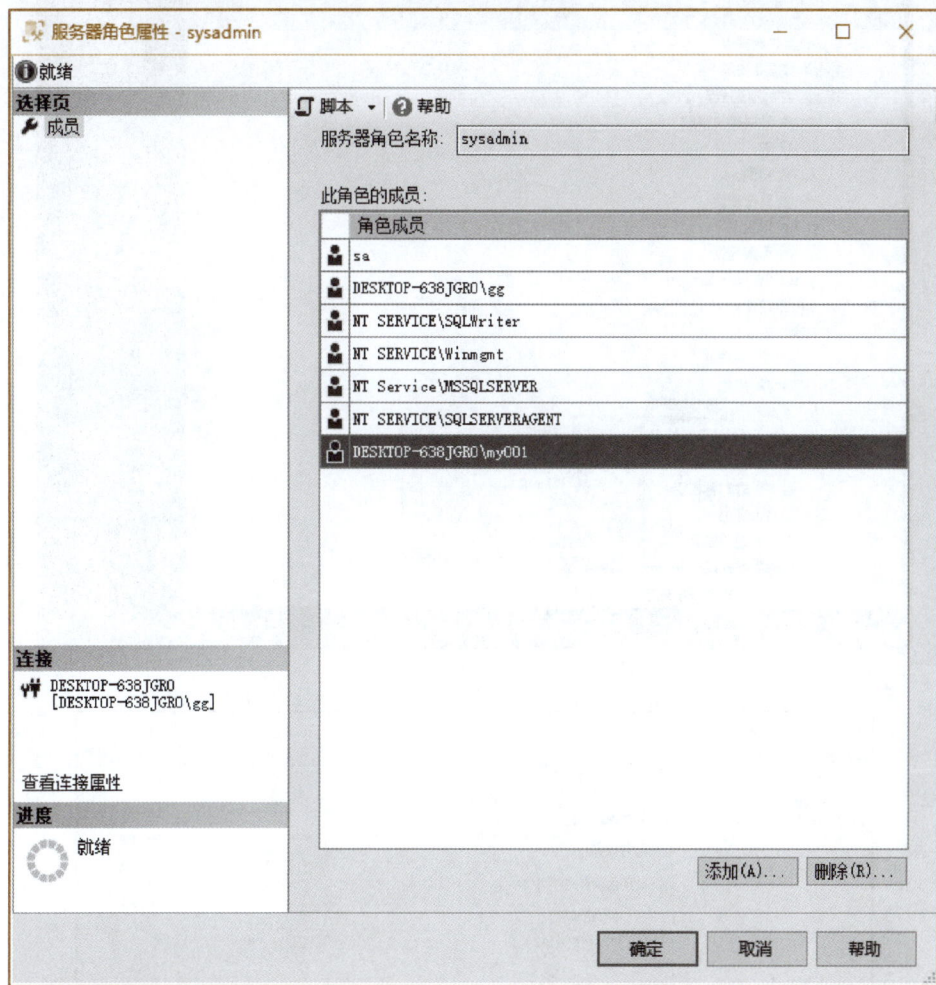

图 10-17
查看服务器角色

2. 使用对象资源管理器管理数据库角色

（1）创建用户自定义的数据库角色

【例 10-14】在"学生选课管理"数据库中创建用户自定义的数据库角色 teacher。

第1步： 启动 SSMS，在对象资源管理器中展开指定的服务器，依次展开"学生选课管理"→"安全性"→"角色"节点，右击"数据库角色"，在弹出的快捷菜单中选择"新建数据库角色"命令，如图 10-18 所示。

第2步： 在弹出的"数据库角色-新建"窗口中输入新角色的名称 teacher，单击"添加"按钮，如图 10-19 所示。

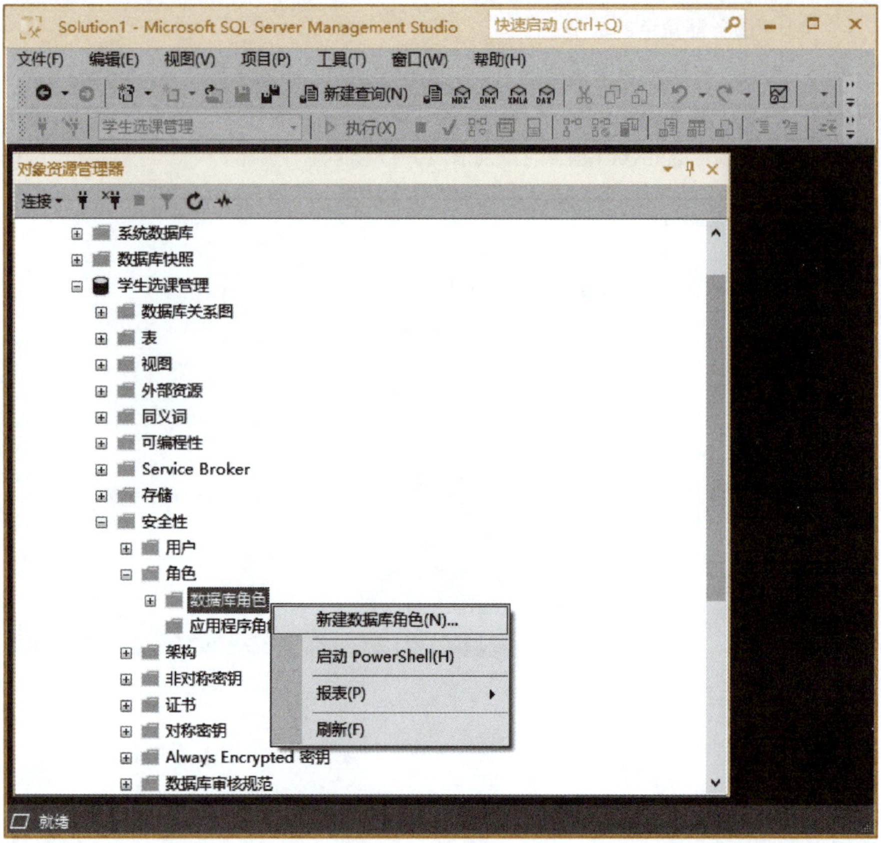

图 10-18
选择"新建数据库
角色"命令

图 10-19
"数据库角色-新建"窗口

第3步： 在弹出的"选择数据库用户或角色"对话框中单击"浏览"按钮，如图 10-20 所示。

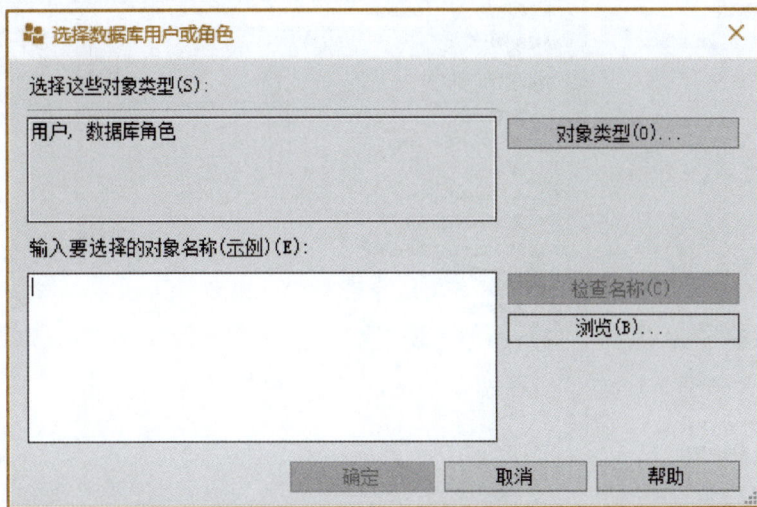

图 10-20
"选择数据库用户或角色"
对话框

第4步： 在弹出的"查找对象"对话框中选择匹配的对象，这里选择[guest]，单击"确定"按钮，如图 10-21 所示。

图 10-21
"查找对象"对话框

第5步： 返回"选择数据库用户或角色"对话框，单击"确定"按钮，返回"数据库角色-新建"窗口，单击"确定"按钮，如图 10-22 所示。

第6步： 返回对象资源管理器，完成数据库角色 teacher 的创建，如图 10-23 所示。

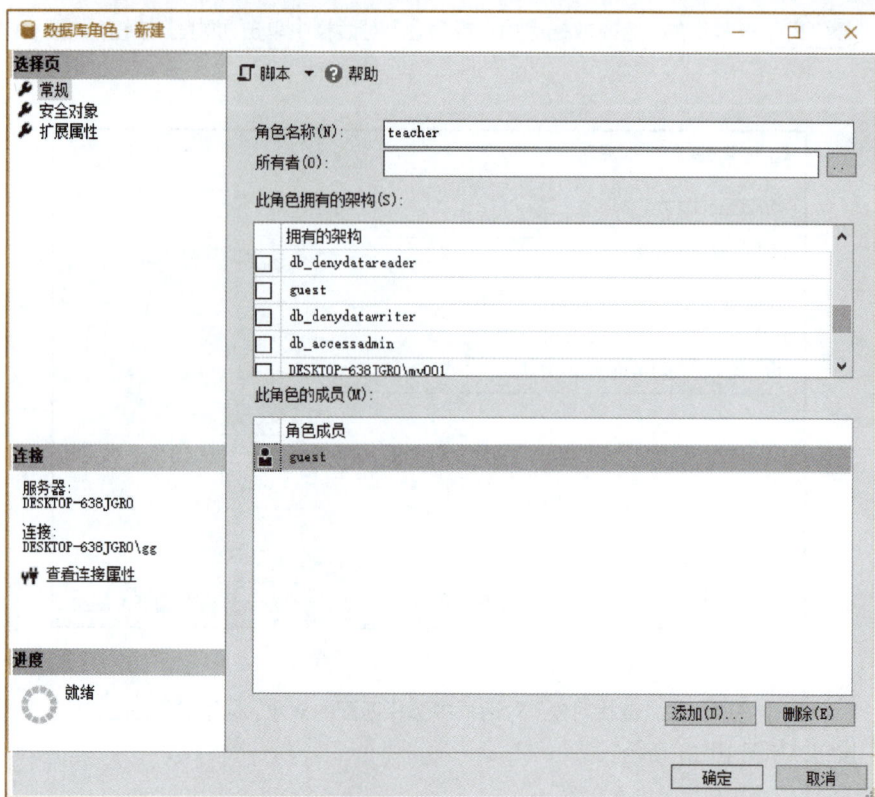

图 10-22
"数据库角色-新建"
窗口

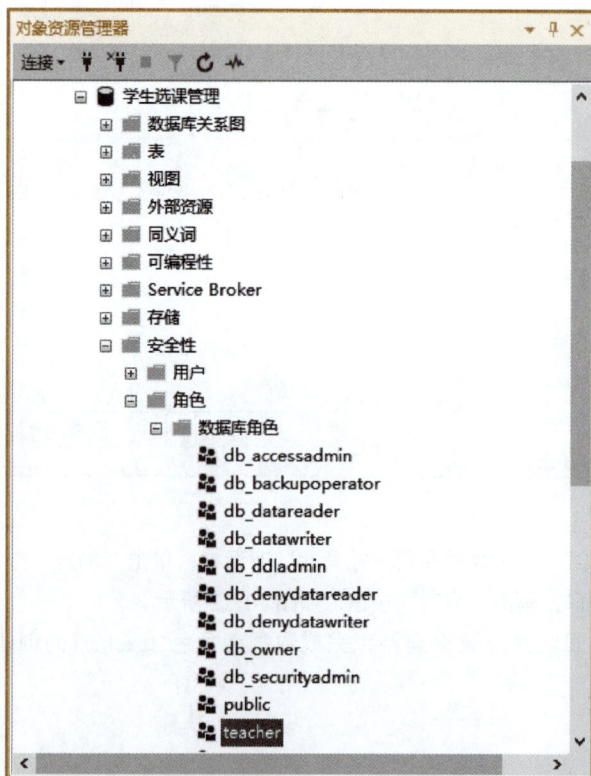

图 10-23
完成数据库角色的创建

（2）删除用户自定义的数据库角色

若要删除某个用户自定义的数据库角色，在对象资源管理器中依次展开指定的服务器→"学生选课管理"→"安全性"→"角色"→"数据库角色"，右击 teacher，在弹出的快捷菜单中选择"删除"命令，完成用户自定义数据库角色的删除操作。

（3）管理数据库角色成员

【例 10-15】管理"学生选课管理"数据库角色成员。

第1步： 启动 SSMS，在对象资源管理器中依次展开指定的服务器→"学生选课管理"→"安全性"→"角色"→"数据库角色"，右击 teacher，在弹出的快捷菜单中选择"属性"命令，弹出"数据库角色属性-teacher"窗口，单击"添加"按钮，如图 10-24 所示。

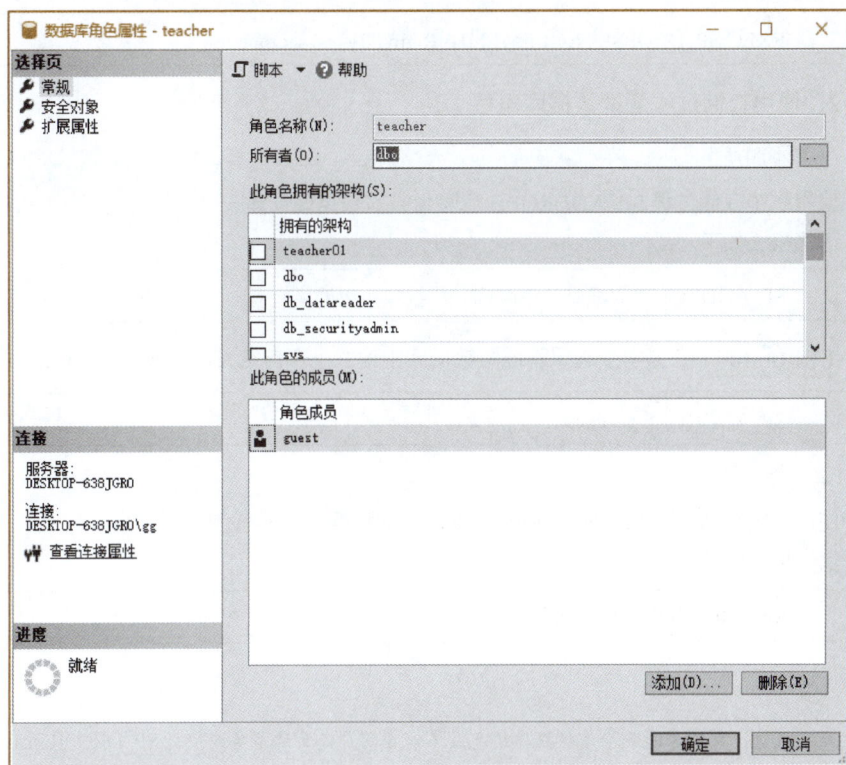

图 10-24
"数据库角色属性-teacher"窗口

第2步： 选择一个或多个用户，即完成数据库角色成员的添加。

第3步： 若要从数据库角色中删除某个成员，先选定该成员，再单击"删除"按钮即可。

10.3.3 使用 T-SQL 语句管理角色

1. 使用存储过程管理服务器角色

（1）添加服务器角色成员

语法格式如下。

```
SP_ADDSRVROLEMEMBER '登录账号','服务器角色'
```

功能：将某一个登录账号添加到服务器角色中，使其成为该服务器角色的成员。

微课 10-8
使用 T-SQL 语句
管理角色

225

【例 10-16】将登录账号 my001 添加到 sysadmin 固定服务器角色中。

> EXEC SP_ADDSRVROLEMEMBER 'my001', 'sysadmin'

（2）删除服务器角色成员

语法格式如下。

> SP_DROPSRVROLEMEMBER '登录账号','服务器角色'

功能：将某一登录账号从服务器角色中删除，使其不再具有该服务器角色所设置的权限。

【例 10-17】将登录账号 my001 从 sysadmin 固定服务器角色中删除。

> EXEC SP_DROPSRVROLEMEMBER 'my001', 'sysadmin'

2. 使用存储过程管理数据库角色

（1）添加角色

使用系统存储过程 SP_ADDROLE 能够为当前数据库创建一个新的角色。

语法格式如下。

> SP_ADDROLE '数据库角色名称','数据库角色的所有者'

【例 10-18】在"学生选课管理"数据库中建立一个自定义数据库角色 teacher01。

> SP_ADDROLE 'teacher01'

（2）删除角色

使用系统存储过程 SP_DROPROLE 删除当前数据库中的角色。

语法格式如下。

> SP_DROPROLE '角色名称'

📎 **注意**

首先应删除数据库角色的所有成员，然后才能删除该数据库角色。不能在用户定义的事务内执行 SP_DROPROLE。

【例 10-19】删除"学生选课管理"数据库中的自定义数据库角色 teacher01。

> SP_DROPROLE 'teacher01'

（3）添加数据库角色成员

使用系统存储过程 SP_ADDROLEMEMBER 添加数据库角色成员。

语法格式如下。

> SP_ADDROLEMEMBER '角色名称','用户名'

【例 10-20】将"学生选课管理"数据库下的用户 myuser001，添加成为"学生选课管理"数据库 teacher01 角色的成员。

> SP_ADDROLEMEMBER 'teacher01', 'myuser001'

（4）删除数据库角色成员

使用系统存储过程 SP_DROPROLEMEMBER 删除数据库角色成员。

语法格式如下。

```
SP_DROPROLEMEMBER '角色名称','用户名'
```

【例 10-21】 删除"学生选课管理"数据库中的角色成员 teacher01。

```
SP_DROPROLEMEMBER 'teacher01','myuser001'
```

子任务 10.4 "学生选课管理"数据库的权限管理

10.4.1 权限概述

将一个登录账户映射为数据库中的数据库账户，并将该数据库账户添加到某个数据库角色中，其实都是为了对数据库的访问权限进行管理，以便让各个用户能进行适合其工作职能的操作。

微课 10-9
权限概述

1. 权限的种类

SQL Server 的权限包括对象权限、语句权限和固定角色权限 3 种类型。

（1）对象权限

对象权限表示用户对特定的数据库对象，如表、视图、字段、存储过程，执行 SELECT、INSERT、UPDATE、DELETE 语句及执行存储过程（EXEC 语句）的能力。该权限决定了能对表、视图等数据库对象执行哪些操作。

（2）语句权限

语句权限表示用户能否对数据库和数据库对象进行操作。这种权限专指是否允许执行下列语句：CREATE TABLE、CREATER DATABASE、CREATE VIEW、CREATE DEFAULT（创建默认）、CREATE PROCEDURE、CREATE INDEX、BACKUP DATABASE（备份数据库）、BACKUP LOG（备份事务日志）、CREATE RULE。

（3）固定角色权限

固定角色权限指 SQL Server 预定义的服务器角色、数据库所有者和数据库对象所有者所拥有的权限。

2. 权限管理的内容

通过数据库所有者和角色可以对其权限进行管理，具体包括以下 3 个方面。

（1）授予权限

允许某个用户或角色对一个对象执行某种操作或某种语句。

（2）拒绝访问

拒绝某个用户或角色访问某个对象，即使该用户或角色在其他地方被授予了访问权限，但由于拒绝权限的设置，他们仍然无法访问该对象。

（3）取消权限

不允许某个用户或角色对一个对象执行某种操作或某种语句。

227

> **说明**
>
> 取消和拒绝权限是不同的。取消执行操作时,可以通过加入角色来获得允许权。而拒绝执行某操作时,就无法再通过角色来获得允许权。当 3 种权限产生冲突时,拒绝访问权限起作用。

10.4.2 权限设置

设置权限有两种方法:一是使用对象资源管理器,这种方法操作简单、直观,但是不能设置表或视图的列权限;二是使用 T-SQL 语句,这种方法烦琐,但是功能齐全。

微课 10-10
使用对象资源管理器设置权限

1. 使用对象资源管理器设置权限

【**例 10-22**】授予和撤销对象权限。

第1步: 启动 SSMS,在对象资源管理器中选择服务器,依次展开"学生选课管理"→"安全性"→"用户"节点,右击 myuser01,在弹出的快捷菜单中选择"属性"命令,如图 10-25 所示。

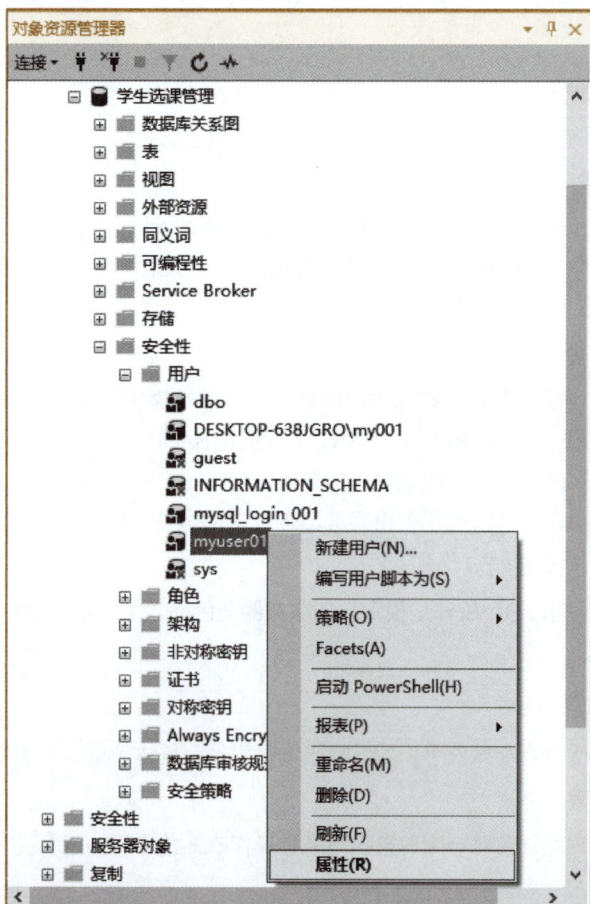

图 10-25
选择"属性"命令

第2步: 在弹出的"数据库用户-myuser01"窗口中,选择"选择页"选项区域中的"安全对象"选项,单击"搜索"按钮,如图 10-26 所示。

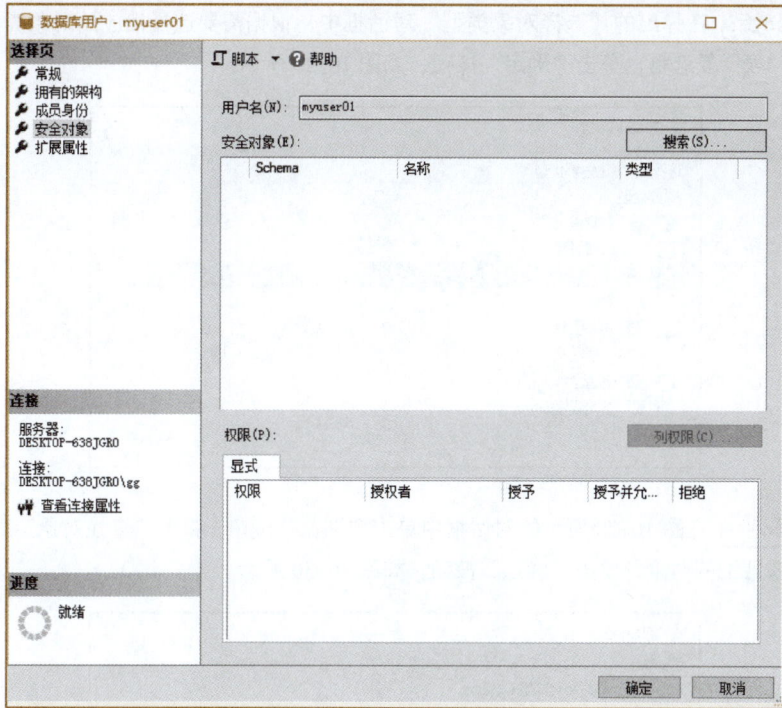

图 10-26
"数据库用户-myuser01"
窗口

第3步： 在弹出的"添加对象"对话框中选择"特定对象"单选按钮，单击"确定"
按钮，如图 10-27 所示。

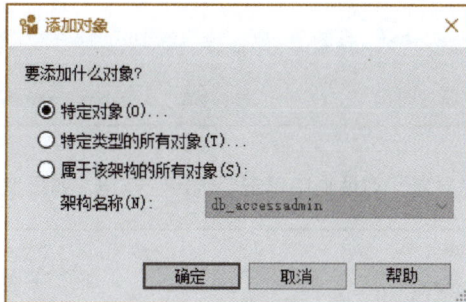

图 10-27
"添加对象"对话框

第4步： 在弹出的"选择对象"对话框中单击"对象类型"按钮，如图 10-28 所示。

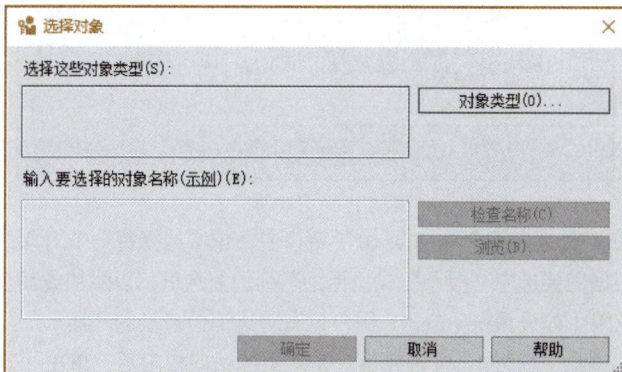

图 10-28
"选择对象"对话框

第5步： 在弹出的"选择对象类型"对话框中，根据需要选择相应的对象类型。这里选中"表"复选框，单击"确定"按钮，如图 10-29 所示。

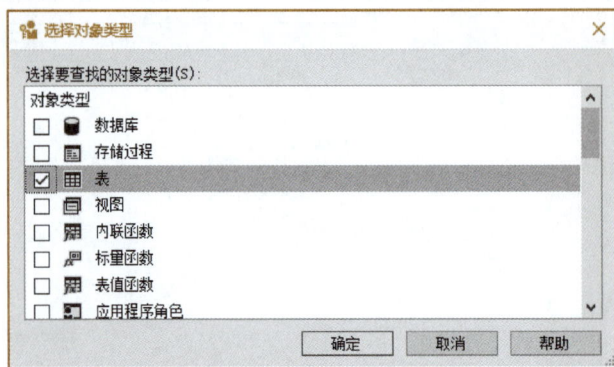

图 10-29
"选择对象类型"对话框

第6步： 在图 10-28 所示的对话框中单击"浏览"按钮，弹出"查找对象"对话框，这里选择匹配的对象，单击"确定"按钮，如图 10-30 所示。

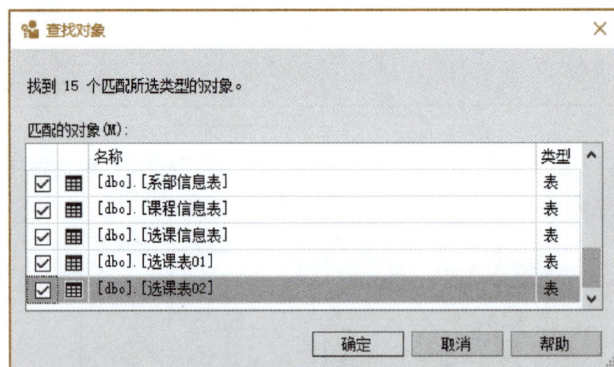

图 10-30
"查找对象"对话框

第7步： 在"选择对象"对话框中单击"确定"按钮，如图 10-31 所示。

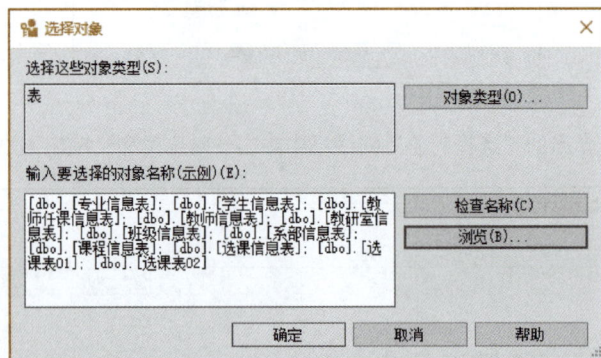

图 10-31
确定选择对象

第8步： 在"数据库用户-myuser01"窗口中，依次选择每一个对象，并在该对象的权限列表框中根据需要选中"授予"或"拒绝"列的复选框，以添加或禁止对该（表）对象的相应访问权限（如设置 myuser01 用户具有对选课信息表的"插入""更新""选择"权限，不具有"删除"权限）。设置完每一个对象的访问权限后，单击"确定"按钮，完成给用户添加数据库对象权限的所有操作，如图 10-32 所示。

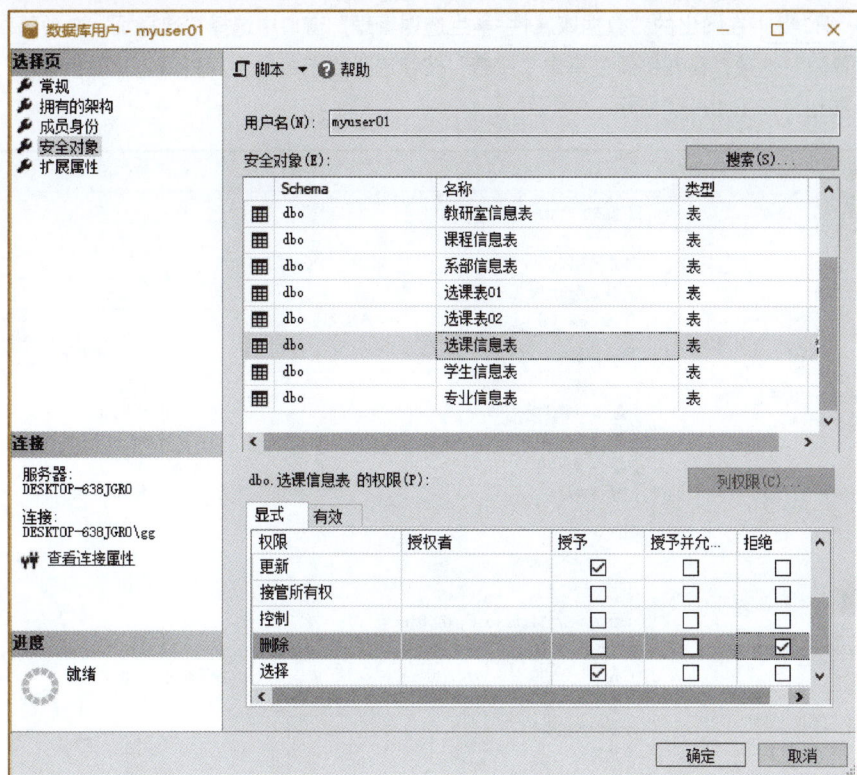

图 10-32
权限设置

【例 10-23】授予和撤销语句权限。

第1步： 启动 SSMS，在对象资源管理器中选择服务器，右击指定的数据库"学生选课管理"，在弹出的快捷菜单中选择"属性"命令，如图 10-33 所示。

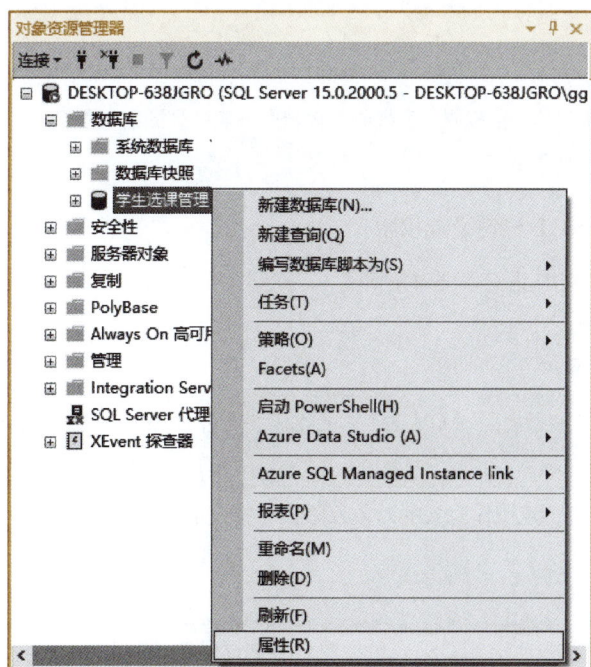

图 10-33
选择"属性"命令

231

第2步：在弹出的"数据库属性–学生选课管理"窗口中选择"选择页"选项区域中的"权限"选项，在右侧通过单击"搜索"按钮选择授予每位用户的语句权限，单击"确定"按钮，如图 10-34 所示。

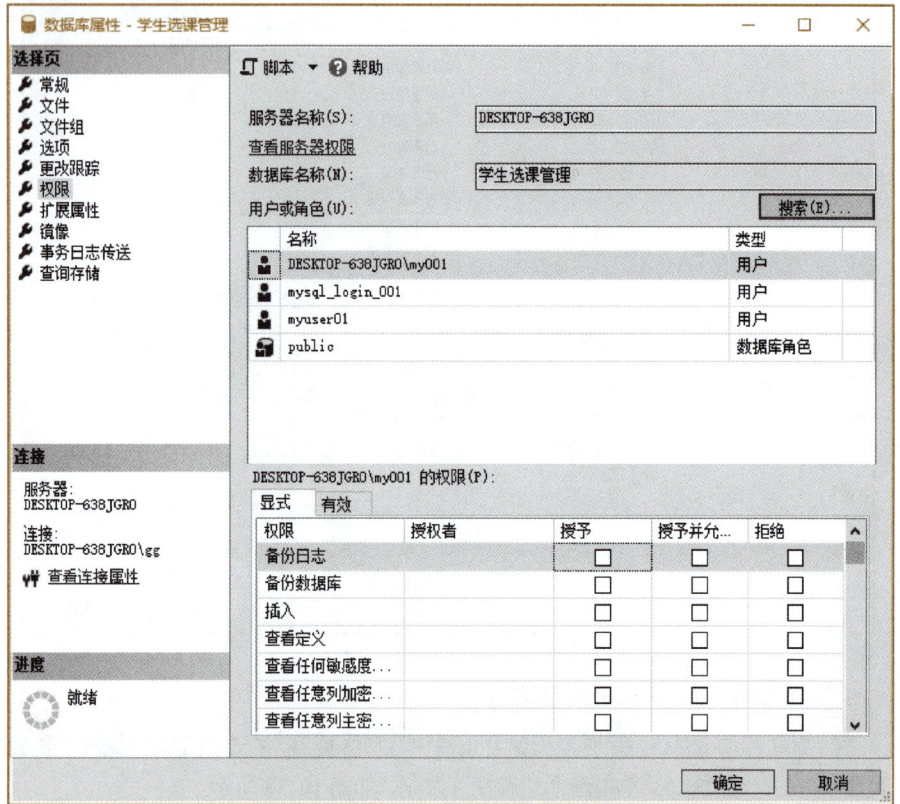

图 10-34
"数据库属性–学生选课管理"窗口

> **说明**
>
> 若对某个用户既授予了创建表语句的一些权限，又授予了创建同一表的列的语句权限，则当这两种语句权限发生冲突时，以创建列的语句权限为准。

微课 10-11
使用 T-SQL 语句设置权限

2. 使用 T-SQL 语句设置权限

（1）使用 T-SQL 语句管理对象权限

① 授予权限。

语法格式如下。

> GRANT 权限名[,…] ON 表名|视图名|存储过程名 TO 用户账户名 [WITH GRANT OPTION]

功能：用于将特定操作对象的对象权限授予指定的用户。

② 拒绝权限。

语法格式如下。

> DENY 权限名[,…] ON 表名|视图名|存储过程名 TO 用户账户名

功能：用于拒绝给用户或角色授予对象权限，并防止指定的用户、组或角色通过其组和角色成员继承权限。

③ 取消权限。

语法格式如下。

> REVOKE 权限名[, …] ON 表名|视图名|存储过程名 TO 用户账户名

功能：取消用户之前授予或拒绝了的对象权限。

对象权限通常如下。

- 表（SELECT、INSERT、UPDATE、DELETE、REFERENCE）。
- 视图（SELECT、INSERT、UPDATE、DELETE）。
- 存储过程（EXECUTE）。
- 列（SELECT、UPDATE）。

若在 GRANT 中选择了 WITH GRANT OPTION 子句，则获得某种权限的用户还能够将该权限再授予其他用户；否则，获得某种权限的用户只能使用该权限，而不能传播该权限。

【例 10-24】 为 guest 用户授予对"学生选课管理"数据库中选课信息表的插入、修改、删除的权限。

> GRANT INSERT , UPDATE , DELETE
> ON 选课信息表 TO guest

（2）使用 T-SQL 语句管理语句权限

① 授予权限。

语法格式如下。

> GRANT 语句名[, …] TO 用户账户名[, …]

功能：用于将特定的语句权限授予指定的用户。

② 拒绝权限。

语法格式如下。

> DENY 语句名[, …] TO 用户账户名[, …]

功能：用于拒绝给用户或角色授予语句权限，并防止指定的用户、组或角色通过其组和角色成员继承权限。

③ 取消权限。

语法格式如下。

> REVOKE 语句名[, …] TO 用户账户名[, …]

功能：取消用户之前授予或拒绝了的语句权限。

语句权限指用户能否具有权限来执行某一语句，这些语句进行的通常是具有管理性的操作，如创建、修改、删除数据库、表和存储过程等。

【例 10-25】 为 guest 用户授予执行多个语句的权限。

> GRANT CREATE DATABASE , CREATE TABLE , CREATE PROCEDURE TO guest

练一练

创建登录账户，账户名要求为学生的学号，密码为 123；在"学生选课管理"数据库中的对应用户创建该登录账户，用户名为学生的学号；授予该用户能够向学生信息表、选课信息表中增加数据的权限。

单 元 测 试

一、选择题

1. SQL Server 2019 中的角色有（　　）。
   A. 服务器角色　　　　　　　　　B. 固定数据库角色
   C. 用户　　　　　　　　　　　　D. 程序员

科技.中国 10

2. SQL Server 使用（　　）命令来管理权限。
   A. GRANT、DENY、REVOKE　　　B. DELETE、DENY、REVOKE
   C. SELECT、DROP、INSERT　　　D. CREATE、ALTER、DROP

3. 使用系统存储过程（　　）可以创建新的 SQL Server 登录。
   A. sp_addlogin　　　　　　　　　B. sp_addrolemember
   C. sp_addserverrolemember　　　　D. sp_addrule

4. 以下（　　）服务器角色成员能够创建、更改、删除和还原任何数据库。
   A. bulkadmin　　　　　　　　　　B. diskadmin
   C. securityadmin　　　　　　　　　D. dbcreator

5. 使用（　　）可以为 SQL Server 登录名添加或更改密码。
   A. sp_addlogin　　　　　　　　　B. sp_addrolemember
   C. sp_addserverrolemember　　　　D. sp_password

6. 使用（　　）可以更改 SQL Server 登录名的默认数据库。
   A. sp_addlogin　　　　　　　　　B. sp_defaultdb
   C. sp_addserverrolemember　　　　D. sp_password

7. 使用（　　）可以删除 SQL Server 登录名，禁止以该登录名访问 SQL Server 实例。
   A. sp_addlogin　　　　　　　　　B. sp_defaultdb
   C. sp_droplogin　　　　　　　　　D. sp_password

二、填空题

1. SQL Server 的身份验证有两种模式，分别为_____、_____。

2. 一个用户如果要访问 SQL Server 数据库中的数据，必须提供有效的认证信息。数据库引擎必须经过 3 个认证过程，即_____、_____、_____。

3. 为当前数据库创建一个新的角色可以使用系统存储过程_____。

4. SQL Server 的权限包括_____、_____、_____ 3 种类型。

5. SQL Server 提供了两种不同类型的数据库角色，分别是_____角色和_____角色。

单 元 实 训

1. 基本技能要求

① 新建一个登录账号 p1，密码为 123，不指定默认数据库。

② 为登录账号 p1 建立一个用户账号 pang1，授予该用户对"活期存款"数据库中的储蓄所表具有插入、删除、修改及查询的权限。

③ 在"活期存款"数据库中自定义一个角色 czy，该角色对数据库中的储户表具有查询的权限。

④ 在"活期存款"数据库中新建两个登录账号 p2、p3，并分别建立两个关联的用户账号 pang2、pang3，将 pang2、pang3 添加到建立的角色 czy 中。

单元实训指导 10
"学生选课管理"数据库
的安全管理

2. 拓展技能要求

① 创建一个 Windows 身份验证模式的登录账号，登录名为 user1，密码为 123456。使用存储过程建立一个与登录名 user1 关联的数据库用户名 u1。

② 创建一个存储过程 p1，将存款金额大于 1 000 元的所有储户的信息显示出来。

③ 将存储过程 p1 的 EXEC 权限授予用户 u1。

专业能力测评表

（在□中打√，A——掌握，B——基本掌握，C——未掌握）

业务能力	评价指标	自测结果	备注
"学生选课管理"数据库的登录管理	1. 安全模式概述	□A　□B　□C	
	2. 登录身份验证模式	□A　□B　□C	
	3. 登录账号的创建与管理	□A　□B　□C	
"学生选课管理"数据库的用户账号管理	1. 使用对象资源管理器创建与管理数据库的用户账号	□A　□B　□C	
	2. 使用 T-SQL 命令创建与管理用户账户	□A　□B　□C	
"学生选课管理"数据库的角色管理	1. 角色的分类	□A　□B　□C	
	2. 使用对象资源管理器管理角色	□A　□B　□C	
	3. 使用 T-SQL 语句管理角色	□A　□B　□C	
"学生选课管理"数据库的权限管理	1. 权限概述	□A　□B　□C	
	2. 权限设置	□A　□B　□C	
其他			
教师评语：			
成绩		教师签字	

任务 11 "学生选课管理"数据库的日常维护与管理

知识目标

- 掌握数据库备份的类型及数据库备份的方法。
- 掌握数据库的恢复技术。
- 掌握数据库的导入及导出方法。

能力目标

- 能够根据实际需要对数据库进行备份和恢复操作。
- 能够导入和导出数据。

素养目标

- 培养学生学习新知识和掌握新技能的能力，使他们能够适应新时代的发展需求，不断提升自身的专业素养和技术能力，在数据库的日常维护与管理中具备扎实的知识基础和操作技能，为信息化建设和创新发展提供支持。
- 培养学生的创新意识和解决实际问题的能力，使他们具备开拓创新的精神和能力，能够在数据库管理中提出新的解决方案和改进措施，推动数据库系统的协调发展，实现数据资源的高效利用和共享。
- 培养学生绿色环保的理念，使他们具备环境保护意识和可持续发展的观念，能够在数据库管理中注重节能减排和资源循环利用，推动绿色数据库的建设和可持续发展。

【情境描述】

　　学院购买了一台性能更高的服务器，现需要将旧服务器中的数据迁移到新服务器中，小张需要在原来的服务器上进行完全数据库备份，然后在新服务器上建立名为"学生选课管理"的数据库，并在新数据库上恢复之前的备份，最后在原来的服务器上删除数据库。教务处干事有一些关于以往学生选课的信息，将它们保存到 Excel 表中，现在要将这些信息也存放到数据库中。

【任务分解】

　　从上述情境描述中可见，在数据库中的数据迁移、损坏或丢失的时候，需要对数据库进行维护与管理。本任务介绍数据库的备份、恢复技术，以及导入、导出技术，需要完成"学生选课管理"数据库的日常维护与管理。这里对该任务进行分解，共包括以下 3 个子任务。

- 备份"学生选课管理"数据库。
- 恢复"学生选课管理"数据库。
- "学生选课管理"数据库中数据的导入和导出。

11.1.1　数据库备份概述

微课 11-1
数据库备份概述

数据是存放在计算机上的，但即便是最可靠的软件及硬件，也有可能出现故障。因此，应该在发生意外前做好充分的备份工作，以便在发生意外之后有相应的措施快速地恢复数据库，使丢失的数据量减到最少。在进行数据库备份时，应首先考虑备份的内容，数据库备份的内容包括系统数据库（存放 SQL Server 服务器的配置参数、用户登录标识和系统存储过程等重要内容）、用户数据库和事务日志；然后选择备份的方式，创建和指定备份设备；最后对数据库进行备份。

SQL Server 提供了 4 种数据库备份方式，分别是完整备份、差异备份、事务日志备份、数据库文件和文件组备份。

1.　完整备份

完整备份是指备份整个数据库，包括事务日志部分。使用包括在完整备份中的事务日志，可以通过备份恢复到备份完成时的数据库。完整备份使用的存储空间比差异备份使用的存储空间大，由于完成完整备份需要更多的时间，因此创建完整备份的频率常常低于创建差异备份的频率。

2.　差异备份

差异备份是指备份自上一次完整备份之后数据库中发生变化的部分。差异备份能够加快备份操作速度，减少备份时间。该备份时间短、空间占用小。恢复时，先恢复最后一次的完整备份，再恢复差异备份。

3.　事务日志备份

在完整恢复模式或大容量日志恢复模式下，需要定期进行"事务日志备份"（或"日志备份"）。每个日志备份都包括创建备份时处于活动状态的部分事务日志，以及先前日志备份中未备份的所有日志记录。不间断的日志备份序列包含数据库的完整日志链。在完整恢复模式下（或者在大容量日志恢复模式下的某些时候），连续不断的日志链可以将数据库还原到任意时间点。由于它仅对数据库的事务日志进行备份，因此其备份时间快，需要的磁盘空间少。

在创建第一个日志备份之前，必须先创建一个完整备份。恢复时，首先恢复完整备份；其次，恢复差异备份；最后，按顺序恢复每次事务日志备份。

4.　数据库文件和文件组备份

除了以上 3 种备份方式，用户还可以对数据库中的部分文件和文件组进行备份。当某个数据库很大时，完整备份会花很多时间，此时可以备份文件和文件组。在备份文件和文件组时，还必须备份事务日志。文件组是一种将数据库存放在多个文件上的方法，并运行控制数据库对象存储到那些指定的文件上，这样数据库就不会受到只存储在单个硬盘上的限制，而是可以分散到许多硬盘上。利用文件组备份，每次可以备份这些文件中的一个或多个文件，而不是备份整个数据库。

● 11.1.2 管理备份设备

在进行备份以前，必须先创建和指定备份设备。备份设备是用来存储数据库、事务日志、文件和文件组备份的存储介质，备份设备可以是磁盘（Disk）、磁带（Tape）或命名管道（Pipe）。当使用磁盘时，SQL Server 允许将本地主机的硬盘或远程主机上的硬盘作为备份设备，备份设备在硬盘中是以文件的方式存储的。管理备份设备可以使用对象资源管理器或 T-SQL 语句，备份设备的管理包括创建和删除备份设备。

1. 使用对象资源管理器管理备份设备

（1）使用对象资源管理器创建备份设备

【例 11-1】 使用对象资源管理器创建磁盘备份设备 MyDevice1。

第1步： 启动 SSMS，在对象资源管理器中展开服务器树，右击"服务器对象"→"备份设备"，在弹出的快捷菜单中选择"新建备份设备"命令，如图 11-1 所示。

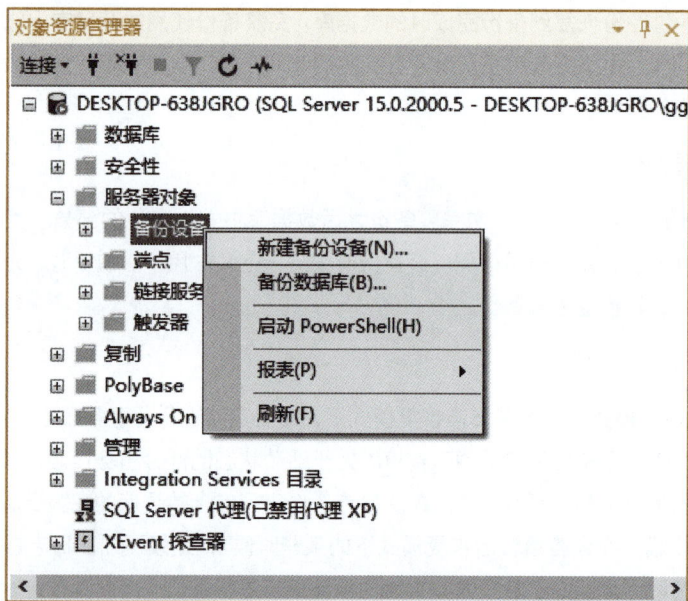

图 11-1
选择"新建备份设备"命令

第2步： 打开备份设备窗口后，输入设备名称，该名称是备份设备的逻辑名称。选择备份设备的类型，若选择"文件"单选按钮，表示使用硬盘作为备份设备，只有创建的备份设备是硬盘文件时，此选项才起作用；若选择"磁带"单选按钮，表示使用磁带作为备份设备，只有安装了磁带设备时，此选项才起作用。这里在"设备名称"文本框中输入 MyDevice1，并将其映射为"文件"，如图 11-2 所示。

第3步： 单击"确定"按钮，完成备份设备的创建。

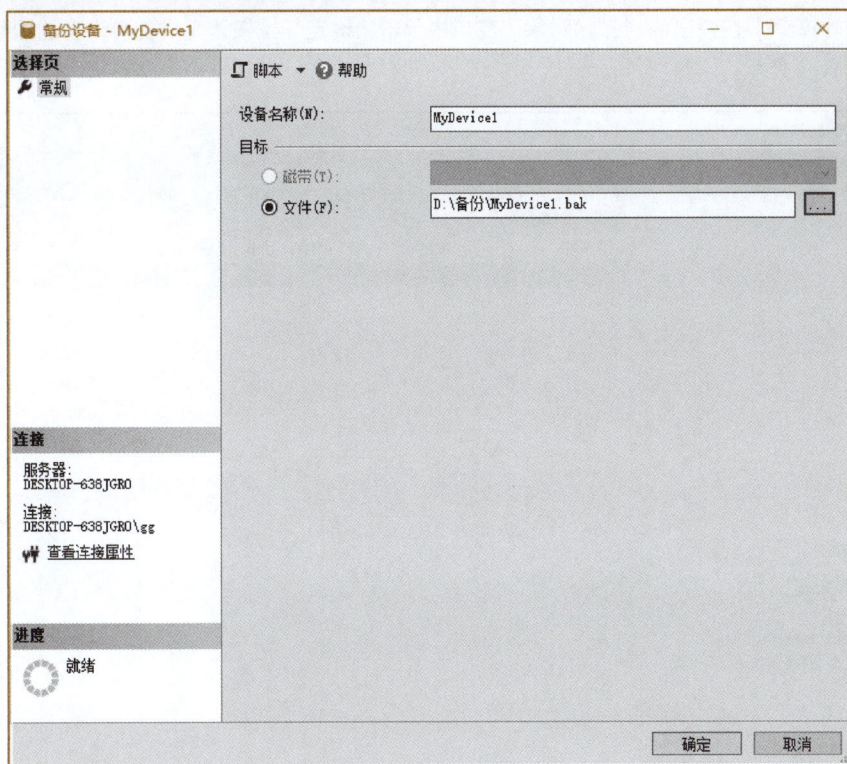

图 11-2
新建备份设备

（2）使用对象资源管理器删除备份设备

【例 11-2】 使用对象资源管理器删除备份设备 MyDevice1。

第1步： 启动 SSMS，在对象资源管理器中依次展开"服务器对象"→"备份设备"节点，右击要删除的备份设备 MyDevice1，在弹出的快捷菜单中选择"删除"命令，如图 11-3 所示。

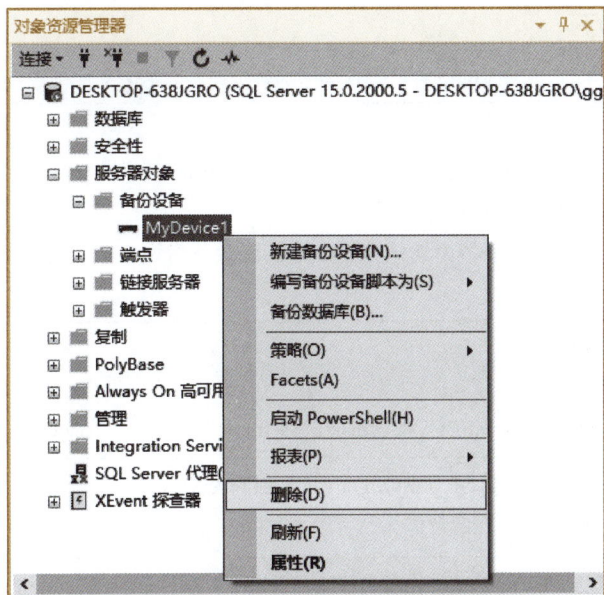

图 11-3
选择"删除"命令

第2步： 在弹出的"删除对象"窗口中单击"确定"按钮，完成备份设备的删除，如图 11-4 所示。

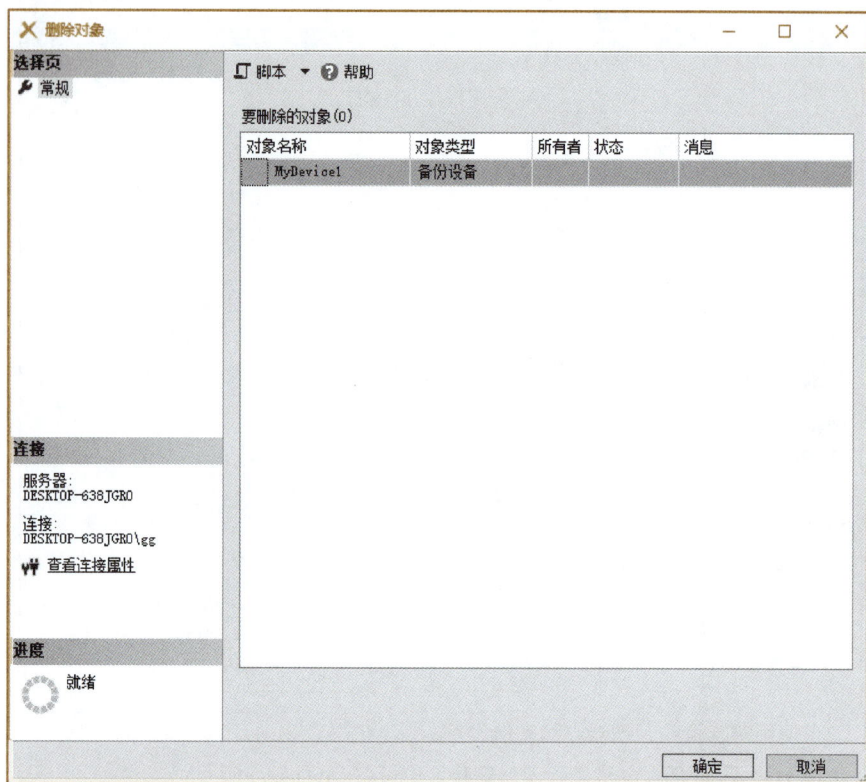

图 11-4
"删除对象"窗口

2. 使用系统存储过程管理备份设备

（1）使用系统存储过程 SP_ADDUMPDEVICE 创建备份设备

语法格式如下。

SP_ADDUMPDEVICE '备份设备类型','备份设备名称','文件路径及名称'

参数说明如下。

● 备份设备类型：值为 DISK 或 TAPE。其中，DISK 表示将硬盘文件作为备份设备，TAPE 表示将磁带作为备份设备。

【例 11-3】 添加一个名为 Myfirst_Bak 的磁盘备份设备，其物理名称为"D:\备份\MyBak1.bak"。

USE MASTER
GO
EXEC SP_ADDUMPDEVICE 'disk', 'Myfirst_Bak', 'D:\备份\MyBak1.bak'

（2）使用系统存储过程 SP_DROPDEVICE 删除备份设备

语法格式如下。

SP_DROPDEVICE '备份设备名称' [, 'delfile']

参数说明如下。

- delfile：指定是否同时删除文件。如果指定为 delfile，则删除备份文件。

【例 11-4】删除名为 Myfirst_Bak 的磁盘备份设备，并同时删除备份文件。

```
USE MASTER
GO
EXEC SP_DROPDEVICE 'Myfirst_Bak', 'delfile'
```

11.1.3　备份的执行

1. 使用对象资源管理器备份数据库

【例 11-5】使用对象资源管理器备份"学生选课管理"数据库。

第1步： 启动 SSMS，在对象资源管理器中展开实例节点→"数据库"节点，右击要备份的"学生选课管理"数据库，在弹出的快捷菜单中选择"任务"→"备份"命令。

第2步： 在"备份数据库-学生选课管理"窗口的"选择页"选项区域中选择"常规"选项，在"常规"选项设置界面对相关参数进行设置，如图 11-5 所示。

- 数据库：在"数据库"下拉列表框中选择"学生选课管理"选项。
- 备份类型：默认选择"完整"选项，还可以从其下拉列表框中选择"差异"或"事务日志"选项。
- 备份组件：默认选择"数据库"单选按钮。
- 备份到：默认选择"磁盘"选项，还可以从其下拉列表框中选择 URL 选项。

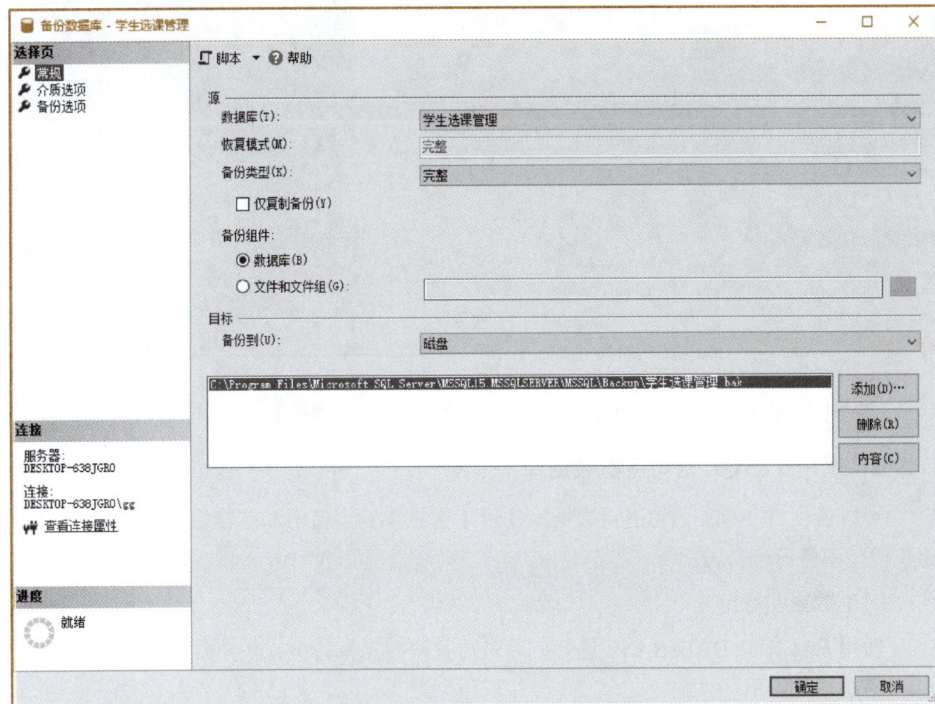

微课 11-3
备份的执行

图 11-5
备份数据库"常规"
选项设置界面

第3步： 这里单击图 11-5 中的"删除"按钮后，单击"添加"按钮，在打开的"选择备份目标"对话框中选择备份设备 MyDevice1，单击"确定"按钮，如图 11-6 所示。

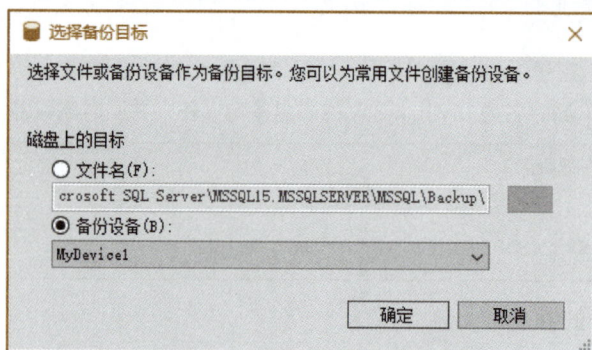

图 11-6
"选择备份目标"对话框

第4步： 在"选择页"选项区域中选择"介质选项"选项，在右侧"覆盖介质"选项区域中选择"覆盖所有现有备份集"单选按钮，如图 11-7 所示。

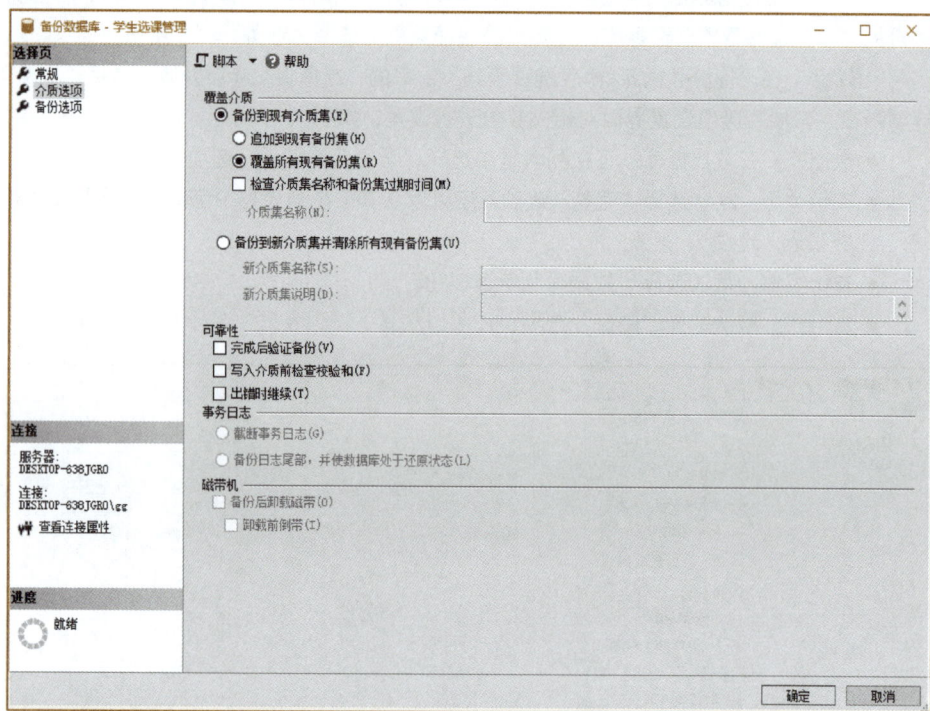

图 11-7
备份数据库"介质选项"设置界面

第5步： 单击"确定"按钮，执行备份操作，成功后显示备份成功的信息。

2. 使用 T-SQL 语句备份数据库

可以使用 T-SQL 语句进行数据库备份（数据库完全备份和差异备份）、文件和文件组备份、事务日志备份。

（1）数据库备份

使用 BACKUP DATABASE 语句，可进行完整数据库备份或差异数据库备份。

语法格式如下。

```
BACKUP DATABASE 数据库名
TO 备份设备 [,...]
[ WITH
```

```
        [DIFFERENTIAL]
        [, NAME=备份集名称]
        [, INIT | NOINIT]
        [, RESTART]
    ]
```

参数说明如下。

- DIFFERENTIAL：表示备份方式为差异备份，只包含上次完整备份后更改的数据库或文件部分。差异备份一般比完整备份占用更少的空间。
- NAME=备份集名称：用于指定备份集名称。
- INIT | NOINIT：INIT 表示新备份的数据覆盖当前备份设备上的每一项内容；NOINIT 表示新备份的数据添加到备份设备上已有内容的后面。
- RESTART：表示 BACKUP 语句从上次备份中断点开始重新执行被中断的备份操作。

【例 11-6】 向选课信息表中插入一个新记录，将"学生选课管理"数据库按差异备份的方式备份到磁盘文件"D:\备份\MyDevice1.bak"中，备份集名称为"差异备份-no1"，将备份内容添加到原备份内容之后。

```
USE 学生选课管理
GO
INSERT INTO 选课信息表(学号,课程编号,成绩,学分,教师编号)
    VALUES('0602199', '010272', NULL, NULL, '060301')
BACKUP DATABASE 学生选课管理
TO DISK='D:\备份\MyDevice1.bak'
WITH
    DIFFERENTIAL,
    NAME='差异备份-no1'
```

【例 11-7】 修改选课信息表中学号为 0602199 且课程编号为 010272 的教师编号，由 060301 改为 010101，之后将"学生选课管理"数据库按完整数据库备份的方式备份到磁盘文件"D:\备份\MyDevice1.bak"中，备份集名称为"完全备份-no1"。

```
UPDATE 选课信息表 SET 教师编号='010101'
    WHERE 课程编号='010272' AND 学号='0602199' AND 教师编号='060301'
BACKUP DATABASE 学生选课管理 TO DISK='D:\备份\MyDevice1.bak'
    WITH NAME='完全备份-no1'
```

（2）备份事务日志

可以使用 BACKUP LOG 语句，将指定数据库按照事务日志的方式进行备份。

语法格式如下。

```
BACKUP LOG 数据库名
    TO < 备份设备 >[ , ...n]
[WITH
[, NAME=备份集名称]
[, INIT 或 NOINIT]
```

```
        [, RESTART]
    ]
```

【例 11-8】 向选课信息表中插入一条新记录，并将"学生选课管理"数据库的事务日志备份到磁盘文件"D:\备份\MyDevice1.bak"中，备份集名称为"选课_事务日志备份01"，将备份内容添加到原备份内容之后。

```
INSERT INTO 选课信息表(学号,课程编号,成绩,学分,教师编号)
    VALUES('0302006', '010158', NULL, NULL, '060301')
BACKUP LOG 学生选课管理 TO DISK='D:\备份\MyDevice1.bak'
    WITH NAME='选课_事务日志备份01', NORECOVERY
```

【例 11-9】 修改选课信息表中学号为 0302006 且课程编号为 010158 的教师编号，由 060301 改为 010101，之后将"学生选课管理"数据库的事务日志备份到磁盘文件"D:\备份\MyDevice1.bak"中，备份集名称为"选课_事务日志备份02"，将备份内容添加到原备份内容之后。

```
UPDATE 选课信息表 SET 教师编号='010101'
    WHERE 课程编号='010158' AND 学号='0302006' AND 教师编号='060301'
BACKUP LOG 学生选课管理 TO DISK='D:\备份\MyDevice1.bak'
    WITH NAME='选课_事务日志备份02'
```

（3）文件和文件组备份

在 BACKUP DATABASE 语句中，使用"FILE=逻辑文件名"或"FILEGROUP=逻辑文件组名"执行数据文件和文件组备份。

语法格式如下。

```
BACKUP DATABASE 数据库名
[FILE=数据库文件名[, …]|FILEGROUP=数据库文件组名[, …]]
TO 备份设备[, …]
[WITH
    [DIFFERENTIAL]
    [, INIT | NOINIT]
    [, RESTART]
]
```

【例 11-10】 将"学生选课管理"数据库中的 PRIMARY 文件组备份到"D:\备份\MyDevice1.bak"中。

```
BACKUP DATABASE 学生选课管理
    FILEGROUP='PRIMARY' TO DISK='D:\备份\MyDevice1.bak'
```

子任务 11.2 恢复"学生选课管理"数据库

微课 11-4
恢复数据

在 SQL Server 中，有两种数据库恢复操作：一是系统自动执行的修复操作；另一种是用户执行的数据库恢复操作。每次启动 SQL Server 时，都会自动执行数据库的修复操作，以确保系统异常关闭之前已经完成的事务都写到数据库文件中,而未完成的事务则回滚。用户执行的数据库恢复操作,可在系统出现故障时从数据库备份或日志备份中恢复系统数据库或用户数据库。

当数据库中的数据损坏或丢失时,如果已经对数据库进行了备份,则可以根据备份数据将数据库恢复到备份时的状态。

11.2.1　使用对象资源管理器恢复数据库

【例 11-11】 使用对象资源管理器恢复例 11-5 所做的"学生选课管理"数据库的备份。

第1步: 启动 SSMS,在对象资源管理器中展开实例节点→"数据库"节点,选择用户数据库"学生选课管理"。

第2步: 右击"学生选课管理"数据库,在弹出的快捷菜单中选择"任务"→"还原"→"数据库"命令,如图 11-8 所示。

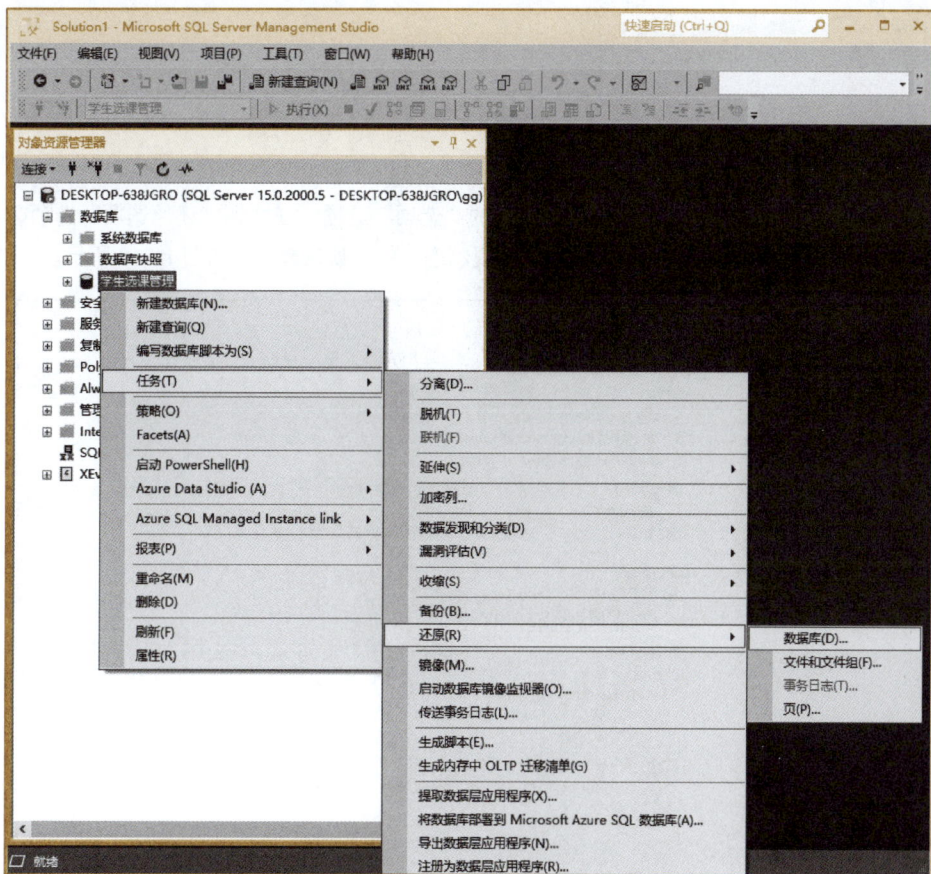

图 11-8
选择"任务"→
"还原"→"数据库"命令

第3步: 在弹出的"还原数据库-学生选课管理"窗口的"选择页"选项区域中有"常规""文件""选项"3 个选项。选择"常规"选项,在右侧"源"选项区域的"数据库"下拉列表框中选择要恢复的数据库,若要生成一个新的数据库,则可在此处直接输入新数据库名称,如图 11-9 所示。

247

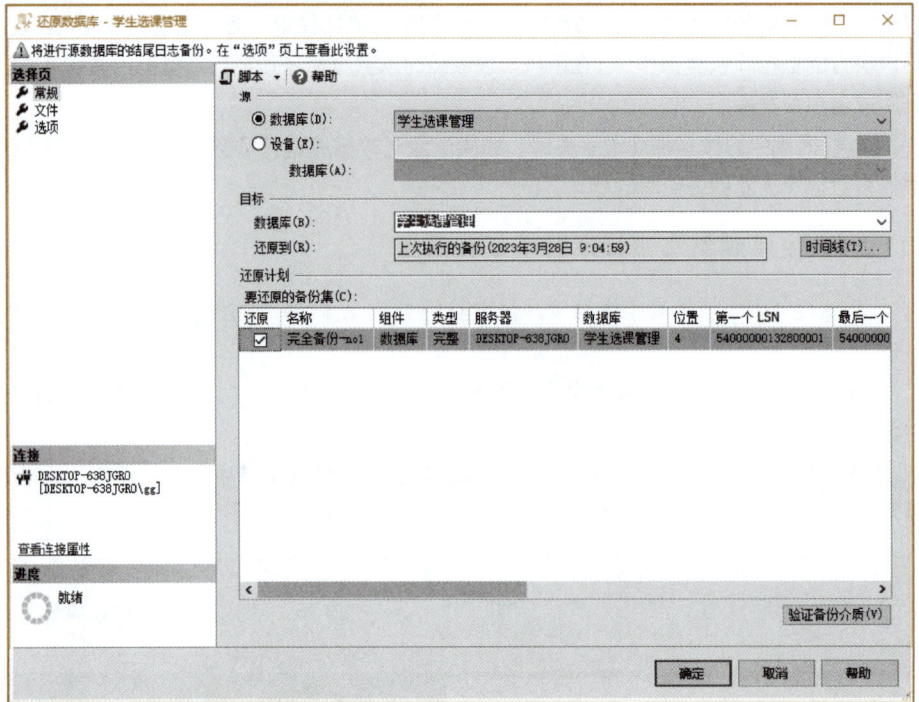

图 11-9
还原数据库"常规"
选项设置界面

第4步：选择"选择页"选项区域中的"选项"选项，在右侧"还原选项"选项区域中选择"覆盖现有数据库"复选框，"恢复状态"保持默认选项，如图 11-10 所示。

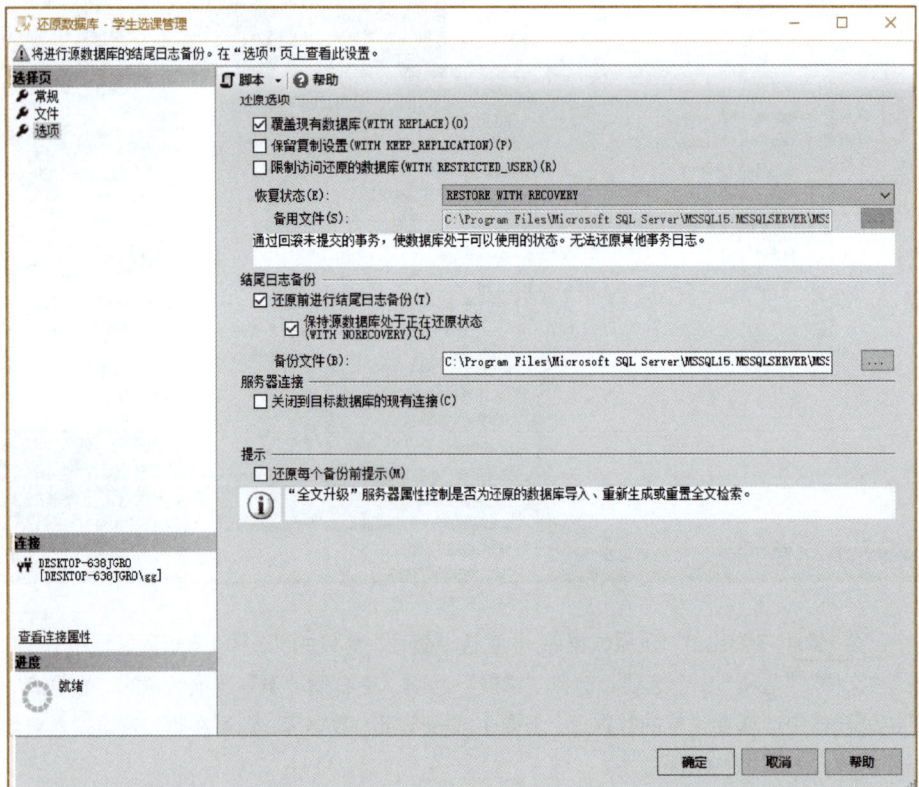

图 11-10
还原数据库"选项"
选项设置界面

第5步： 单击"确定"按钮，执行还原操作，成功后显示还原成功的信息。

11.2.2　使用 T–SQL 语句恢复数据库

1. 恢复整个数据库

语法格式如下。

```
RESTORE DATABASE 数据库名
[ FROM <备份设备> [ , …] ]
  [ WITH
    [ FILE=备份序号 ]
    [, MOVE '逻辑文件名' TO '物理文件名']
    [, NORECOVERY|RECOVERY ]
    [, REPLACE ]
    [, RESTART ]]
```

参数说明如下。

- FILE=备份序号：表示恢复数据库时，使用该备份设备第几次备份来恢复的数据。
- MOVE '逻辑文件名' TO '物理文件名'：表示将"逻辑文件名"对应的数据文件还原到"物理文件名"所指定的位置。
- RECOVERY：指示还原操作回滚任何未提交的事务。恢复进程后即可随时使用数据库。如果没有指定 NORECOVERY 和 RECOVERY，则默认为 RECOVERY。
- NORECOVERY：指示还原操作不回滚任何未提交的事务。如果稍后必须应用另一个事务日志，则应指定 NORECOVERY 或 STANDBY 选项。使用 NORECOVERY 选项执行脱机还原操作时，数据库将无法使用。
- REPLACE：如果存在另一个具有相同名称的数据库，SQL Server 将删除现有的数据库。
- RESTART：表示 RESTORE 语句从上次恢复的中断点开始重新执行被中断的恢复操作。

注意

若省略了 FROM 子句，则必须在 WITH 子句中指定 NORECOVERY、RECOVERY。

2. 恢复数据库文件或文件组

语法格式如下。

```
RESTORE DATABASE 数据库名
[FILE=数据库文件逻辑名称][, …]|FILEGROUP=数据库文件组逻辑名称[, …]]
[ FROM <备份设备> [ , …] ]
[ WITH
  [ FILE=备份序号]
  [, MOVE '逻辑文件名' TO   '物理文件名']
[, RECOVERY | NORECOVERY ]
```

```
        [ , REPLACE ]
        [ , RESTART ]
    ]
```

参数说明如下。

● [FILE=数据库文件逻辑名称][, …]|FILEGROUP=数据库文件组逻辑名称[, …]：表示数据库中待恢复的文件或文件组。

3. 恢复数据库事务日志

语法格式如下。

```
RESTORE LOG 数据库名
[ FROM <备份设备> [ , … ] ]
[ WITH
[ FILE=备份序号 ]
[ , MOVE '逻辑文件名' TO '物理文件名']
[ , RECOVERY | NORECOVERY]
[ , RESTART]
]
```

各参数的用法与恢复整个数据库的语句相同。

【**例 11-12**】前面各例题已经按如图 11-11 所示顺序将 "学生选课管理" 数据库备份到备份设备 MyDevice1 中，现要求将各备份数据还原。

还原	名称	组件	类型	服务器	数据库	位置
☐	学生选课管理-完整 数据库 备份	数据库	完整	2011-20140401FI	学生选课管理	1
☐	差异备份-no1	数据库	差异	2011-20140401FI	学生选课管理	2
☐	完全备份-no1	数据库	完整	2011-20140401FI	学生选课管理	3
☐	选课_事务日志备份01		事务日志	2011-20140401FI	学生选课管理	4
☐	选课_事务日志备份02		事务日志	2011-20140401FI	学生选课管理	5

图 11-11
备份设备中的备份情况

① 使用 RESTORE 语句将此数据库还原到 "差异备份-no1" 时的状态。

```
RESTORE DATABASE 学生选课管理
    FROM MyDevice1
        WITH
            FILE=1,
            NORECOVERY
GO
RESTORE DATABASE 学生选课管理
    FROM MyDevice1
    WITH
        FILE=2
```

② 使用 RESTORE 语句将此数据库还原到 "完全备份-no1" 时的状态。

```
RESTORE DATABASE 学生选课管理
    FROM MyDevice1
        WITH FILE=3, REPLACE
```

③ 使用 RESTORE 语句将此数据库还原到"选课-事务日志备份 01"时的状态。

```
RESTORE DATABASE 学生选课管理
    FROM MyDevice1
        WITH
            FILE=3,
            NORECOVERY
GO
RESTORE LOG 学生选课管理
    FROM MyDevice1
    WITH
        FILE=4
```

④ 使用 RESTORE 语句将此数据库还原到"选课-事务日志备份 02"时的状态。

```
RESTORE DATABASE 学生选课管理
    FROM MyDevice1
        WITH
            FILE=3,
            NORECOVERY
GO
RESTORE LOG 学生选课管理
    FROM MyDevice1
    WITH
        FILE=4,
        NORECOVERY
GO
RESTORE LOG 学生选课管理
    FROM MyDevice1
    WITH
FILE=5
```

📚 练一练

为了确保"学生选课管理"数据库的完整及安全，需要对"学生选课管理"数据库进行备份，需要时将该备份还原。

● 在本地磁盘设备上进行备份，包括一次完整备份、一次差异备份和一次日志备份。

● 模拟发生故障时从备份中恢复数据。

子任务 11.3 "学生选课管理"数据库中数据的导入和导出

微课 11-5
数据的导入和导出

SQL Server 允许用户在 SQL Server 和异类数据源之间大容量地导入及导出数据,"大容量导出"表示将数据从 SQL Server 表复制到数据文件,"大容量导入"表示将数据从数据文件加载到 SQL Server 表。

11.3.1 数据的导出

本小节介绍由 SQL Server 导出数据到 Excel 文件的操作步骤。

【例 11-13】将"学生选课管理"数据库中的学生信息表、课程信息表、选课信息表数据导入 Excel 文件"学生选课管理数据文件.xls"中。

第1步:启动 SSMS,在对象资源管理器中展开"数据库"节点,右击"学生选课管理"数据库,在弹出的快捷菜单中选择"任务"→"导出数据"命令,如图 11-12 所示。

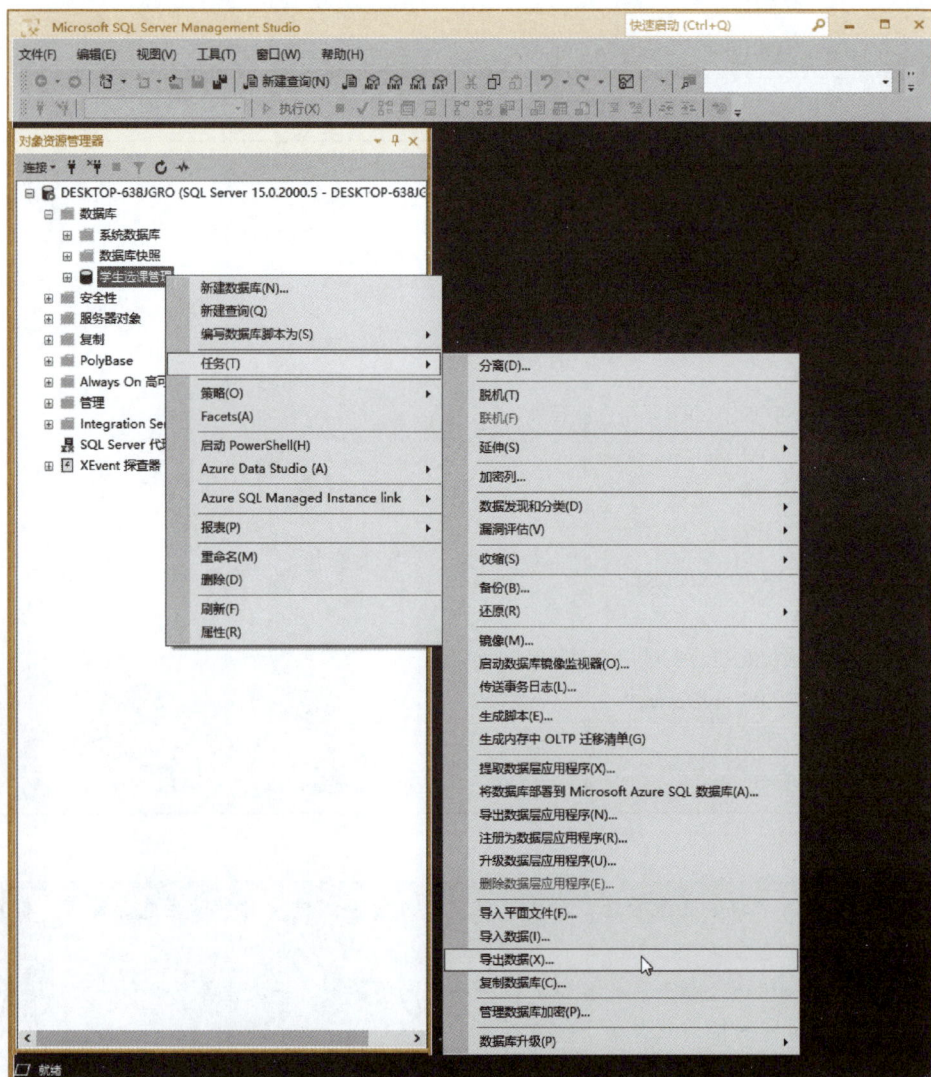

图 11-12
选择"任务"→
"导出数据"命令

第2步: 在弹出的"选择数据源"界面的"数据源"下拉列表框中选择数据源,由于要导出 SQL Server 数据库,这里选择 Microsoft OLE DB Provider for SQL Server 选项,单击"属性"按钮,如图 11-13 所示。

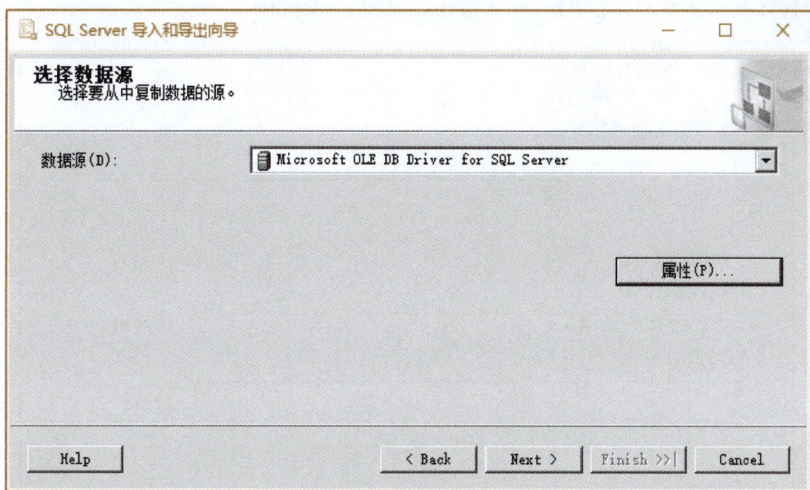

图 11-13
选择数据源

第3步: 在弹出的"数据链接属性"对话框中选择或输入数据库服务器(.表示当前计算机)名称; 在"输入登录服务器所需的信息"下拉列表框中选择 Windows Authentication 选项,在"选择数据库"下拉列表框中选择或输入数据库名,这里选择"学生选课管理"。单击"测试连接"按钮,显示连接测试成功后,单击"确定"按钮,如图 11-14 所示,之后在"选择数据源"界面中单击 Next 按钮。

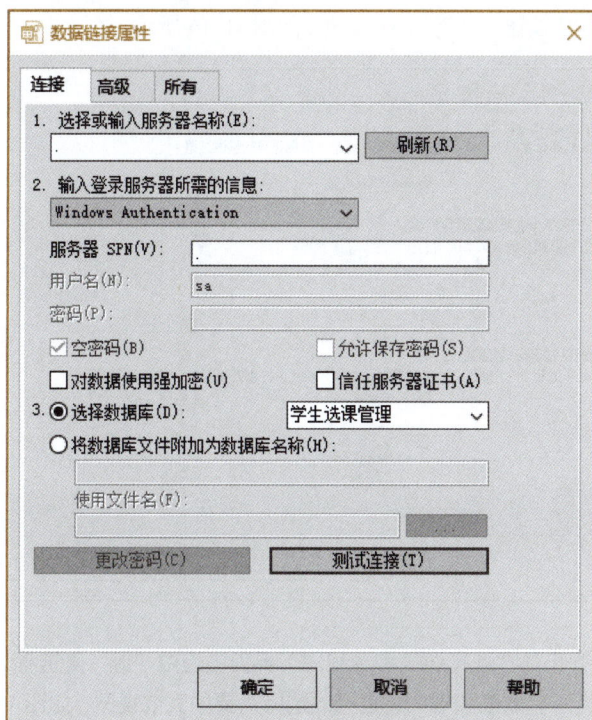

图 11-14
"数据链接属性"对话框

第4步： 在弹出的"选择目标"界面中指定要将数据复制到何处。在"目标"下拉列表框中选择目标类型，界面随目标类型的不同而不同，这里选择 Microsoft Excel。单击"浏览"按钮，在弹出的"打开"对话框中选择一个已经建好的 Excel 数据文件，如"学生选课管理数据文件.xls"，单击 Next 按钮，如图 11-15 所示。

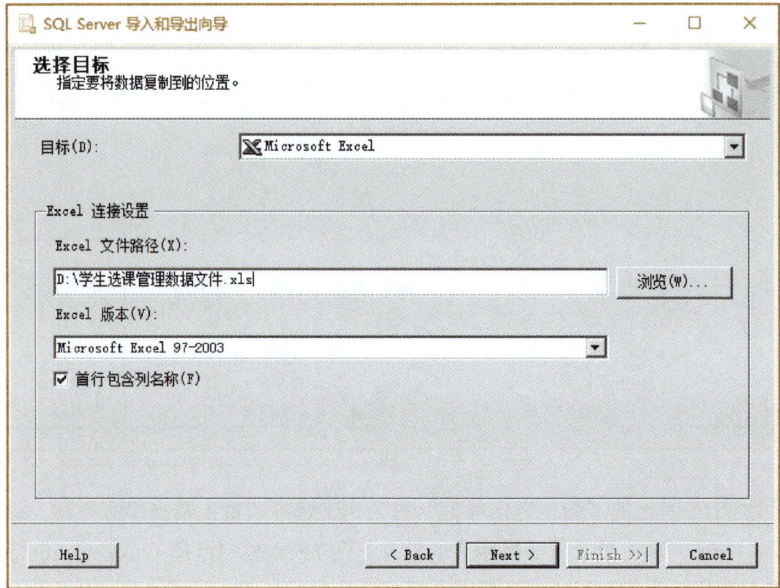

图 11-15
"选择目标"界面

第5步： 在弹出的"指定表复制或查询"界面中可以选择"复制一个或多个表或视图的数据"或"编写查询以指定要传输的数据"单选按钮，这里选择"复制一个或多个表或视图的数据"单选按钮，单击 Next 按钮，如图 11-16 所示。

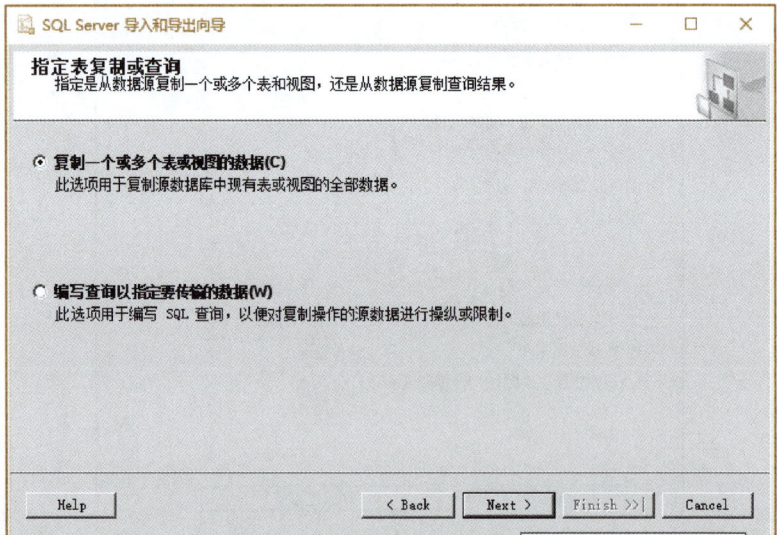

图 11-16
"指定表复制或查询"界面

第6步： 在弹出的"选择源表和源视图"界面中选中"源"复选框，在"表和视图"列表框中可以选择所有的表和视图，也可以选择需要的表或视图，如图 11-17 所示。选中表或视图后，单击"编辑映射"按钮，打开"列映射"对话框，从中可对表或视图进行转化设置,如删除目标表中的记录设置等。单击"预览"按钮,可以查看选择表转换后的结果。设置完成后单击 Next 按钮。

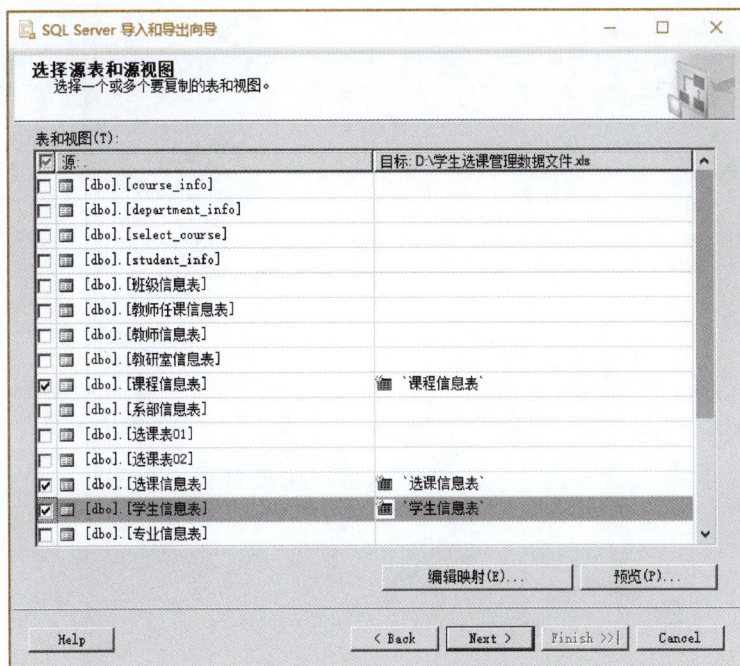

图 11-17
"选择源表和源视图"界面

第7步:在弹出的"查看数据类型映射"界面中可以选择一个表以查看其数据类型映射到目标中的数据类型的方式,同时可选择向导处理转换问题的方式,单击 Next 按钮,如图 11-18 所示。

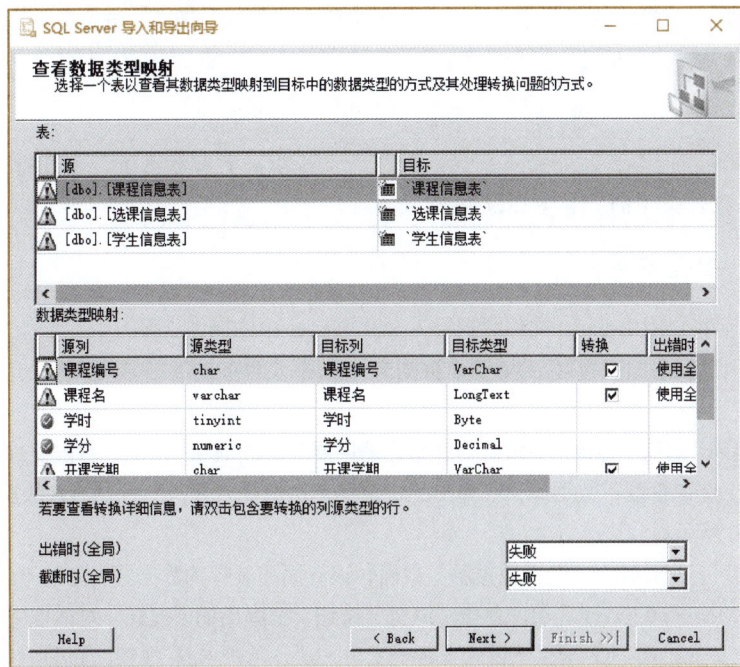

图 11-18
"查看数据类型映射"界面

第8步： 在弹出的"保存并运行包"界面中选中"立即运行"复选框，单击 Next 按钮，如图 11-19 所示。

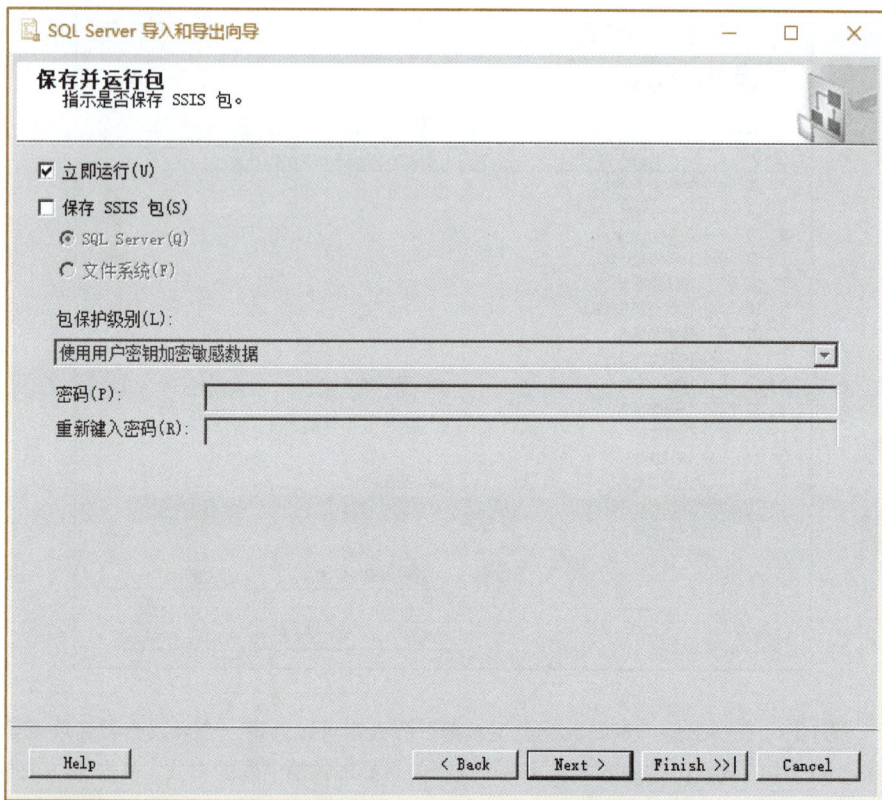

图 11-19
"保存并运行包"界面

第9步： 在弹出的"完成该向导"界面中单击"完成"按钮，进行数据复制。导出完成后，显示"执行成功"报告信息。

练一练

使用 SQL Server 导入和导出向导，将"学生选课管理"数据库中的系部信息表、专业信息表、班级信息表的数据导出到 D 盘根目录下的"导出数据.xls"文件中。

11.3.2 数据的导入

本小节将介绍由 Excel 文件数据导入 SQL Server 中的操作步骤。

【例 11-14】 将"学生选课管理数据文件.xls"文件中的数据导入"学生选课管理"数据库中。

第1步： 启动 SSMS，在对象资源管理器中展开"数据库"节点，右击要进行导入操作的"学生选课管理"数据库，在弹出的快捷菜单中选择"任务"→"导入数据"命令，如图 11-20 所示。

第2步： 此时弹出"选择数据源"界面，该界面随选择的数据源类型的不同而不同，这里选择 Microsoft Excel 选项。单击"浏览"按钮，在弹出的"打开"对话框中选择一个 Excel 数据文件，如"D:\学生选课管理数据文件.xls"，单击 Next 按钮，如图 11-21 所示。

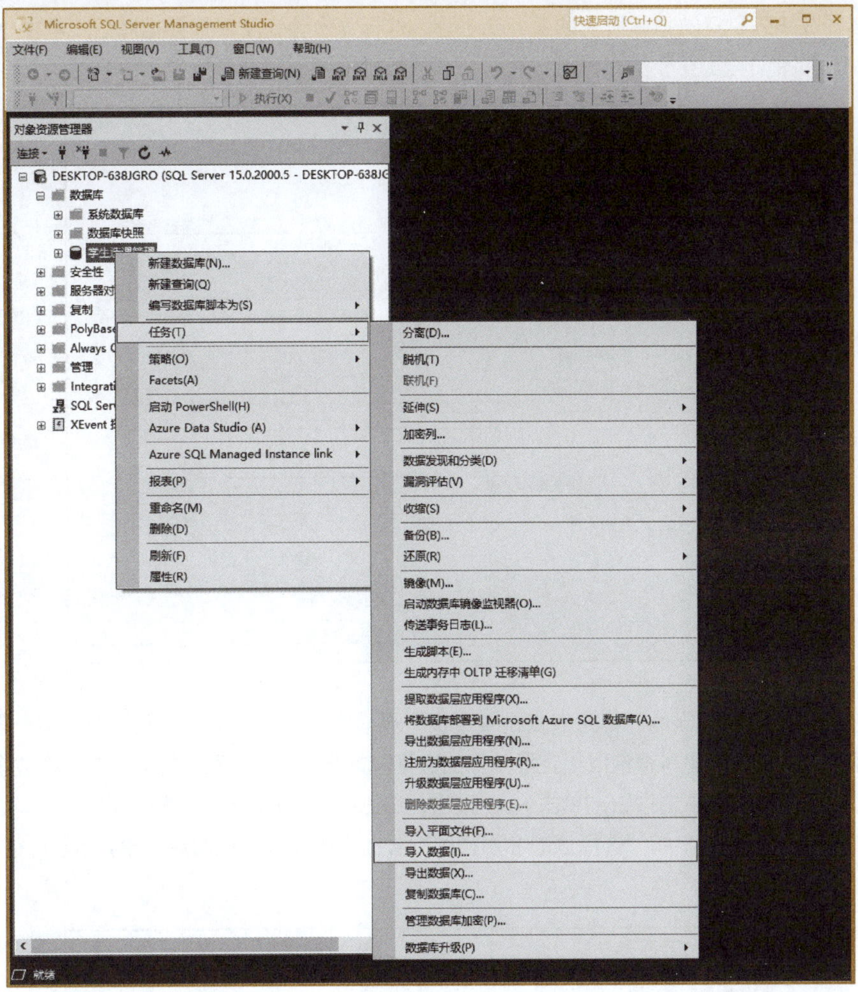

图 11-20
选择"导入数据"命令

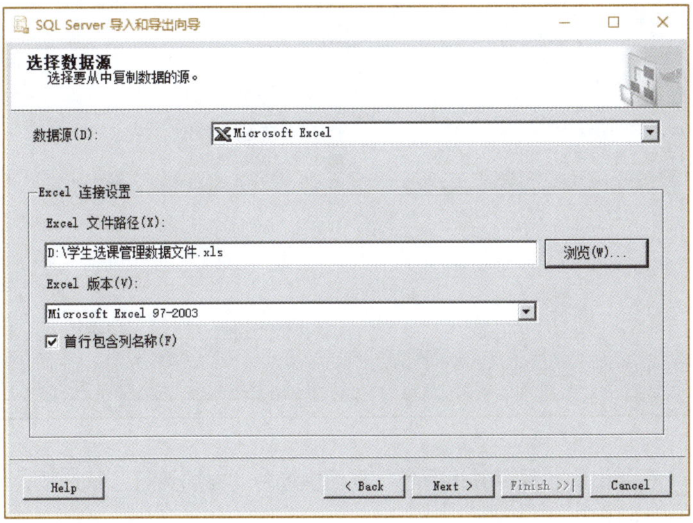

图 11-21
"选择数据源"界面

第3步： 在弹出的"选择目标"界面中指定要将数据复制到何处。在"目标"下拉
列表框中选择 Microsoft OLE DB Provider for SQL Server 选项，在"服务器名称"组合框

中选择或输入目标数据库所在的服务器名称，选择身份验证及目标数据库后，单击 Next 按钮，如图 11-22 所示。

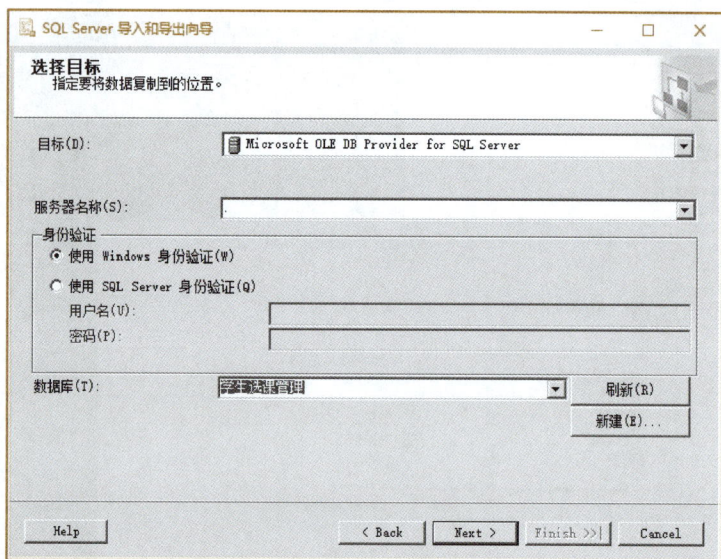

图 11-22
"选择目标"界面

第4步： 在弹出的"指定表复制或查询"界面中，可以选择"复制一个或多个表或视图的数据"或"编写查询以指定要传输的数据"单选按钮，这里选择"复制一个或多个表或视图的数据"单选按钮，单击 Next 按钮，参见图 11-16 所示。

第5步： 在弹出的"选择源表和源视图"界面中选择表和视图后，单击 Next 按钮，如图 11-23 所示。

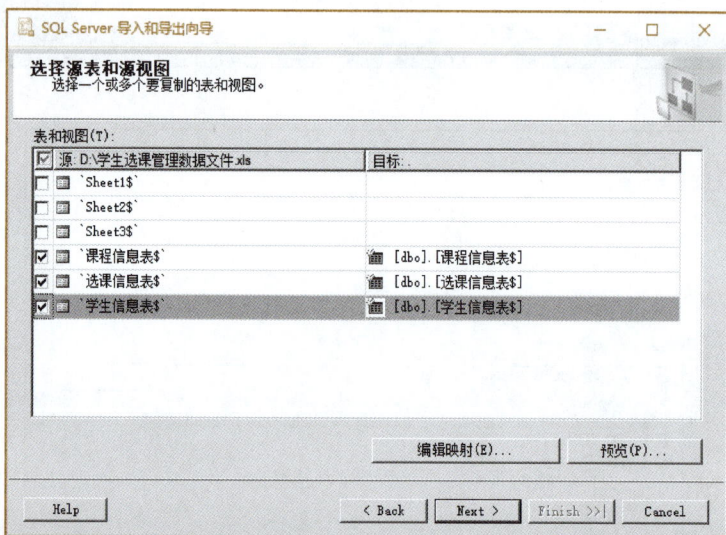

图 11-23
"选择源表和源视图"界面

第6步： 在弹出的"保存并运行包"界面中选中"立即运行"复选框，单击 Next 按钮，参见图 11-19 所示。

第7步： 在弹出的 Complete the Wizard 界面中单击 Finish 按钮，进行数据复制。导入完成后，显示"执行成功"报告信息。

练一练

　　使用 SQL Server 导入和导出向导，将 D 盘根目录下"导出数据.xls"文件中的系部信息表、专业信息表、班级信息表的数据导入 SQL Server 的"学生选课管理"数据库中，并将系部信息表修改为 dept_info，将专业信息表修改为 spec_info，将班级信息表修改为 clas_info。

单 元 测 试

一、选择题

科技.中国 11

1. 以下选项中的（　　）语句能够实现数据库的备份。
   - A. RESTORE DATABASE
   - B. BACKUP DATABASE
   - C. BACKUP LOG
   - D. 以上都不是

2. 以下选项中的（　　）语句能够实现数据库的还原。
   - A. RESTORE DATABASE
   - B. BACKUP DATABASE
   - C. BACKUP LOG
   - D. 以上都不是

3. 对一个大型数据库而言，下列关于完全数据库备份的说法中正确的是（　　）。
   - A. 完全数据库备份需要更多的备份空间和备份时间
   - B. 完全数据库备份的备份速度快，所需要的备份空间小
   - C. 完全数据库备份的备份速度快，所需要的备份空间大
   - D. 完全数据库备份的备份速度慢，所需要的备份空间小

4. 对一个大型数据库而言，下列关于差异备份的说法中正确的是（　　）。
   - A. 差异备份需要更多的备份空间和备份时间
   - B. 差异备份的备份速度快，所需要的备份空间小
   - C. 差异备份的备份速度快，所需要的备份空间大
   - D. 差异备份的备份速度慢，所需要的备份空间小

5. 使用下列（　　）备份方式对数据库进行恢复，可以将数据库恢复到特定的时刻或故障点。
   - A. 完全数据库备份
   - B. 差异备份
   - C. 事务日志备份
   - D. 数据库文件和文件组备份

6. 下列（　　）备份方式相对比较合理。
   - A. 每周做一次完全数据库备份，每天做一次事务日志备份
   - B. 每周做一次事务日志备份，每天做一次完全数据库备份
   - C. 每周做一次完全数据库备份和事务日志备份
   - D. 每天做一次完全数据库备份和事务日志备份

7. 如果要执行多个 RESTORE 语句，除了最后一个 RESTORE 语句，其他的 RESTORE 语句必须选用下列选项中（　　）参数。
   - A. BACKUP　　　　B. NOINIT　　　　C. NORECOVERY　　　　D. REPLACE

8. 如果对"学生选课管理"数据库在下列时刻分别进行了备份：8:00 做了"完全数据库备份 1"，9:30 在"完全数据库备份 1"的基础上做了"差异备份 1"，11:30 在"完全数据库备份 1"的基础上做了"差异备份 2"。要恢复到 11:30 时的状态，应（　　），以恢复这些设备。
   - A. 先恢复"完全数据库备份 1"，再恢复"差异备份 1"和"差异备份 2"。
   - B. 先恢复"完全数据备份 1"，再恢复"差异备份 1"

C. 先恢复"完全数据备份 1",再恢复"差异备份 2"

D. 直接恢复"差异备份 2"

二、填空题

1. SQL Server 2019 的数据库备份方式有_____备份、_____备份、_____备份和_____备份。

2. 单独的一个差异备份无法对数据库进行恢复,它必须以上一次的_____备份为基础。

3. 在制定备份策略时,应考虑备份的_____、确定备份的频率和选择备份介质。

4. 要删除备份设备 MyDevice,使用的 T-SQL 语句为_____。

单 元 实 训

1. 基本技能要求

① 使用对象资源管理器创建备份设备 device1,并将其映射为磁盘文件 C:\myback\device1.bak。

② 使用 T-SQL 语句创建备份设备 device2,并将其映射为磁盘文件 C:\myback\device2.bak。

③ 使用 T-SQL 语句删除备份设备 device2。

④ 使用对象资源管理器将"活期存款"数据库按完整数据库备份的方式备份到 device1 中,设置备份集名称为"我的完全备份 01",使备份内容覆盖原有的备份内容。

2. 拓展技能要求

上网了解 SQL Server 2019 数据备份与恢复的更多内容。

单元实训指导 11
"学生选课管理"数据库
的日常维护与管理

专业能力测评表

(在□中打√,A——掌握,B——基本掌握,C——未掌握)

业务能力	评价指标	自测结果	备注
备份"学生选课管理"数据库	1. 数据库备份概述	□A □B □C	
	2. 管理备份设备	□A □B □C	
	3. 备份的执行	□A □B □C	
恢复"学生选课管理"数据库	1. 使用对象资源管理器恢复数据库	□A □B □C	
	2. 使用 T-SQL 语句恢复数据库	□A □B □C	
"学生选课管理"数据的导入和导出	1. 数据的导出	□A □B □C	
	2. 数据的导入	□A □B □C	
其他			
教师评语:			
成绩		教师签字	

任务 12 "门诊预约挂号" 数据库的设计与实现

知识目标

- 了解 SQL Server 数据库的设计原则和规范，包括表的设计、索引设计、关系建立等，以确保数据库的性能和数据完整性。
- 熟悉 SQL Server 的查询语言，包括基本的 SELECT、INSERT、UPDATE、DELETE 语句的使用，以及复杂查询、子查询、连接查询等高级查询技巧。
- 了解 SQL Server 的事务处理和并发控制机制，确保数据库的数据一致性和并发性能。

能力目标

- 能够根据企业项目需求，设计和规范 SQL Server 数据库，包括表结构设计、索引设计、关系建立等，以满足业务需求和提高数据库性能。
- 能够编写复杂的 SQL 查询语句，包括多表连接、子查询、聚合函数等，以及进行 SQL 查询的性能优化，包括索引优化、查询计划分析等。
- 能够设计和管理 SQL Server 的事务，包括事务的开始、提交、回滚等操作，以及处理并发访问的冲突和锁定问题。

素养目标

- 培养学生勇于创新和敢于实践的精神，使他们在数据库项目的开发中具备积极主动的态度，敢于尝试新的技术和方法，培养解决问题的能力和创造力，为国家的科技创新和经济发展提供人才支撑。
- 培养学生良好的道德品质和行为习惯，使他们在数据库项目的开发中注重职业道德和社会责任，遵守法律法规，坚守道德底线，培养良好的团队合作精神，成为有职业操守的职业人。
- 培养学生的综合素质和技术能力，使他们在数据库项目的开发中不仅注重技术能力的提升，还注重综合素质的培养，包括思维能力、沟通能力和领导能力等，成为有理想、有担当的社会主义建设者，为国家的发展贡献力量。

【情境描述】

门诊预约挂号是移动医疗服务中一个很重要的环节，可使患者能够自主选择合适的就诊时间、就诊医师，解决患者"就医难、挂号难、排队难"等问题。系统采用"实名制"的方式进行预约，节约患者排队候诊的时间，有效提升医院的医疗服务质量。

【任务分解】

从上述情境描述中可见，实现预约挂号，涉及就医患者、医院科室、医生和医院管理者。这里对该任务进行分解，共包括以下两个子任务。

- 需求分析。
- 系统的设计与实现。

子任务 12.1 需求分析

门诊预约挂号系统是一个用于管理门诊预约挂号和个人信息的系统。它的主要功能包括个人信息管理、预约挂号和系统管理。通过该系统，患者可以方便地管理个人信息、预约挂号，并且医院可以更好地管理科室和医生的信息。

1. 个人信息管理

① 注册：患者可以通过系统注册个人信息，如姓名、性别、年龄、联系方式等。

② 查询：患者可以通过系统查询个人信息，如个人基本信息、就诊记录等。

③ 修改：患者可以通过系统修改个人信息，如联系方式、地址等。

④ 删除：患者可以通过系统删除个人信息。

2. 预约挂号

① 挂号：患者可以通过系统进行预约挂号，选择科室、医生和就诊时间等。

② 挂号查询：患者可以通过系统查询已经挂号的信息，如科室、医生和就诊时间等。

③ 改约：患者可以通过系统修改已经挂号的信息，如科室、医生和就诊时间等。

④ 改约查询：患者可以通过系统查询已经改约的信息，如科室、医生和就诊时间等。

⑤ 退号：患者可以通过系统进行退号操作，取消已经挂号的信息。

⑥ 退号查询：患者可以通过系统查询已经退号的信息，如科室、医生和就诊时间等。

3. 系统管理

① 科室管理：管理员可以通过系统进行科室的增加、修改、删除和查询操作，如科室名称、科室描述等信息。

② 医生管理：管理员可以通过系统进行医生的增加、修改、删除和查询操作，如医生姓名、所属科室、职称等信息。

以上是门诊预约挂号系统的主要功能模块。系统需求分析是系统开发的重要一步，它为后续的系统设计和开发提供了指导和依据。在实际开发过程中，还需要根据具体需求进行细化和完善，确保系统能够满足用户的需求。

子任务 12.2 系统的设计与实现

12.2.1 系统设计

数据库在信息管理系统中占有重要的地位，数据库结构的设计直接影响应用系统的效率和实现的效果。合理的数据库结构设计有利于程序的实现，能够提高数据存储效率，保证数据的一致性和完整性。

设计数据库前应深入与客户沟通，了解其实际需求，包括现有的和将来可能增加的需求。用户需求主要体现在各种信息的提供、保存、更新和查询，这就要求数据库结构能充分满足各种信息的输入和输出。将收集基本数据、数据结构要求及数据处理的流程，组成一份详尽的数据字典，为具体设计打好基础。

① 患者信息表见表 12-1。

表 12-1 患者信息表（sickperson）

列名	数据类型	长度	是否允许为空值	说明
流水号	int	4	否	主键，标识增量 1
医保类型	char	1	是	1：自费 2：省医保 3：市医保 4：新农合 5：铁路
医保卡号	varchar	18	否	
姓名	varchar	20	否	
性别	char	1	否	
电话	varchar	20	是	
身份证号	varchar	18	是	

② 科室表见表 12-2。

表 12-2 科室表（department）

列名	数据类型	长度	空值	说明
科室编号	varchar	4	否	主键
科室名称	varchar	50	否	
科室电话	varchar	20	是	

③ 医生表见表 12-3。

表 12-3 医生表（doctor）

列名	数据类型	长度	空值	说明
流水号	int	4	否	标识增量 1
科室编号	varchar	4	否	外键，对应科室表中的科室编号
医生编号	varchar	8	否	主键
姓名	varchar	20	是	
职称编号	varchar	2	是	外键，对应职称表中的职称编号
性别	char	1	否	
挂号费	money		否	

④ 挂号表见表 12-4。

列名	数据类型	长度	空值	说明
挂号编号	varchar	14	否	主键（由日期 8 位+当日序号 6 位数字组成）
科室编号	varchar	4	否	
医生编号	varchar	8	否	
医保卡号	varchar	18	否	
挂号费	money		是	
医保	money		是	
自费	money		是	
交款时间	time		是	
就诊时间	date		是	
时间段编号	varchar	2	是	
就诊标识	char	1	否	1：未交费 2：已交费 3：已退费 4：未就诊 5：已就诊 6：回诊

表 12-4 挂号表（registration）

⑤ 性别表见表 12-5。

列名	数据类型	长度	空值	说明
性别编号	char	1	否	主键
性别	char	2	否	

表 12-5 性别表（gender）

⑥ 出诊时间段表见表 12-6。

列名	数据类型	长度	空值	说明
时间段编号	varchar	2	否	主键 1. 8:00—8:30 2. 8:30—9:00 3. 9:00—9:30 4. 9:30—10:00 5. 10:00—10:30 6. 10:30—11:00 7. 11:00—11:30 8. 13:00—13:30 9. 13:30—14:00 10. 14:00—14:30 11. 14:30—15:00 12. 15:00—15:30 13. 15:30—16:00
起始时间	time		否	
终止时间	time		是	

表 12-6 出诊时间段表（outcall）

⑦ 挂号序号表见表 12-7。

表 12-7 挂号序号表（regno）

列名	数据类型	长度	空值	说明
挂号日期	date		否	主键
顺序号	int		否	初值为 0

⑧ 职称表见表 12-8。

表 12-8 职称表（title）

列名	数据类型	长度	空值	说明
职称编号	varchar	2	否	主键
职称名称	varchar	20	否	

⑨ 出诊信息表见表 12-9。

表 12-9 出诊信息表（outinfo）

列名	数据类型	长度	空值	说明
出诊编号	bigint	4	否	主键，标识增量 1
医生编号	varchar	8	否	
出诊日期	char	1	是	每周星期几出诊周一（1）至周日（7）
时间段编号	varchar	2	是	

12.2.2 系统实现

1. 建立数据库

打开 SSMS，在对象资源管理器中右击"数据库"，在弹出的快捷菜单中选择"新建数据库"命令，如图 12-1 所示。在打开的"新建数据库"窗口的"数据库名称"文本框中输入 hospital，单击"确定"按钮，如图 12-2 所示。

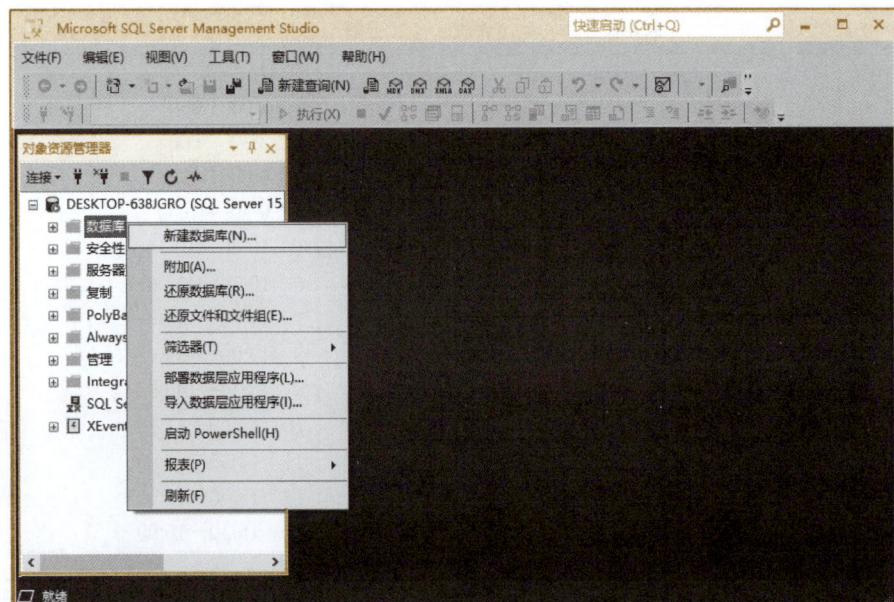

图 12-1 新建数据库（1）

266

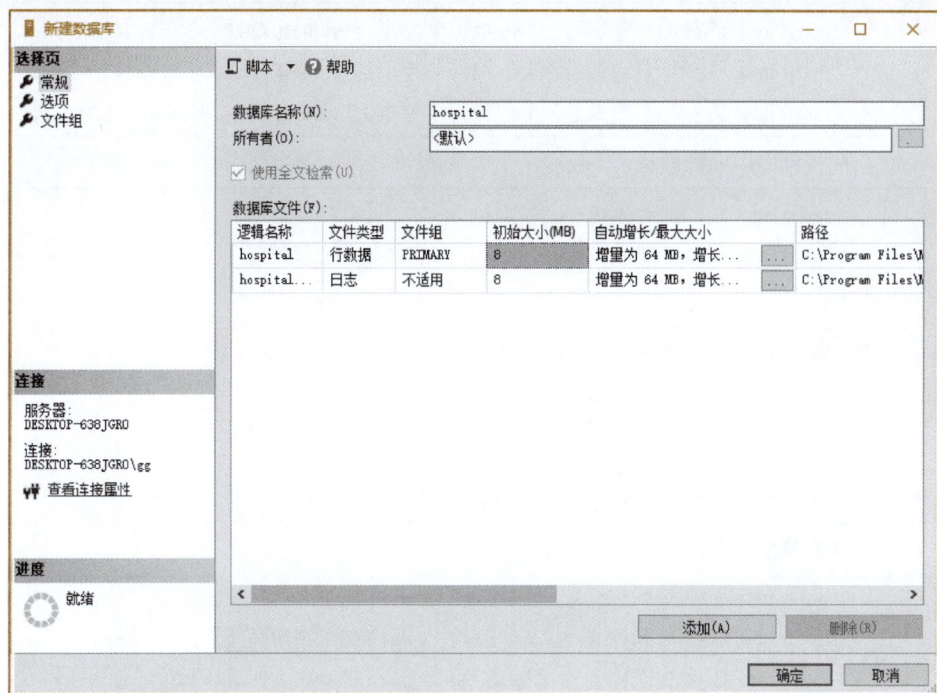

图 12-2
新建数据库（2）

2. 建立表

打开 SSMS，在对象资源管理器中展开 hospital 数据库，右击"表"，在弹出的快捷菜单中选择"新建表"命令，按照表 12-1～表 12-9 的结构建立数据表。

3. 系统功能实现

（1）添加数据

① 向科室表中添加数据。

```
        insert into 科室表(科室编号,科室名称,科室电话) values('1001', '口腔外科', '1234')
        insert into 科室表(科室编号,科室名称,科室电话) values('1002','普通外科中心肝胆胰
外科', '1002')
        insert into 科室表(科室编号,科室名称,科室电话) values('1003','普通外科中心甲状腺
外科', '1003')
        insert into 科室表(科室编号,科室名称,科室电话) values('1005','普通外科中心结直肠
肛门外科', '1005')
        insert into 科室表(科室编号,科室名称,科室电话) values('1101','骨科中心运动医学科',
'1101')
        insert into 科室表(科室编号,科室名称,科室电话) values('1102','骨科中心脊柱外科',
'1102')
        insert into 科室表(科室编号,科室名称,科室电话) values('1103','骨科中心手足外科',
'1103')
        insert into 科室表(科室编号,科室名称,科室电话) values('1201','泌尿外科', '1201')
        insert into 科室表(科室编号,科室名称,科室电话) values('1202','碎石中心', '1202')
```

```
insert into 科室表(科室编号,科室名称,科室电话) values('1203', '疼痛科', '1203')
insert into 科室表(科室编号,科室名称,科室电话) values('1205', '心脏外科', '1205')
insert into 科室表(科室编号,科室名称,科室电话) values('1206', '胸外科', '1206')
```

② 向性别表中添加数据。

```
insert into 性别表(性别编号,性别) values('1', '男')
insert into 性别表(性别编号,性别) values('2', '女')
```

或

```
insert into 性别表 values('1', '男')
insert into 性别表 values('2', '女')
```

或

```
insert into 性别表 values('1', '男'), ('2', '女')
```

③ 向职称表中添加数据。

```
insert into 职称表(职称编号,职称名称) values('01', '医师')
insert into 职称表(职称编号,职称名称)  values('02', '主治医师')
insert into 职称表(职称编号,职称名称)  values('03', '副主任医师')
insert into 职称表(职称编号,职称名称)  values('04', '主任医师')
```

或

```
insert into 职称表 values('01', '医师')
insert into 职称表 values('02', '主治医师')
insert into 职称表 values('03', '副主任医师')
insert into 职称表 values('04', '主任医师')
```

④ 向医生表中添加数据。

```
insert into 医生表(科室编号,医生编号,姓名,职称编号,性别,挂号费) values('1001',
'10010001', '李白', '01', '1', 80.00)
insert into 医生表(科室编号,医生编号,姓名,职称编号,性别,挂号费) values('1003',
'10030001', '刘小白', '02', '2', 30.00)
insert into 医生表(科室编号,医生编号,姓名,职称编号,性别,挂号费) values('1003',
'10030002', '王大白', '01', '2', 80.00)
```

或

```
insert into 医生表  values('1001', '10010001', '李白', '01', '1', 80.00)
insert into 医生表  values('1003', '10030001', '刘小白', '02', '2', 30.00)
insert into 医生表  values('1003', '10030002', '王大白', '01', '2', 80.00)
```

⑤ 向挂号表中添加数据。

```
insert into 挂号表(挂号编号,医生编号,医保卡号,医保,自费,交款时间,就诊日期,
时间段编号,就诊标识)
VALUES('202303010001', '10010001', '110102201009060512', 50.00, 30.00, '10:30:00',
'2023-03-02', '3', '1')
```

insert into 挂号表(挂号编号,医生编号,医保卡号,医保,自费,交款时间,就诊日期,
时间段编号,就诊标识)
　　VALUES('202303010002','10010001','2201022010009060512',50.00,30.00,'10:50:00',
'2023-03-02','3','1')

（2）使用视图查询数据

① 建立视图 vgh，查询患者的挂号信息，包括挂号编号、科室名称、患者姓名、医生姓名、挂号费、就诊日期。

CREATE VIEW vgh
AS
SELECT 挂号编号,科室表.科室名称,患者信息表.姓名 AS 患者姓名,医生表.姓名
AS 医生姓名,挂号表.挂号费,就诊日期 FROM 挂号表,科室表,医生表,患者信息表
　　WHERE 医生表.科室编号=科室表.科室编号 and 医生表.医生编号=挂号表.医生编号
and 挂号表.医保卡号=患者信息表.医保卡号

利用视图 vgh 查询数据，结果如图 12-3 所示。

SELECT * FROM vgh

	挂号编号	科室名称	患者姓名	医生姓名	挂号费	就诊日期
1	202303010001	口腔外一科	李同学	李白	80.00	2023-03-02
2	202303010001	口腔外一科	王同学	李白	80.00	2023-03-02

图 12-3
利用视图 vgh 查询数据

② 建立视图 vys，查询所有科室医生信息，包括医生编号、姓名和职称。

CREATE VIEW vys
AS
select 科室名称,医生编号,姓名,职称名称 from 医生表 a,职称表 b,科室表 c
where a.职称编号=b.职称编号 and a.科室编号=c.科室编号
GO

利用视图 vys 查询数据，结果如图 12-4 所示。

SELECT * FROM vys

	科室名称	医生编号	姓名	职称名称
1	口腔外一科	10010001	李白	医师
2	普通外科中心甲状腺外科	10030001	刘小白	主治医师
3	普通外科中心甲状腺外科	10030002	王大白	医师

图 12-4
利用视图 vys 查询数据

（3）存储过程的设计

① 增加科室。

a. 直接向表中添加数据。

CREATE PROC department_insert
@ksbh varchar(4),

```
            @ksmc varchar(50),
            @ksdh varchar(20)
         AS
            insert into 科室表(科室编号,科室名称,科室电话)
                   values(@ksbh,@ksmc,@ksdh)
```

b. 判断科室表中是否存在该科室编号的数据，如果不存在，则向表中添加数据。

```
         CREATE PROC department_insert_pd
         @ksbh varchar(4),
         @ksmc varchar(50),
         @ksdh varchar(20)
         AS
         begin transaction
            declare @ksbhpd int
            set @ksbhpd=(select count(科室编号) from 科室表 where 科室编号=@ksbh)
            if (@ksbhpd=0)
               begin
                  insert into 科室表(科室编号,科室名称,科室电话)
                  values(@ksbh,@ksmc,@ksdh)
                  commit transaction
               end
```

c. 执行存储过程，向科室表中添加数据。

```
         EXEC dbo.department_insert_pd '1006','口腔修复科','1006'
```

② 预约挂号。

向挂号表中添加数据 registration_insert。

```
         CREATE PROCEDURE registration_insert
         @ysbh varchar(8),      --医生编号
         @ybkh varchar(18),     --医保卡号
         @jksj time,            --交款时间
         @jzrq date,            --就诊日期
         @sjdbh varchar(2),     --时间段编号
         @jzbs char(1)          --就诊标识
         AS
         begin
            declare @sxh int,@ghbh varchar(14)      --@ghbh:挂号编号
            set @sxh=(select 顺序号 from 挂号序号表 where 挂号日期=convert(char(10), @jzrq,
      121))+1
            select @ghbh=
            concat(convert(VARCHAR(8), @jzrq, 112),
```

```
RIGHT(replicate('0', 6) + CAST(@sxh as varchar(6)), 6)
  )
update 挂号序号表 set 顺序号=@sxh where 挂号日期=convert(char(10),@jzrq,121)
```

（4）修改表中的数据

① 修改科室表中数据（department_update_ksmc）。

a. 更改科室名。

```
CREATE PROC department_update_ksmc
@ksbh varchar(4),
@newksmc varchar(20)
AS
    update 科室表 set 科室名称=@newksmc where 科室编号=@ksbh
```

b. 执行存储过程，将口腔科修改为口腔外一科。

```
EXEC dbo.department_update_ksmc '1001', '口腔外一科'
```

② 修改科室表中数据（department_update_ksdh1）。

a. 更改科室电话。

```
CREATE PROC department_update_ksdh
@ksbh varchar(4),
@newksdh varchar(20)
AS
    update 科室表 set 科室电话=@newksdh where 科室编号=@ksbh
```

b. 执行存储过程，将口腔外一科电话修改为1234。

```
EXEC department_update_ksdh '1001', '1234'
```

③ 修改挂号预约时间。

```
CREATE PROCEDURE registration_update_time
@ghh varchar(16),   --挂号编号
@sjdbh varchar(2)   --时间段编号
AS
begin
    update 挂号表 set 时间段编号=@sjdbh where 挂号编号=@ghh
end
```

执行存储过程，将挂号编号为202303010001的时间段修改为2。

```
EXEC registration_update_time '202303010001', '2'
```

（5）删除表中的数据

① 删除科室表中数据（department_delete）。

```
CREATE PROC department_delete_ksbh
```

271

科技.中国 12

```
@ksbh varchar(4)
AS
    delete 科室表 where 科室编号=@ksbh
```

② 执行存储过程，删除科室编号为 1001 的数据。

```
EXEC department_delete_ksbh '1001'
```

专业能力测评表

（在□中打√，A——掌握，B——基本掌握，C——未掌握）

业务能力	评价指标	自测结果	备注
需求分析	需求分析	□A □B □C	
系统的设计与实现	1. 系统设计	□A □B □C	
	2. 系统实现	□A □B □C	
其他			
教师评语：			
成绩		教师签字	

附录 职业核心能力测评表

（在□中打√，A——通过，B——基本通过，C——未通过）

职业核心能力	评估标准	自测结果
自我学习	1. 能进行时间管理	□A □B □C
	2. 能选择适合自己的学习和工作方式	□A □B □C
	3. 能随时修订计划并对意外进行处理	□A □B □C
	4. 能将已经学到的东西用于新的工作任务	□A □B □C
信息处理	1. 能根据不同的需要去搜寻、获取并选择信息	□A □B □C
	2. 能筛选信息，并进行信息分类	□A □B □C
	3. 能使用多媒体等手段来展示信息	□A □B □C
数字应用	1. 能从不同信息源获取相关信息	□A □B □C
	2. 能依据所给的数据信息做简单计算	□A □B □C
	3. 能用适当的方法展示数据信息和计算结果	□A □B □C
与人交流	1. 能把握交流的主题、时机和方式	□A □B □C
	2. 能理解对方谈话的内容，准确表达自己的观点	□A □B □C
	3. 能获取信息并反馈信息	□A □B □C
与人合作	1. 能挖掘合作资源，明确自己在合作中能够起到的作用	□A □B □C
	2. 能同合作者进行有效沟通，理解个性差异及文化差异	□A □B □C
解决问题	1. 能说明何时出现问题并指出其主要特征	□A □B □C
	2. 能制订解决问题的计划并组织实施计划	□A □B □C
	3. 能对解决问题的方法适时做出总结和修改	□A □B □C
革新创新	1. 能发现事物的不足并提出新的需要	□A □B □C
	2. 能创新性地提出改进事物的意见和具体方法	□A □B □C
	3. 能从多种方案中选择最佳方案，在现有条件下实施	□A □B □C
学生签字：	教师签字：	年　月　日

参考文献

[1] 明日科技. SQL Server 从入门到精通[M]. 5 版. 北京：清华大学出版社，2023.

[2] 杨云，高玉珍. 数据库管理与开发项目教程[M]. 北京：人民邮电出版社，2022.

[3] 曹梅红. SQL Server 从入门到实践[M]. 北京：中国水利水电出版社，2022.

读者意见反馈

为收集对教材的意见建议，进一步完善教材编写并做好服务工作，读者可将对本教材的意见建议通过如下渠道反馈至我社。

咨询电话　400-810-0598

反馈邮箱　gjdzfwb@pub.hep.cn

通信地址　北京市朝阳区惠新东街 4 号富盛大厦 1 座
　　　　　高等教育出版社总编辑办公室

邮政编码　100029